中国古代首饰史

李芽 等 著

江苏凤凰文艺出版社
JIANGSU PHOENIX LITERATURE AND
ART PUBLISHING, LTD

第五章

中国魏晋南北朝的首饰

王永晴

魏晋南北朝长久处于无序与混乱之中,却也是一段承前启后的重要时期。自魏蜀吴三国争霸以来,经历了西晋短暂的统一,又再度步入北方十六国与南方东晋的对立时期;直到北魏与南朝宋的相继建立,南北地区进入了内部相对较为稳定的对峙期。此后北魏一分为二,东魏—北齐、西魏—北周两政权对立;南朝也经历了宋、齐、梁、陈四朝更替。直到北周向东统一北朝,杨隋代周、隋朝立国八年后统一南朝陈,分裂时期才宣告结束。因此,本章讨论所涉及的历史时期,上至公元220年(汉献帝禅位曹丕),下至589年(隋朝一统南北)。

参照考古发现来看,当时日常流行的首饰,其种类与式样存在着从对立走向统一的趋势。汉魏以来的基本首饰构件式样,仍在南方汉族政权统治地域长期留存并发展着。其中贵金属材质的簪、钗及各式金属祥瑞饰件最为典型。而在由少数民族统治的北方地域,各式首饰包含着浓郁的异域风格;其中尤以北方草原游牧民族间流行的各式穿缀金摇叶的步摇冠饰、耳饰最为典型;而随着北魏政权建立以来,汉化程度加深,自上而下也流行起"南朝式"的首饰。可以想象这样一个画面,当时一个南朝后妃,她身着轻衫广袖的倩影隐在莲塘之中,头梳宽大的发髻,嵌宝石的花钿与金银簪钗交辉于发间,颈间挂起宝石微雕串起的项链,臂系香囊与小铃,腕绕环钏;而一个北朝贵女,她刚从骏马上下来,将一身为便于骑马的鲜卑服饰换下,穿上了朝廷所倡导的汉式服装,然而她的首饰仍是鲜卑式样,头戴步摇金冠,耳挂来自异域的金环与宝石耳坠,项链由黄金与青金石串起,金指环上镶嵌着宝石印章。

此外,观察各式首饰文物的风格工艺可知,虽然魏晋南北朝的局势动荡、战乱频仍导致了手工业凋敝、工艺滞后;然而多种文化的交融发展,也推动了极具时代特色、兼收并蓄的首饰艺术产生——其典型特征是以黄金铸造成首饰形态,以金粟粒勾勒底纹,其上镶嵌点缀各类彩色宝石,可以用"金碧辉映"来形容。至于首饰的纹饰,也不乏来自中亚的人擒龙纹饰、来自南亚的佛像纹饰,它们可能直接是来自异域的饰品,也可能是本土工匠的仿制产物。

第一节 | 魏晋南北朝后妃命妇的礼服首饰

对应历史文献来看，此时贵妇们佩戴的与礼仪盛装相关的首饰，经历了制度破碎与重建，上承汉代古制，下启隋唐新篇。这一时期政权王朝更迭频繁，相应礼仪、舆服制度往往在战乱中被打破，又在政权建立后逐步重建；多朝并立时，为了标榜自身政权之正统，定立礼制时往往是在参考前朝旧制的同时各立新篇。因此，当时各朝的后妃、命妇们的首饰也呈现出各种新巧的状态。如汉魏时期流行的金花摇叶头饰，演变至东晋成了大朵的六瓣金花钿；而北朝由于佛教的盛行，采取了佛教所尊崇的莲花形象作为命妇冠饰；北周又再度参照古制，使用起金薄片剪制花叶的簇生花树作为命妇头饰。隋文帝时，才将南北朝时期繁复的命妇首饰制度加以整合统一。这一番曲折流变，记载于《隋书》卷六《礼制》之中。

一 步摇

三国时代贵族女性礼服所使用的首饰，为传世历史文献记载所未详。但对照考古发现则可知，当时后妃命妇所使用的礼服首饰，具体形制大约仍和《续汉书·舆服志》中所记东汉时代的贵族女性礼服首饰接近，以装饰在发髻边步步摇颤的"步摇"首饰为主。

考古发掘至今尚未发现一具完整的步摇，然而步摇上缀饰的摇叶在魏晋墓葬中出土很多。有的仍是汉制，以金银薄片剪制成光素无纹、顶端有孔的水滴形，如河南洛阳孟津大汉冢曹魏贵族墓出土的 3 片（表 5-1：1）、江苏南京江宁上坊孙吴墓出土的 2 片（表 5-1：2）[1]。有的却已踵事增华，或以掐丝、金粟攒焊出花饰与吉语，如安徽当

① 南京市博物馆，南京市江宁区博物馆.南京江宁上坊孙吴墓发掘简报［J］.文物，2008，（12）.

涂"天子坟"东吴大墓出土的 13 片（表 5-1:6）；或直接錾刻出花纹，如江西南昌东吴高荣墓所出三片，其上突出直立行走的猴形图案（表 5-1:7）。湖北鄂城东吴墓葬中，有 5 座发现了光素的金银摇叶，其中 M2173 出土的，又有一片中部压印有"吉宜子"三字，两侧和周围饰以细粒金粟组成的联珠纹（表 5-1:5）。

表 5-1：三国时期的金摇叶

	1. 素面金摇叶（曹魏） 河南洛阳孟津大汉冢曹魏贵族墓出土。[①] 共 3 片。
	2. 素面金摇叶（孙吴） 江苏南京江宁上坊孙吴墓出土。[②] 5 片。
	**3. 素面金摇叶（孙吴）** 湖北鄂城五座东吴墓葬出土。[③] 共计 58 片。根据 M1002 出土的 10 片金饰均位于墓主人头部附近，且与 3 件金钗同出的情况，可以认为其是妇女发饰。
	**4. 嵌金粟金摇叶（孙吴）** 湖北鄂州鄂钢饮料厂一号墓出土。 共 4 片。中心饰"米"字形纹，四周有联珠纹一周，尖头处有一小孔可以穿线。同出的又有二片素面金摇叶。[④]

① 洛阳市第二文物工作队.洛阳孟津大汉冢曹魏贵族墓［J］.文物，2011，（9）.
② 江宁博物馆，东晋历史文化博物馆编.东山撷芳 江宁博物馆暨东晋历史文化博物馆馆藏精粹［M］.北京：文物出版社，2013：180.
③ 南京大学历史系考古专业，湖北省文物考古研究所，鄂州市博物馆编著.鄂城六朝墓［M］.北京：科学出版社，2007：256.
④ 鄂州博物馆，湖北省文物考古研究所.湖北鄂州鄂钢饮料厂一号墓发掘报告［J］.考古学报，1998，（1-4）.

5. "吉宜子"压印金摇叶（孙吴）

湖北鄂城 M2173 吴墓出土。

1 片。其上压印文字"吉宜子"。[①]

---

6. 掐丝花饰金摇叶（孙吴）

安徽"天子坟"东吴大墓出土。

共 13 片。一片较大，饰有镂空佛像；另 12 片小，
上饰花鸟。[②]

---

7. 猴形压印金摇叶（孙吴）

江西南昌东吴高荣墓出土。

3 片。金叶上有凸突的直立行走的猴形图案。此
外又有幡形金箔片 7 片，小者 5 片，其上有凸起
的"大吉"二字；大者 2 片，中部隆起呈宫灯状，
周围有凸起的蔓草纹。[③]

到了晋时，步摇被进一步制度化，高等级的步摇只有宫廷上层的贵族妇人于特定场合才可佩戴。如《太平御览·卷七百十五·服用部十七》引晋令："步摇、蔽髻，皆以禁物。"又张敞《东宫旧事》记"皇太子纳妃"时有"金步摇一具"。

《晋书·舆服志》记皇后谒庙、亲蚕服曰："首饰则假髻，步摇，俗谓之珠松是也，簪珥。步摇以黄金为山题，贯白珠为支相缪。八爵九华，熊、兽（虎）、赤罴、天鹿、辟邪、南山丰大特六兽，诸爵兽皆以翡翠为毛羽，金题白珠珰，绕以翡翠为华。"《晋书·礼志》亦载亲蚕之日"皇后着十二笄步摇"。由《晋书·舆服志》记载"其长公主得有步摇"可知，长公主见会亦有步摇。

① 南京大学历史系考古专业、湖北省文物考古研究所、鄂州市博物馆编著.鄂城六朝墓［M］.北京：科学出版社，2007：256.
② 图采自《中国文化报》2016 年 3 月 31 日第 12 版.
③ 江西省历史博物馆.江西南昌市东吴高荣墓的发掘［J］.考古，1980，（3）.原简报称为"金帽花饰".

西晋时期，步摇的摇叶仍是做成顶端有孔的水滴形。位于河南洛阳西晋帝陵附近的诸多陪葬墓中，有枕头山晋墓 M5 出土 1 片[1]、首阳山晋墓 M4 出土的数片[2]、河南卫辉大司马墓地晋墓 M18 出土的 5 片（表 5-2：1）；又以洛阳西晋元康九年徐美人墓中出土的 25 片最为精致，质量极薄，多以铜地包金，水滴尖端一孔用于与其他首饰系连，精雕细镂，或嵌以珠石[3]。其余地区也出土有金摇叶，如江苏宜兴晋墓 M4 出土 2 片压印纹饰的金摇叶（表 5-2：3）；山东临沂洗砚池西晋墓出土 8 片素面金摇叶（表 5-2：2）。

出土素面金摇叶的东晋时期墓葬更多，且墓主人多为南渡的晋室贵胄、高官家眷。

如江苏南京郭家山东晋温氏家族墓 M1 出土的 52 片（表 5-2：5）、M9（温峤墓）出土 9 片（表 5-2：4）、M12 出土 4 片、M13 出土 9 片[4]；仙鹤观东晋高氏家族墓 M2（高崧夫妇墓）出土 30 片、M6 出土 5 片；幕府山东晋墓 M4 出土 11 片[5]；老虎山东晋墓 M2 出土 4 片[6]；南京大学北园东晋墓出土 32 片[7]、镇江东晋隆安二年墓出土 8 片（表 5-2：8）。

表 5-2：两晋时期的金摇叶

1. 金摇叶（西晋）
河南卫辉大司马墓地晋墓 M18 出土。
5 片。[8]

① 中国社会科学院考古研究所洛阳汉魏故城工作队.西晋帝陵勘察记［J］.考古，1984，（2）.
② 洛阳市第二文物工作队、偃师市文物局.河南偃师市首阳山西晋帝陵陪葬墓［J］.考古，2010，（2）.
③ 河南省文化局文物工作队第二队.洛阳晋墓的发掘［J］.考古学报，1957，（1）.
④ 南京市博物馆.南京市郭家山东晋温氏家族墓［J］.考古，2008，（6）.其中 M12 墓主应为新建县侯温式之及其夫人荀氏.温式之墓志所记年代为泰和六年（公元 371 年）.
⑤ 南京市博物馆.南京幕府山东晋墓［J］.文物，1990，（8）.
⑥ 南京市文物保管委员会.南京老虎山晋墓［J］.考古，1959，（6）.M2 墓主人为零陵太守颜綝.
⑦ 南京大学历史系考古组.南京大学北园东晋墓［J］.文物，1973，（4）.
⑧ 河南省文物局南水北调文物保护办公室，四川大学考古学系.河南卫辉大司马墓地晋墓(M18)发掘简报［J］.文物，2009，（1）.

2. 金摇叶（西晋）
山东临沂洗砚池西晋墓出土。[1]
8片。（完整者5片）

3. 金摇叶（西晋）
江苏宜兴晋墓M4出土。
各长1.3厘米、宽1厘米，压印花纹，一端有孔。该墓时代为西晋永宁二年（302）。[2]

4. 金摇叶（东晋）
南京北郊郭家山东晋温峤墓出土。[3]
9片。

5. 金摇叶（东晋）
南京北郊郭家山东晋墓M1、M3出土。[4]
76片。

6. 金摇叶（东晋）
江苏镇江东晋隆安二年墓出土。[5]
8片。

[1] 山东省文物考古研究所、临沂市文化局.山东临沂洗砚池晋墓［J］.文物，2005，（7）.
[2] 南京博物院.江苏宜兴晋墓的第二次发掘［J］.考古，1977，（2）.
[3] 南京市博物馆.南京北郊东晋温峤墓［J］.文物，2002，（7）.
[4] 南京市博物馆.六朝风采［M］.北京：文物出版社，2004：183 又考古发掘简报中称郭家山东晋墓M1、M3墓葬共出土有76片金摇叶，见南京市博物馆.南京北郊郭家山东晋墓葬发掘简报［J］.文物，1981，（12）.
[5] 镇江博物馆编著.镇江出土金银器［M］.北京：文物出版社，2012：110.

在三国两晋时期的文献记载中，亦有见贵族女性之外的人佩戴步摇。

如《三国志·吴志·妃嫔传》裴注引《江表传》曰："（孙皓）使尚方以金作华燧、步摇、假髻以千数，令宫人着以相扑，朝成夕败，辄出更作，工匠因缘偷盗，府藏为空。"若这还只能说是对吴帝违背礼制骄奢淫逸的批判，那曹植《七启》："戴金摇之熠烁，扬翠羽之双翘"和傅玄《艳歌行》："头安金步摇，耳系明月珰"则更多是对于美人的欣赏与赞美了。

由此观之，作为首饰的步摇已逐渐有了普及开来的趋势。大约这类步摇较之礼制所规定的高等级步摇，形制与材质更为简易。

二 花钿

三国两晋时期贵族女性的礼服头饰，除了继承自汉的步摇，又在此基础上出现了更为精致的"钿（镈）"。"镈"或曰"钿"，《玉篇·金部》："钿，金华也"，可知其所指乃是金花。

至于钿的具体装饰形态，东晋王嘉《拾遗记》中记有一则魏明帝时钿的传说，颇能揭示答案。

明帝即位二年，起灵禽之园，远方国所献异鸟殊兽，皆畜此园也。昆明国贡嗽金鸟。国人云："其地去燃洲九千里，出此鸟，形如雀而色黄，羽毛柔密，常翱翔海上，罗者得之，以为至祥。闻大魏之德，被于荒远，故越山航海，来献大国。"帝得此鸟，畜于灵禽之园，饴以真珠，饮以龟脑。鸟常吐金屑如粟，铸之可以为器。昔汉武帝时，有人献神雀，盖此类也。此鸟畏霜雪，乃起小屋处之，名曰"辟寒台"，皆用水精为户牖，使内外通光。宫人争以鸟吐之金用饰钗佩，谓之"辟寒金"。故宫人相嘲曰："不服辟寒金，那得帝王心？不服辟寒钿，那得君王怜？"于是媚惑者，乱争此宝金为身饰，及行卧皆怀挟以要宠幸也。魏氏丧灭，池台鞠为煨烬，嗽金之鸟，亦自翱翔矣。

图 5-1-2-1　**记录有"鏌"的石楬**
河南洛阳西朱村曹魏大墓出土。

　　在这则传说中，遥远南国进贡、畏惧寒冷的奇特小鸟，竟能吐出粟米一般的小金粒，使得宫人竞相以这种小金粒装饰首饰，称作"辟寒金"或"辟寒钿"。实际上，以金粟攒焊于首饰之上的工艺，汉代已经达到很高的水平；剥离这一则神话传说的外壳，当时很可能的情况是，异国贡献珍贵禽鸟的同时，又带来了善于以细小金粒亦即所谓"金粟"制作花形首饰"钿"的工匠，在曹魏后宫中掀起了一阵流行时尚。

　　在曹魏墓葬的考古发掘中，可以一见钿的身影。如河南洛阳西朱村曹魏大墓出土记录随葬物品的石楬中，便有一枚铭文为"翡翠金白珠挍三鏌蔽结一具枏自副"（图 5-1-2-1）。前文所录的三国时期的步摇金摇叶，虽非花形，亦有几例是以金粟装饰。

　　《宋书》卷十八《礼志五》中对命妇首饰在汉晋间流变、晋朝的具体制度记载更为清晰。

图 5-1-2-2　**金花钿**
镇江市畜牧场东晋隆安二年墓出土。

图 5-1-2-3　**梅花形金饰片**
1975 年南京郭家山 M1（东晋）出土，南京博物馆藏。共出 14 件。金质，均作六瓣花形，花瓣上有极小的粟粒，中有穿孔。直径 17~19 厘米，共重 117 克。

汉制，皇后谒庙服……亲蚕……首饰，假髻，步摇，八雀，九华，加以翡翠。

晋《先蚕仪》注：皇后十二镊，步摇，大手髻。

……公主三夫人大手髻，七镊，蔽髻。九嫔及公夫人五镊。世妇三镊。公主会见，大手髻。其长公主得有步摇。

初唐修《晋书》时，《舆服志》大致沿用了《宋书》记载，卷二十五《舆服志》中所载的晋制与《宋书·礼志五》基本一致：

……贵人、夫人、贵嫔，是为三夫人……

淑妃、淑媛、淑仪、修华、修容、修仪、婕妤、容华、充华，是为九嫔……

贵人、贵嫔、夫人助蚕……太平髻，七镊蔽髻，黑玳瑁，又加簪珥。

九嫔及公主、夫人五镊，世妇三镊……

据此可知，晋时皇后有"十二镊"，其余命妇头饰则各依其身份加以增减，有"七镊""五镊""三镊"之差。它们可以配合高等级的步摇一同使用，也可在步摇之外成组使用。

在东晋贵族墓葬的考古发掘中，我们终于得以一窥"钿"的真容（图 5-1-2-2、图 5-1-2-3）。其形态均为六瓣花形，较东汉时的金花更大，其上攒焊金粟以勾勒出花瓣与花蕊的形态；花心与花瓣中原应镶嵌有红绿二色宝石，只是出土时这些宝石多已脱落，只留下了嵌宝的基座。

图 5-1-2-4　**金钿**
南京北郊东晋墓出土。
以圆孔为花心，上套有一根银丝。

又如南京北郊东晋墓所出之金钿，花下尚挂有一茎银丝，可知其原是穿缀附着于别的首饰之上（图 5-1-2-4）。

南朝的礼制仍是延续着晋时旧制。花钿作为与步摇搭配的重要礼服首饰构件，又被称为"步摇花"。直到《隋书》卷十一《礼仪志六》记南朝梁陈宫廷、贵妇的首饰制度，犹言：

> 皇后谒庙……亲蚕……首饰则假髻、步摇，俗谓之珠松是也。簪珥步摇，以黄金为山题，贯白珠，为桂枝相缪。八爵九华，熊、兽、赤黑、天鹿、辟邪、南山丰大特六兽。诸爵兽皆以翡翠为华。……公主、三夫人，大手髻，七钿蔽髻。九嫔及公夫人，五钿；世妇，三钿。其长公主得有步摇。

图 5-1-2-5　**漆画屏风局部**
北魏司马金龙墓出土。

但由于考古发掘中六朝墓葬的相关图像资料甚少，所以难以清楚女性插戴花钿的具体形象。唯山西大同北魏司马金龙墓所出漆屏风上所绘人物，皆为晋人服式。研究者认为，这组漆屏风绘画底本应来自南方[1]，或是司马金龙父司马楚之流亡入北魏时携带的实用物件之一。其中列女发髻之上便多插有各式金花与金叶，花叶扶疏，低枝垂领，应是当时贵族女性礼服所用花钿、步摇的写实形象（图 5-1-2-5）。

同时，在南北朝时期，花钿开始被作为一种女性日常所用的首饰，广泛见于诗人的吟咏中。南朝梁何逊《咏照镜诗》"羽钗如可间，金钿畏相逼"；丘迟《敬酬柳仆射征怨》"耳中明月珰，头上落金钿"；陈后主《七

① 杨泓. 汉唐美术考古和佛教艺术. [M] 北京：科学出版社，2000：115.

图 5-1-2-6　**饰花钿的北魏女性**
洛阳杨机墓出土。

夕宴乐修殿各赋六韵》"玉笛随弦上，金钿逐照迴"；刘遵《相逢狭路间》"所恐惟风入，疑伤步摇花"。皆是吟咏日常生活所见。

关于此时花钿形态，以沈满愿《咏步摇花》一诗描述最为清楚："珠华萦翡翠，宝叶间金琼。剪荷不似制，为花如自生；低枝拂绣领，微步动瑶瑛。但令云髻插，蛾眉本易成。"据此来看，诗中步摇花的形态，仍与东晋时的花钿一致。

花钿之下配有簪钗，以便插在发间。沈满愿又一首《戏萧娘》"清晨插步摇，向晚解罗衣"。王枢《徐尚书座赋得可怜》"飞燕啼妆罢，顾插步摇花"。刘遵《应令咏舞》"履度开裙襹，鬟转匝花钿"；庾肩吾《和湘东王二首·应令冬晓》"萦鬟起照镜，谁忍插花钿"，表述得都很清楚。

此时北魏也有日常插戴花钿的女性形象。如河南洛阳北魏杨机墓出土的女俑，基本都在发髻上插饰花钿（图 5-1-2-6）[1]。

三　莲钿与博鬓

南朝宋齐制度经北魏孝文帝太和改制等缘故传入北魏，因此北魏礼制与南朝大略近似。北魏灭亡之后，北齐制度仍大体承袭北魏。武成帝高湛在河清年间确定的北齐舆服制度中，皇后礼服头饰仍与晋同，为"假髻，步摇，十二钿，八雀九华"。而"内外命妇从五品以上"所佩戴的头饰，"唯以钿数、花钗多少为品秩"。《隋书》卷十一《礼仪

① 洛阳博物馆.河洛文明［M］.郑州：中州古籍出版社，2012：280.

志六》记北齐制度：

皇后玺、绶、佩同乘舆，假髻，步摇，十二钿，八雀九华。……内外命妇从五品以上，蔽髻，唯以钿数花钗多少为品秩。二品以上金玉饰，三品以下金饰。内命妇、左右昭仪、三夫人视一品，假髻，九钿……九嫔视三品，五钿蔽髻……世妇视四品，三钿……八十一御女视五品，一钿……又有宫人女官服制，第二品七钿蔽髻……三品五钿……四品三钿……五品一钿……皇太子妃玺、绶、佩同皇太子，假髻，步摇，九钿……郡长公主、公主、王国太妃、妃，缥珠绶，髻章服佩同内命妇一品。郡长君七钿蔽髻，玄珠绶，阙翟，章佩与公主同。郡君、县主，佩水苍玉，余与郡长君同。太子良娣视九嫔服。县主青珠绶，余与良娣同。女侍中五钿，假金印、紫绶，服鞠衣，佩水苍玉。县君银章，青珠绶，余与女侍中同。太子孺人同世妇。太子家人子同御女。乡主、乡君，素珠绶，佩水苍玉，余与御女同。外命妇章印绶佩，皆如其夫。若夫假章印绶佩，妻则不假。一品、二品，七钿蔽髻，服阙翟。三品五钿，服鞠衣。四品三钿，服展衣。五品一钿，服褖衣。内外命妇、宫人女官从蚕，则各依品次，还着蔽髻……

魏齐时代礼服头饰可参照的实物不多。其中步摇的实物有稍早的一例，见于河北磁县东魏茹茹（柔然）公主叱地连墓（其夫即为后来的北齐武成帝高湛）。此墓虽已遭盗掘，但仍出有45枚小小的金摇叶，式样与魏晋时的式样基本一致。

但北魏、北齐时代的花钿，却不复东晋时所流行抽象的六瓣花式样，而是渐同莲花结合在一起，成为一朵由数枚莲钿组成的具象莲花形的花冠，一瓣即是一钿。这大约是因为佛教在北朝盛行，莲花被视为众花中最胜之物。《摄大乘论释》云："以大莲华王，譬大乘所显法界，其如莲华虽在泥水中，不为泥水所污，譬如法界真如虽在世间而不为世间所污，又莲花性自开发，譬如法界真如性自开发，众生若证，皆得觉悟。又莲华有四德，一香、二净、三柔软、四可爱，譬如法界真如总有四德，谓常乐我净，于众花中最大最胜，故名为王，譬如法界真如，一切法中最胜。"

仍是茹茹公主墓，出土了一枚金钿，整体形态便是呈莲花侧瓣状，表面密饰花蔓，其间又莲花化生童子及伎乐天人各一、鹦鹉一双，镶嵌珍珠、琥珀和宝石。洛阳龙门石窟北魏浮雕《文昭皇后礼佛图》中，则具体表现出了莲钿的

图 5-1-3-1
左：茹茹公主墓出土宝钿
中：洛阳龙门石窟北魏《文昭皇后礼佛图》中头戴莲钿宝冠的北魏皇后
右：北魏晚期孝子图贴金彩绘围屏石榻上头戴莲钿宝冠的贵族女子

组成方式。如皇后头上所戴，正是一顶多枚莲瓣形花钿组成的花冠，每瓣莲钿边缘，还以浮雕表现出镶嵌的珍珠或宝石的形态。一件流失海外的北魏晚期孝子图贴金彩绘围屏石榻上雕刻的贵族女子，也同样佩戴着莲钿花冠（图 5-1-3-1）。

在莲钿花冠的两侧，往往装饰有翻卷的饰物。参照后世关于礼服首饰的相关记载，可知其名为"博鬓"。"博鬓"之名于魏晋南北朝时期的文献中未见，直至《隋书·舆服志》记载隋朝命妇首服时，才首次出现了"并两博鬓"这样的记录。但对照考古发掘，北朝时期博鬓也有了出土的实例，见于北齐东安王娄睿墓（表 5-3：1）[1]。虽因墓葬被盗，仅余下一件残件，但其精美的嵌宝图样仍显华丽非常。

香港承训堂亦收藏有一双博鬓，形制纹饰皆呈对称状。博鬓端头有一小孔，当原本固定于头饰之上（表 5-3：2）[2]。

博鬓的佩戴方式仍可参考前引洛阳龙门石窟北魏《文昭皇后礼佛图》，成双自莲钿花冠左右垂下，博展于两鬓，恰合"博鬓"之意。

① 山西省考古研究所，太原市文物考古研究所著．北齐东安王娄睿墓[M]．北京：文物出版社，2006：彩版一五七．

② 林业强主编．宝蕴迎祥承训堂藏金 1．香港：香港中文大学中国文化研究所文物馆，2007：122．

436

表 5-3: 南北朝时期的博鬓

1. 博鬓（北齐）

北齐娄睿墓出土。

金质的底座，以金丝勾勒出花饰边框，其上镶嵌珍珠、玛瑙、蓝宝石、绿宝石、蚌、琉璃等材料，组成华丽图案。残长 15 厘米。重 33.6 克。

2. 博鬓（南北朝）

香港承训堂收藏。

两件博鬓纹饰对称，系由金片透雕而成，再以金丝、金粟勾勒整体及细节图案轮廓。每片博鬓中有一树，上栖以鸟。树的两侧各有一、二只小鸟面树站立。边缘饰以火焰纹。尚残留有镶嵌的绿松石。长 7.9 厘米、宽 2.3 厘米。

四 花树

北魏灭亡后，与北齐同时期的北周为在文化上自我标举，与南朝、北齐争夺华夏"正统"，在名义上刻意追摹礼经古制，与其竞争对手有着明显的区别。

在贵族女性礼服头饰方面的表现，是抛弃了东晋南朝发展至魏齐的"钿"，却遥参汉制，纯以古早的步摇饰件来区分女性等级。如《隋书·礼仪志六》记载的北周礼服首饰制度："皇后华皆有十二树。诸侯之夫人，亦皆以命数为之节。三妃、三公夫人以下，又各依其命。一命再命者，又俱以三为节"，三妃、三公夫人"华皆九树"。据此可知北周时所谓的"华"作"树"状。只是目前尚未见有相关的北周时代首饰实物出土，仅时代更晚的一例，是陕西西安隋大业四年李静训墓所出的"金银珠花头钗"[①]。

① 中国社会科学院考古研究所编著. 唐长安城郊隋唐墓 [M]. 北京：文物出版社，1980：18.

而时代更晚的隋炀帝萧皇后冠饰，更呈现出将来自北齐礼服首饰制度的莲钿、来自北周礼服首饰制度的花树一同排列其上的状态。

五 蔽髻

"蔽髻"一名，目前所见最早的便是前引河南洛阳朱村曹魏大墓出土的记随葬物的"石楬"。在魏晋南北朝的礼服首饰制度中，它也几乎贯穿始终。然而，目前还没有明确可对应的首饰实物出土。我们只能对照当时的文献，再结合出土实物对其做进一步推测。

其形态以《北堂书钞》卷一百三十五引西晋成公绥《蔽髻铭》的记录最为详细生动："诗美首弁，班有□□（前缺两字），或造兹髻，南金翠翼，明珠星列，繁华致饰。""明珠""繁花"都是对蔽髻上装饰的文学化描述。因《北堂书钞》将此段文字置于"假髻"条下，前辈研究者往往认为蔽髻是一种装有各种首饰的假髻。的确，这与东汉礼服首饰制度中的"步摇"亦能吻合。然而，此时的蔽髻却是可以"铭"的；且成公绥称之"南金翠翼"，这件蔽髻的质地得以确知为铜质。

又由前引各朝《舆服志》可知，蔽髻是魏晋南北朝以来与"钿"密切结合的某种贵族妇女礼服所用的首饰，使用者身份颇高；由此推测，蔽髻大约是佩戴于发髻之上，起着遮蔽发髻的作用。

一例难得的蔽髻佩戴例证，见于山西大同南郊北魏墓M109，墓主人为女性，头骨之前残留一段铜箍，于头骨额头处戴有山形铜饰一片，整体如一件王冠戴在头上，遮蔽于发髻之前（图5-1-5-1、表5-4：1）。这大约是一件较低等级的蔽髻了。其上镂刻的纹饰，仍是魏晋南北朝流行的"对鸟衔胜"，又以忍冬纹、火焰纹装饰边框[1]。

据此也可以知晓，南京江宁博物馆收藏的一枚东晋时期的金饰，亦应是蔽髻之属（表5-4：2）。这一枚蔽髻虽较为小巧，装饰却更加华丽，其上以金丝金粟填出各式花样。底面为双鱼衔胜，其上又立有一对凤鸟。边框仍是饰火

---

① 山西大学历史文化学院，山西省考古研究所，大同市博物馆编著. 大同南郊北魏墓群［M］. 北京：科学出版社，2006：243、彩版一、彩版十五.

图 5-1-5-1　**蔽髻的佩戴状态**
大同南郊北魏墓 M109 出土。

焰纹。同样式样的一件，为香港沐文堂收藏，研究者原定名为"金珰"[1]。类似的鱼饰，出土于南京市尹西村东晋张迈家族墓的女眷墓葬中，大约亦是蔽髻上脱落的残件。

　　而香港沐文堂还收藏有一件金饰[2]，整体作山形，其下略带弧度，大约正是一件女性佩戴于额顶的蔽髻。其上的纹样则为双鸟对花树，具有时代更晚的南北朝时期特征（表 5-4：5）。更巧合的是，它与香港承训堂收藏的两枚博鬓装饰风格完全一致，正可以组成一组蔽髻与博鬓搭配的头饰。

　　蔽髻的佩戴方式，如北魏墓中的佩戴实例所示，是佩戴在贵族女性的发髻正中，如一顶王冠一般。其上则或插花钿，或饰步摇；两侧饰以博鬓。整体形如一顶花冠一般。魏晋南北朝时期的历史文献中，甚少有见到关于女子戴冠的记载。但我们据此可以确知，"蔽髻"实际上已开唐代以来女性佩戴冠饰的先河。

---

① 孙机，关善明.中国古代金饰.香港：沐文堂美术出版社有限公司，2003：246，图 105，原书作者断代为东汉，命名为"金珰"。
② 孙机，关善明.中国古代金饰.香港：沐文堂美术出版社有限公司，2003：258，图 113。

表 5-4：南北朝时期的蔽髻

1. 对鸟衔胜铜蔽髻（北魏）

大同南郊北魏墓 M109 出土。

整体轮廓呈山形，系以整块铜片雕镂而成，主体图案为两只凤鸟衔胜侧身相对而立，鸟上各有一支四叶忍冬纹，两侧边镂刻为火焰纹。

底长 12.5 厘米，高 11 厘米。

2. 对鸟对鱼衔胜金蔽髻（东晋）

南京江宁博物馆藏。

轮廓为山形，背衬金薄片，其上以金丝金粟勾勒出双鱼衔胜与对鸟纹饰，鱼眼镶嵌绿松石，两侧饰有火焰纹，其间也残留有镶嵌的绿松石。

底长 7 厘米，宽 4.6 厘米。

3. 对鸟对鱼衔胜金蔽髻（东晋）

香港沐文堂藏。

式样同上。底长 7.2 厘米。

4. 对鱼银蔽髻残件（东晋）

南京张迈家族墓出土。①

5. 对鸟花树金蔽髻（南北朝）

香港沐文堂藏。

整体轮廓为山形，残余约三分之二。系以金片透雕裁出镂空花饰，其上以金丝金粟勾勒花纹。中为栖鸟的树，侧边是对树站立的小鸟。边缘饰以火焰纹。尚残留有镶嵌的绿松石。

残长 4.5 厘米。

---

① 陈大海.南京后头山东晋张迈家族墓地考古"考古"与"文献"的碰撞和融合[J].大众考古，2016，（4）.

表 5-5：三国两晋南北朝贵族女性礼服首饰演变表

时代	使用者身份	首饰形态	附 注	文献出处
东汉	皇后	步摇 （一爵九华六兽）		《续汉书·舆服志》
晋	皇后	十二钿、步摇 （八雀九华六兽）	南朝宋时仍沿用此制，《隋书》卷十一《礼仪志六》则称南朝梁、陈亦同。	《晋书·舆服志》《宋书·礼志》
晋	三夫人（贵人、贵嫔、夫人）	七钿蔽髻	南朝宋时仍沿用此制，《隋书》卷十一《礼仪志六》则称南朝梁、陈亦同。	《晋书·舆服志》《宋书·礼志》
晋	九嫔、公主、夫人	五钿	南朝宋时仍沿用此制，《隋书》卷十一《礼仪志六》则称南朝梁、陈亦同。	《晋书·舆服志》《宋书·礼志》
晋	世妇	三钿	南朝宋时仍沿用此制，《隋书》卷十一《礼仪志六》则称南朝梁、陈亦同。	《晋书·舆服志》《宋书·礼志》
北齐	皇后	十二钿，步摇 （八雀九华）	二品以上金玉饰；三品以下金饰；内外命妇从五品以上，蔽髻，唯以钿数花钗多少为品秩。	《隋书·礼仪志》六
北齐	内命妇、左右昭仪、三夫人（视一品）；皇太子妃；郡长公主、公主、王国太妃、妃（同内命妇一品）	九钿	二品以上金玉饰；三品以下金饰；内外命妇从五品以上，蔽髻，唯以钿数花钗多少为品秩。	《隋书·礼仪志》六
北齐	宫人女官（二品）；郡长君；郡君（同郡长君）；外命妇如其夫（一品、二品）	七钿	二品以上金玉饰；三品以下金饰；内外命妇从五品以上，蔽髻，唯以钿数花钗多少为品秩。	《隋书·礼仪志》六
北齐	九嫔（视三品）；宫人女官（三品）；太子良娣（视九嫔服）；县主（同良娣）；女侍中；县君（同女侍中）；外命妇如其夫（三品）	五钿	二品以上金玉饰；三品以下金饰；内外命妇从五品以上，蔽髻，唯以钿数花钗多少为品秩。	《隋书·礼仪志》六
北齐	世妇（视四品）；宫人女官（四品）；太子孺人（同世妇）；外命妇如其夫（四品）	三钿	二品以上金玉饰；三品以下金饰；内外命妇从五品以上，蔽髻，唯以钿数花钗多少为品秩。	《隋书·礼仪志》六
北齐	八十一御女（视五品）；宫人女官（五品）；太子家人子（同御女）；乡主、乡君（与御女同）；外命妇如其夫（五品）	一钿	二品以上金玉饰；三品以下金饰；内外命妇从五品以上，蔽髻，唯以钿数花钗多少为品秩。	《隋书·礼仪志》六
北周	皇后	华十二树		《隋书·礼仪志》六
北周	三妃、三公夫人	华九树		《隋书·礼仪志》六
北周	三妃、三公夫人以下	各依其命	一命再命者，又俱以三为节	《隋书·礼仪志》六

441

第二节 | 魏晋南北朝的头饰

一 簪

魏晋南北朝时期的簪，多是以金属制成，其中又以金银材质为贵。一个与金簪有关的故事，与魏文帝宫中名为段巧笑的宫人有关。依照晋时《古今注》所记，"魏文帝宫人绝所爱者，有莫琼树、薛夜来、田尚衣、段巧笑，皆日夜在帝侧。琼树乃制蝉鬓，缥缈如蝉，故曰蝉鬓。巧笑始以锦衣丝履，作紫粉拂面。尚衣能歌舞，夜来善为衣裳，一时冠绝"。而后人又在此基础上衍生出更多故事，如元代龙辅《女红余志》中所记："魏文帝陈（段）巧笑挽鬓，别无首饰，惟用圆顶金簪一支插之。文帝目曰：'玄云黯霭分金星出。'"这位魏宫中的女子，在挽鬓的时候，放弃了与其余几位受宠宫人争艳的华丽首饰，唯用一枚圆顶金簪插在发间，最终魏文帝见而赞道："好似浓重的一片黑夜中亮出了金星。"美人梳发不假以他饰，唯以一枚金簪饰首，正可见其巧思，最终她也的确在帝王的目光中昭示出自身的存在。

这个故事虽可能只是后世好事者所杜撰，对照文物却可知其应当有所依托。原来，圆顶簪正是这一时期式样最为简单的簪式。出土实物如山东临沂洗砚池西晋墓所出的二枚，是以细圆的一根金丝为簪，簪首铸造出一枚小小金珠（表5-6：1）。时代稍后的南京象山东晋墓（表5-6：2）、仙鹤观东晋墓所出的金簪（表5-6：3），仍是此制。

一枚小小的金簪，在南朝的文人笔下，又添加了更多的浪漫情调。南朝梁·吴均《续齐谐记》中记有一则神异故事。

会稽赵文韶，宋元嘉中为东扶侍，廨在青溪中桥。秋夜步月，怅然思归，乃倚门唱《乌飞曲》。忽有青衣，年可十五六许，诣门曰："女郎闻歌声，有悦人者，逐月游戏，故遣相问。"文韶都不之疑，遂邀暂过。须臾，女郎至，年可十八九许，容色绝妙。谓文韶曰："闻君善歌，能为作一曲否？"文韶即为歌"草生磐石下"，声甚清美。女郎顾青衣，取箜篌鼓之，泠泠似楚曲。又令侍婢歌《繁霜》，自脱金簪，扣箜篌和之。婢乃歌曰："歌繁霜，繁霜侵晓幕。伺意空相守，坐待繁霜落。留连宴寝，将旦别去，以金簪遗文韶。"文韶亦赠以银碗及琉璃匕。明日，于青溪庙中得之，乃知得所见青溪神女也。

秋夜里文士赵文韶因思乡所唱出的诗歌，竟引来女仙青溪小姑相和对歌。女仙甚至"自脱金簪扣箜篌和之"，临别更以金簪相赠。野史笔记仍属想象虚构，但以金簪扣箜篌、赠人的举动，却自是当时南朝真实的风流态度。

还有稍后的诗人再行添笔。如梁简文帝萧纲《楚妃叹》："金簪鬓下垂，玉箸衣前滴"；梁刘孝威《鄀县遇见人织率尔寄妇》："红衫向后结，金簪临鬓斜。"小小金簪在美人如乌云般的鬓发中得以彰显，美人又借这一线金簪更添佳好之色。

南朝梁·沈约《携手曲》："斜簪映秋水，开镜比春妆"，恰是佳人对镜插簪的一番情形。

表 5-6：魏晋时期的圆顶簪

1. 金簪（西晋）
山东临沂洗砚池晋墓 1 号墓出土。
2 件。大小相同，长条形，簪首为球形。长 14 厘米。[1]

2. 金簪（东晋）
南京象山东晋墓出土。[2]

3. 金簪（东晋）
江苏南京仙鹤观东晋高崧夫妇墓出土。
2 件。簪首为球状，大小相同，长 28 厘米。墓主人高崧夫人谢氏。[3]

---

① 冯沂.山东临沂洗砚池晋墓［J］.文物，2005，（7）.
② 南京市文物保管委员会.南京象山东晋王丹虎墓和二、四号墓发掘简报［J］.文物，1965，（10）.袁俊卿.南京象山 5 号、6 号、7 号墓清理简报［J］.文物，1972，（11）.
③ 王志高，张金喜，贾维勇.江苏南京仙鹤观东晋墓［J］.文物，2001，（3）.

图 5-2-1-1
宁夏固原北魏墓中男女墓主人发髻
实物，其上两枚圆顶簪皆为铜质

① 宁夏固原博物馆编．固原北
魏墓漆棺画［M］．银川：宁夏
人民出版社，1988.

而魏晋与南朝时期平民所使用的簪，虽式样大略仍是圆顶簪，却多以铜铁所制，少有金簪的亮色，更多起的是束发的实用作用。

至于当时十六国北朝时汹涌南下的草原民族，最初发式却并不需要使用到簪，而是以辫发为主。如《南齐书·魏虏传》记录当时的拓跋鲜卑，便是"被发左衽，故呼为'索头'。"然而稍后拓跋鲜卑建立的北魏王朝，却逐步显示出了汉化的倾向，在发式方面也是如此。北魏道武帝于天兴元年（398）便"命朝野皆束发加帽"（《资治通鉴·晋纪》）。对照考古发现来看，这道命令应当是曾被严格地执行。如宁夏固原一座北魏早期的墓葬中，墓主人便梳起了发髻，并横贯一枚铜簪（图 5-2-1-1）①。

在两晋之交的乱世，妇人间还一度流行过像兵器之形的簪饰。如东晋干宝所著《搜神记》卷七即记有这一时尚："元康中，妇人之饰有五兵佩。又以金银、象角、瑇瑁之属为斧钺戈戟，而戴之以当笄。男女之别，国之大节，故服物异等，贽币不同。今妇人而以兵器为饰，又妖之大也。遂有贾后之事，终以兵亡天下。"成书时代稍晚的《宋书》与更晚的《晋书》，亦记录了此事。

妇人将簪首做出斧、钺、戈、戟的形态，在东晋贵胄的家族墓中，甚至有数例实物可以参照。如南京人台山东晋王兴之、宋和之夫妇墓中出土的一件，以戟为象（表 5-7:1）；南京象山七号墓出土的，则象戈形（图 1-1-2-2-1）；而南京象山东晋王建之、刘媚子夫妇墓中的一件则更为精致，于簪首做出了一枚小巧精致的斧钺（图 1-1-2-2-1）。由此我们也得以知晓，当时高官贵胄的家眷也追求这一首饰的流行时尚。只是由于其后来被视为不吉的"服妖"，并未长久流行下去。东晋之后便少有发现。

表5-7：魏晋时期的兵器形簪

	1. 金簪（东晋） 南京人台山东晋兴之夫妇墓出土。 1件。一头尖，一头作戟状。长18.4厘米。墓主人为征西大将军行参军赣令王兴之及其妻宋和之。宋和之葬于永和四年（348）十月二十二日。[①]
	2. 金簪（东晋） 南京象山东晋墓M3出土。 一头作戟状，长15.3厘米。墓主人为王彬的长女王丹虎，葬于东晋升平三年（359）。[②]
	3. 金簪（东晋） 江苏南京仙鹤观东晋高崧夫妇墓出土。 簪首为戟形，其下线刻锯齿纹。长15.4厘米。[③]

　　又有一类簪饰兼具了实用的功能。如山西大同迎宾大道北魏墓中出土的一件银簪，是在簪首做出勺形的耳挖（表5-8：1）。而制作比较精细的耳挖簪，还会增添更多的装饰。如江苏南京仙鹤观东晋高崧、谢氏夫妇墓出土的两件挖耳簪，一端弯曲做出勺形，勺与簪身相接的部分以竹节纹装饰（表5-8：2）。

[①] 南京市文物保管委员会.南京人台山东晋兴之夫妇墓发掘报告［J］.文物，1965，（6）.
[②] 南京市文物保管委员会.南京象山东晋王丹虎墓和二、四号墓发掘简报［J］.文物，1965，（10）.
[③] 王志高，张金喜，贾维勇.江苏南京仙鹤观东晋墓［J］.文物，2001，（3）.

那一时代最为精致的耳挖簪，形态是于簪首錾刻出细致的龙首，龙眼圆睁，长角垂背，龙身饰细网格纹，龙嘴衔相连二珠，前后装饰竹节纹，重重装饰的尽端才做成一耳挖。实物如洛阳市偃师县山化乡出土的一件，虽簪尾已残，簪首仍保留得很好，时代为西晋（表5-8：3）；南京仙鹤观东晋六号墓中亦出有类似的一件，长为一尺（表5-8：4）。

表5-8：魏晋南北朝时期的挖耳簪

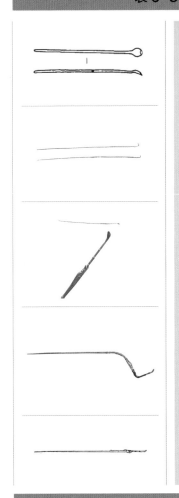

1. 银簪（北魏）
山西大同迎宾大道北魏墓出土。[1]
1件。长条柱状，截面圆形，一端尖圆，另一端作勺形。
通长12.4厘米、勺径0.9厘米、截面直径0.25厘米。

2. 金簪（东晋）
江苏南京仙鹤观东晋高崧夫妇墓出土。[2]
2件。一端尖锐，一端弯曲成勺形，勺后饰竹节纹。
长28厘米、28.4厘米。

3. 金簪（西晋）
洛阳市偃师县山化乡出土。洛阳博物馆藏。[3]
残长17.5厘米。勺柄细长，中部前端錾刻一龙首，龙首两侧分别有二箍，龙首中伸出一耳勺。

4. 金簪（东晋早期）
江苏南京仙鹤观东晋墓M6出土。[4]
弯成Z形。一端尖细可作簪用，另一端为挖勺形。簪身刻饰龙纹。龙眼圆睁，长角垂于背，龙身饰细网格纹，龙嘴衔相连二珠，前后饰竹节纹。长23.1厘米。

5. 银簪（北魏）
锦州北魏墓M2出土。[5]
勺部呈龙口吞勺形。通长26厘米。

① 大同市考古研究所.山西大同迎宾大道北魏墓群［J］.文物，2006，（10）.
② 王志高，张金喜，贾维勇.江苏南京仙鹤观东晋墓［J］.文物，2001，（3）.
③ 邓本章总主编.中原文化大典 文物典 漆木器 金银器 杂项［M］.郑州：中州古籍出版社，2008：199.
④ 同②。
⑤ 刘谦.锦州北魏墓清理简报［J］.考古，1990，（5）.

对照《晋书·舆服志》中的记载则可以确知，龙首簪应当是当时高官贵胄夫人们佩戴首饰的定制之一，仍是继承自东汉的舆服制度。"公特进侯卿校世妇、中二千石、二千石夫人绀缯帼，黄金龙首衔白珠鱼须摘，长一尺，为簪珥"，其簪式是首端以黄金龙首衔出一须挖耳小勺，完整的一件全长恰为一尺。而远处辽宁锦州的北魏墓葬中，竟也出土有式样完全一致的簪，只是材质为银（表5-8：5）。

魏晋南北朝的诗文中，又常写有以玳瑁雕琢的簪。如晋张华《轻薄篇》："横簪雕玳瑁，长鞭错象牙"；南朝梁王筠《有所思》："徒歌鹿卢剑，空贻玳瑁簪"；南朝梁刘孝绰《赋得遗所思》："遗簪雕璀瑁，赠绮织鸳鸯。"只是因动物质易朽坏，考古发现中少有见到此类。

当时女子及少年男子是以簪束发。后者情形如萧纲《咏武陵王左右伍嵩传杯》中所言，是"顶分如两髻，簪长验上头"，即头上分梳两髻，再加以簪；而成年贵族男子所使用的簪，往往是配合头戴的冠一同使用，因而又有"导""介导"之名，制作的材质也多为贵重之物。其中最为贵重的簪，是以来自南国的犀角雕琢，因而得名"犀簪"或"犀导"。

如江西南昌一座东晋墓葬中，曾出土有一方记录墓主人随葬物品的木质遣策，据其记载可知，墓主人当时担任"中郎"官职，名为吴应，随葬有"犀导一枚"。

帝王所戴的冠，往往也要配以犀簪导。《搜神记》卷四甚至还记有一则关于帝王所用犀簪的神异故事，"南州人有遣吏献犀簪于孙权者，舟过宫亭庙而乞灵焉。神忽下教曰：'须汝犀簪。'吏惶遽不敢应。俄而犀簪已前列矣。神复下教曰：'俟汝至石头城，返汝簪。'吏不得已，遂行，自分失簪，且得死罪。比达石头，忽有大鲤鱼，长三尺，跃入舟。剖之，得簪。"故事中湖中之神竟也喜爱南地进贡给吴主孙权的犀簪，宁可现身向人暂时借用其簪。

簪导的实物如河南卫辉大司马墓地晋墓出土的一件，考古报告称其材质为骨，大约便是犀角之属，形作长圆锥体，首部还有一榫，原先应还装有他饰（表5-9：1）。对照时代更晚的北齐东安王娄睿墓壁画上的官员形象，则可知这类簪的簪首装有一个扁圆的小帽（图5-2-1-2）。

然而在东晋南朝，玉质的簪具却一度取代犀簪，成了帝王的象征。

图 5-2-1-2　北齐东安王娄睿墓壁画中官员头戴的冠后插有一枚簪

表 5-9：魏晋南北朝时期的犀簪

1. 骨簪（西晋）

河南卫辉大司马墓地晋墓 M18 出土。[1]

圆锥体，尖端较平，磨制光滑，底部出榫，榫端斜平。长 6 厘米。

2. 骨簪（北魏）

山西大同方山北魏永固陵出土。[2]

4 件。完整的一件长 12.5 厘米，其余三件均稍残，上头勺状，中间稍宽，下头尖形。

---

[1] 河南省文物局南水北调文物保护办公室，四川大学考古学系.河南卫辉大司马墓地晋墓（M18）发掘简报[J].文物，2009，（1）.

[2] 解廷琦.大同方山北魏永固陵[J].文物，1978，（7）.

图 5-2-1-3   《历代帝王图》中南朝帝王冠上便插有玉簪

　　如东晋时把持朝政甚至最终逼迫晋安帝禅位的权臣桓玄，在兵败之时，还拔下头上的玉簪试图证明自己身份为天子，如《晋书·桓玄传》所记，"益州督护冯迁抽刀而前，（桓）玄拔头上玉导与之，仍曰：'是何人邪？敢杀天子！'迁曰：'欲杀天子之贼耳。'遂斩之，时年三十六。"

　　为倡导节俭，南朝齐时高帝萧道成甚至不惜敕言命人打碎宫中主管衣物处珍贵的玉介导，以作表率。事在《南齐书·高帝本纪》，"即位后，身不御精细之物，敕中书舍人桓景真曰：'主衣中似有玉介导，此制始自大明末，后泰始尤增其丽。留此置主衣，政是兴长疾源，可即时打碎。凡复有可异物，皆宜随例也。'"

　　然而这节俭的做法显然并非常制，稍后时代《历代帝王图》中所描绘的南朝陈宣帝、陈文帝的画像中，他们头上冠后所插的簪，仍是一枚长条形的白玉簪（图 5-2-1-3）。

　　一枚保存完好的玉簪，见于青海西宁市一座十六国时期的高级将领墓葬中。根据同墓出土铜印可知，墓主人曾任"凌江将军"，则使用到白玉制成的高级簪饰亦在情理之中（图 5-2-1-4）。

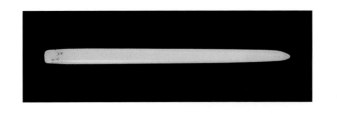

图 5-2-1-4　**玉簪**
青海西宁市十六国墓出土。长 10 厘米。

女子亦有使用玉簪的。如南朝梁时羊侃家中的舞女孙荆玉，跳舞时不慎将玉簪落在席上，便巧妙地使用"反腰贴地"的舞姿，将席上玉簪衔在口中，更增添了舞容（《梁书·羊侃传》）。只是女子所用的玉簪，目前少有实物出土，我们只能从当时的诗歌中略撷得一些彼时玉簪意象。如南朝宋·谢惠连《捣衣》中的美人，便是"簪玉出北房，鸣金步南阶"。

还有将簪首雕琢成凤形的，如南朝梁萧子显《日出东南隅行》："明镜盘龙刻，簪羽凤凰雕"，南朝梁吴均《去妾赠前夫》："凤凰簪落鬓，莲华带缓腰"，诗中描写的大约都是以牙角或玉雕琢制成、供女子所用的凤簪。

三　钗

（一）钗的材质与形制

与男女都能使用的簪不同，钗是女性的专属、同时也是最为女性所常用的首饰之一。

魏晋南北朝时期，钗最普遍的形态仍是延续自东汉折股钗的式样，以金属制成一根细圆长丝，弯作平行的两股。起拱处便是钗头，其下两股则成了钗脚。这类钗式样简单，大多都是光素无纹的（表 5-10：1）。唯钗头有宽有窄，钗脚有长有短。考古发掘中，宽窄长短的各类钗往往并出，自是适用于女子发髻间不同的位置。当时与钗并称的，又多有"锸"。

魏晋南北朝时期的钗与锸，质地多样，式样亦有简有繁。

起初，钗多是金银质地，连当时地位低下的婢女，也常使用金钗、银钗；其流行成程度甚至引起了朝廷对奢靡世风的反感与警觉，于是晋时便有禁令："女奴不得服银钗。"

材质、式样简朴的钗与锸如《南齐书》所记："（文安王皇后）为皇太子妃，无宠。太子为宫人制新丽衣裳及首饰，而后妆惟陈古旧钗镊数枚。"不受丈夫喜爱的太子妃，唯有数枚老旧的钗、镊作为妆饰。

而如沈约《宋书》所记："秦王始三年，以皇后以下六宫金钗千枚班赐北征将士。"贵金属制作的钗，原就是珍贵的赐物。《南齐书》载："周盘龙为右将军。建元元年，魏攻寿春，以盘龙为军主，假节助豫州刺史桓崇祖拒魏，大破之。上闻之喜，下诏美称，送金钗镊二十枚与其爱妾杜氏。"金钗与镊被作为贵重的礼物赠予功臣爱妾。

对照实物可以知晓，原来南朝时的钗式，有的是以金属条块弯曲拉丝成型，再将钗首延展成扁菱形。颇有分量。如广西融安安宁南朝墓 M5 出土的一件金钗（表 5-10：2），又如江苏省丹徒高资公社向阳大队南朝墓出土的一件银钗（表 5-10：3）。

表 5-10：魏晋南北朝时期的钗

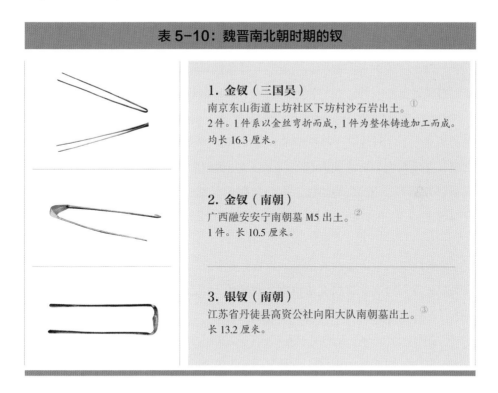

1. 金钗（三国吴）
南京东山街道上坊社区下坊村沙石岩出土。①
2件。1件系以金丝弯折而成，1件为整体铸造加工而成。均长 16.3 厘米。

2. 金钗（南朝）
广西融安安宁南朝墓 M5 出土。②
1件。长 10.5 厘米。

3. 银钗（南朝）
江苏省丹徒县高资公社向阳大队南朝墓出土。③
长 13.2 厘米。

① 江宁博物馆，东晋历史文化博物馆编.东山撷芳 江宁博物馆暨东晋历史文化博物馆馆藏精粹［M］.北京：文物出版社，2013：181.
② 覃彩銮，郑超雄.广西融安安宁南朝墓发掘简报［J］.考古，1984，（7）.
③ 镇江博物馆编著.镇江出土金银器［M］.北京：文物出版社，2012：113.

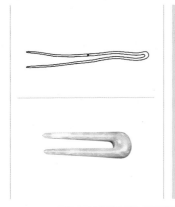

4. 角钗（六朝）
湖北鄂城六朝墓 M4034 出土。①

5. 玉钗（北周）
北周田弘墓出土。②
长 8.6 厘米，宽 2.4 厘米。

更珍贵的钗是以牙角玉石琢磨而成。如晋时皇后则有玳瑁钗，如《晋山陵故事》曰："后服有玳瑁钗三十支。"犀角或玳瑁质地的角钗实物，如湖北鄂城六朝墓出土的一件，系整体雕琢而成，钗角颇长（表 5-10：4）。

东晋王嘉《拾遗记》所录东汉末年故事中则已经出现了玉钗，并作为皇后的头饰："汉献帝为李傕所败。帝伤指，伏后以绣绂拭血，刮玉钗以拂于创，应手则愈。"南朝时仍有玉钗，如王僧孺《咏宠姬诗》"玉钗时可挂，罗襦讵难解"。玉钗的实物，见于北周田弘墓夫人所用的一件，系以整块玉料琢磨而成，大约由于材料本身的限制，显得钗体浑圆厚实，钗脚短小（表 5-10：5）。

精致的镊，常常装饰有珠花、羽饰。如江洪《咏歌姬》："宝镊间珠花，分明靓妆点。"南朝梁简文帝萧纲《戏赠丽人诗》："取花争间镊，攀枝念蕊香"；王仲宣《七释》："载明中之羽雀，杂华镊之威蕤。"

钗亦有花钗之属。如南朝宋无名氏《读曲歌》中便反复咏唱道"花钗芙蓉髻，双鬟如浮云""口朱脱去尽，花钗复低昂""縠衫两袖裂，花钗鬟边低"，南

---

① 南京大学历史系考古专业，湖北省文物考古研究所，鄂州市博物馆编著 . 鄂城六朝墓［M］. 北京：科学出版社，2007：253.
② 原州联合考古队编著 . 北周田弘墓［M］. 北京：文物出版社，2009：图八〇 .

图 5-2-2-1　**花钗**
左：私人藏花钗；
右：洛阳出土北魏线刻石椁拓片局部。

朝梁吴均《和萧洗马子显古意诗》："花钗玉腕转，珠绳金络丈。"花钗长久被作为伴随佳人行动的一个香艳意象。

　　洛阳曾出土一件北魏线刻画石椁，其上绘有头插一双花钗的仙女[①]。一件私人所藏的花钗，正是此式，钗头装饰花纹是南北朝时期流行的龟甲纹与卷草对波纹（图 5-2-2-1）[②]。

　　历史记录中最为夸张的，当属东昏侯为潘妃所做的一双饰有琥珀的钗，据传价值七十万。装有饰物的钗，如湖北鄂州市鄂钢焦化 544 工地 10 号墓出土的一枚嵌玛瑙金钗，是目前考古发掘中不多见的一例，其时代为六朝（图 5-2-2-2）。潘妃的琥珀钗，或也可借此文物推想。

[①] 黄明兰编著. 洛阳北魏世俗石刻线画集［M］. 北京：人民美术出版社，1987.

[②] 黄能福，陈娟娟，黄钢编著. 服饰中华 中华服饰七千年 第 2 卷［M］. 北京：清华大学出版社，2011：158. 原书标注此钗为唐代，当不确。关于卷草对波纹的研究，可参扬之水《"大秦之草"与连理枝》一文，见扬之水著. 曾有西风半点香［M］. 北京：生活·读书·新知三联书店，2012：82-107.

图 5-2-2-2　**玛瑙钗**
湖北鄂州市鄂钢焦化 544 工地 10 号墓出土。鄂州市博物馆藏。钗长 5.2 厘米。首端饰一枚玛瑙石，周围饰以金丝、金粟缠绕的花饰。

诗歌中又时常以"爵钗"或"雀钗"为美人添娇。早在魏时，就有曹植《美女篇》中"头上金爵钗，腰佩翠琅玕"一句。

稍后的西晋时代，又有夏侯湛的《雀钗赋》："览嘉艺之机巧，持精思于雀钗。收泉珍于八极，纳瑰异以表奇。布太阳而拟法，妙团团而应规。于是妍姿英妙之徒，相与竞嬖宠，并修敕；理桂襟，整服饰。黛玄眉之琰琰，收红颜而发色。流盼闲步，轻袂翼翼。恃炫艳以相邀，常逍遥而侍侧。昔先王兴道立教，崇冲让以致贤，不留志于华好。（《艺文类聚》七十）"佳人所有的美，在赋笔之下竟也是从雀钗开始。

此时的雀钗甚至变得更为华丽贵重，成为"凤钗"。据王嘉《拾遗记》所记，当时的大富豪石崇"常择美姿容相类者十人，装饰衣服大小一等，使忽视不相分别，常侍于侧"，又吩咐爱妾翔风"调玉以付工人，为倒龙之佩，萦金为凤冠之钗。言刻玉为倒龙之势，铸金钗象凤皇之冠。使翔风结袖绕楹而舞，昼夜相接，谓之'恒舞'。欲有所召，不呼姓名，悉听佩声，视钗色，玉声轻者居前，金色艳者居后，以为行次而进也。"凤钗成了富于奢侈意味的象征。

然而，贵重的雀钗其后也一度为倡导俭约的统治者所不喜。如《晋书》卷六《元帝纪》所记，东晋元帝"将拜贵人，有司请市雀钗，帝以烦费不许。"稍后南朝刘宋时代，又进一步规定三品以下官员的家眷不得使用雀钗，事在《宋书》卷十八《礼志五》。

关于雀钗的具体形态，我们仍能在诗句中得以窥得一二。如晋陆机《日出东南隅行》："金雀垂藻翘，琼佩结瑶瑶。"其大约是在钗梁上以金质雀鸟装饰。

而南朝梁汤僧济《咏泄井得金钗》中的钗，原本更是铺有一层翠羽："昔日倡家女，摘华露井边。摘华还自插，照井还自怜。窥窥终不罢，笑笑自成妍。宝钗于此落，从来不忆年。翠羽成泥去，金色尚如先。此人今不在，此物今空传。"

雀钗的实物，在考古发掘中并不多见。少有的一例在辽宁朝阳北票喇嘛洞三燕墓地出土，是在钗梁上栖一只展翅的小鸟（图5-2-2-3），只是式样仍嫌俭素，与诗文中精巧华丽的雀钗存在一定差距。

当时又有名"蟠龙钗"的，据晋崔豹《古今注》所云，为东汉时"梁冀妇所制"。又如《拾遗记》所录三国魏时故事，有外国献"火珠龙鸾"之钗给魏文帝宠姬薛夜来，魏文帝却言："珠翠尚不能胜，况龙鸾之重乎？"即说美人纤弱，连戴珠翠亦嫌沉重，更无法承受此饰有龙鸾的钗。

这类钗的实物，于时代稍晚的南朝墓葬中可以见到。如江苏省丹徒华山村南朝墓、高资公社向阳大队南朝墓均各出有一件（表5-11）。钗首呈龙首式样，仍略同于如前文所录黄金龙首簪。整体系以实心做成，分量的确颇重。据此也可知南朝梁王训《应令咏舞诗》中"袖轻风易入，钗重步难前"一句，虽有夸张，却并非虚言。

图 5-2-2-3　**雀钗实物**
辽宁朝阳北票喇嘛洞三燕墓出土。长10厘米。

表5-11：南朝时期的龙首钗

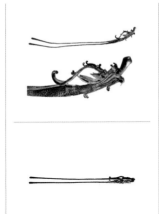

1. 龙首银钗（南朝）
江苏省丹徒华山村南朝墓出土。镇江博物馆藏。
长25.8厘米，重16.92克。双股式。首部较粗，绕曲部分锤鍱成两个平面组成一条立体长龙，圆梗体，向尾逐渐收细，尾部略粗。①

2. 龙首银钗（南朝）
江苏省丹徒高资公社向阳大队南朝墓出土。镇江博物馆藏。
长24.3厘米，重46.4克。双股式，圆梗体，尾部渐粗。双股上端分别锤鍱錾刻成龙纹立体造型，刻工精致。

东汉以来，尚有一种新的钗式，名为"三珠钗"。

如《北堂书钞》卷一三六引东汉崔瑗《三珠钗箴》云："元正上日，百福孔灵。鬒发如云，乃象众金。三珠璜钗，摄媛赞灵。"（《艺文类聚》卷七十所引《三子钗铭》文字也大略相同。）由此可以大略知晓，三珠钗是彼时妇女节日盛妆时使用的首饰，横着插戴于发髻之上。

《太平御览》卷七百一十八引《江表传》曰："魏文帝遣使于吴，求玳瑁三点钗。群臣以为非礼，咸人不与。孙权敕付使者。"《艺文类聚》卷七十又引梁元帝萧绎《谢东宫赉花钗启》曰："苣乱九衢，花含四照。田文之珥，惭于宝叶。王粲之咏，恶此乘莲。九宫之珰，岂直黄香之赋。三珠之钗，敢高崔瑗之说。况以丽玉澄晖，远过玳瑁之饰，精金曜首，高践翡翠之名。"

由此可见，这类钗自东汉起直至南朝，一直都存在着。其材质或为金属，或为玳瑁，甚至有饰以精金、丽玉的。只是这类钗的具体形象，如今却难以确知。

实际对照考古发现可知，三珠钗在魏晋墓葬的考古发掘中最为常见，但自清代便被金石学家误考为"棘币"；在如今的考古报告中，也往往直接被称为

---

① 镇江博物馆编著.镇江出土金银器［M］.北京：文物出版社，2012：112.

用途不明的"叉形器"。直至孙机先生《三子钗与九子铃》一文，始将文献中的"三珠钗"与这类实物联系起来[1]。

考古发掘出土的三珠钗基本为铜质，长 15~17 厘米。当中的两条或三条并列的钗脚构成横框，两个首端则为对称的三叉形。东汉时三珠钗首端三叉中间的一股往往又分出两股，与两侧的两股共同构三个呈品字形排列的不封闭环圈，正与"三珠"之名相符。而魏晋墓葬所出土的三珠钗又出现了一种新形式——有的两首变化成了近乎平行的三股。

精致的还在钗梁间加以装饰。如河南巩义站街晋墓出土的一件，便装饰了透雕的龙纹（表 5-12：6）。

表 5-12：汉魏时期的三珠钗

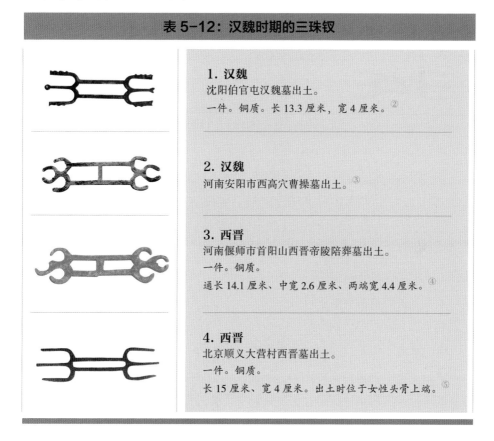

1. 汉魏
沈阳伯官屯汉魏墓出土。
一件。铜质。长 13.3 厘米，宽 4 厘米。[2]

2. 汉魏
河南安阳市西高穴曹操墓出土。[3]

3. 西晋
河南偃师市首阳山西晋帝陵陪葬墓出土。
一件。铜质。
通长 14.1 厘米、中宽 2.6 厘米、两端宽 4.4 厘米。[4]

4. 西晋
北京顺义大营村西晋墓出土。
一件。铜质。
长 15 厘米、宽 4 厘米。出土时位于女性头骨上端。[5]

① 见孙机，杨泓著.文物丛谈 [M].北京：文物出版社，1991：183-187.
② 沈阳市文物组：沈阳伯官屯汉魏墓葬 [J]，考古，1964，（11）.
③ 考古发掘资料。
④ 严辉，张鸿亮，卢青峰，刘俊卿，李校卿，王志远.河南偃师市首阳山西晋帝陵陪葬墓[J].考古，2010,（2）.
⑤ 黄秀纯，朱志刚.北京市顺义大营村西晋墓葬发掘简报 [J].文物，1983，（10）.

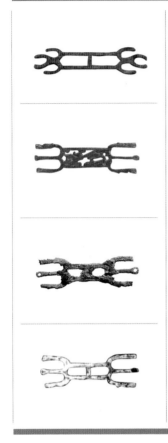

5. 西晋

洛阳华山路西晋墓出土。

一件。铜质。两端四叉形，叉端有圆孔。长15.35厘米、两端宽4.5厘米、中间宽2.8厘米。[1]

6. 西晋

河南巩义站街晋墓出土。

中部长方形框内透雕龙纹，三叉中部端首有圆孔，两侧叉首作兽头状装饰。长14.1厘米、两端宽4厘米、中部宽2.6厘米。[2]

7. 东晋

南京人台山东晋兴之夫妇墓出土。

1件。长12厘米。器上尚残留部分丝织细绳。女性墓主人宋和之葬于永和四年（348）十月二十二日。[3]

8. 东晋

南京北郊东晋温峤墓出土。

长12.7厘米、两头最宽4厘米、厚2厘米。[4]

（二）钗的插戴与意义

钗的插戴，原本仅起着与簪类似固发的作用。但当时女子凭其巧思，显然并不满足于此。依钗的式样不同，插戴方式也有所差异。

延续自东汉的做法，是在头顶梳起平缓的云髻，再于其上齐整对称地将钗插作一排。如南朝梁庾肩吾《咏美人自看画应令》："安钗等疏密，着领

① 司马俊堂，岳梅，褚卫红，赵书水，吴业恒，慕鹏.洛阳华山路西晋墓发掘简报［J］.文物，2006，（12）.
② 张文霞，王彦民.河南巩义站街晋墓［J］.文物，2004，（11）.
③ 南京市文物保管委员会.南京人台山东晋兴之夫妇墓发掘报告［J］.文物，1965，（6）.
④ 南京市博物馆.南京北郊东晋温峤墓［J］.文物，2002，（7）.

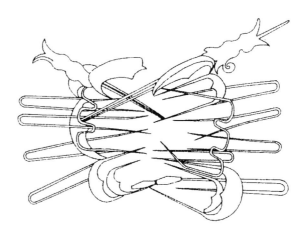

图 5-2-2-4　**钗的插戴方式**
贵州平坝马场南朝墓出土。

俱周正”，形容美人理妆情态正是恰好。又梁武帝萧衍《河中之水歌》中写名为莫愁的女子，是“头上金钗十二行，足下丝履五文章”；庾信《春赋》：“钗朵多而讶重，髻高鬟而畏风。”尤为难得的是，在贵州平坝马场南朝墓中，一组完整的女性用钗方式被保留了下来，多种钗两两各自相对插在发髻之上（图5-2-2-4）[①]。

　　而魏晋时流行的三珠钗，考古发掘所见多为铜质，并无多少装饰。这是与晋时女性流行的发髻式样相关。如东晋干宝《搜神记》中所记：“晋时，妇人结发者，既成，以缯急束其环，名曰‘撷子髻’。始自宫中，天下翕然化之也。其末年，遂有怀、惠之事。”所谓“撷子髻”，是在头顶梳起一个大髻，两侧各带起一个小鬟，再以丝带紧紧束起。然而轻鬟易散，又难以系束，这时便可以使用到三珠钗，以钗梁横于发髻之中，两侧露出的叉形，恰好可以撑起发鬟来。因其并不外露，也无须使用到更多的装饰。

① 贵州省博物馆考古组.贵州平坝马场东晋南朝墓发掘简报[J].考古，1973，（6）.

东晋以来，女子又流行起了新的发式，如《宋书·五行志》所载："晋海西公太和以来，大家妇女，缓鬓倾髻，以为盛饰。"要应对逐渐变大的发髻，显然小小的三珠钗就不足用了。这时则是改为插戴长钗将宽松的发髻扶起，如南朝梁庾肩吾《南苑看还人》："细腰宜窄衣，长钗巧挟鬟"；南朝梁刘缓《敬酬刘长史咏名士悦倾城》："钗长逐鬟鬓，袜小称腰身"都是形容这样的发式。而南朝陈徐陵《和王舍人送客未还闺中有望》："拭粉留花称，除钗作小鬟"，则是一个闺中女子除去盛装时以钗衬起的华丽鬟髻，改梳日常小鬟的形容了。

南朝时一定程度上取代三珠钗作用的首饰，则为"拨"。如南朝梁简文帝《戏赠丽人诗》："同安鬟里拨，异作额间黄。"唐宇文氏《妆台记》注云："拨者，掠开也。妇女理鬟用拨，以木为之，形如枣核，两头尖，尖可二寸长，以漆光泽，用以松鬟，名曰鬟枣。竞作万妥鬟，如古之蝉翼鬟也。"可知拨是中间粗两头尖，形如枣核的漆木器。梳缩发鬟时可以用拨挑起鬟发使之蓬松；平日也可以如三珠钗一般，隐在鬟中。

佳人鬟边的钗，大约给当时诗人们留下了颇为深刻的印象。因此在他们笔下，多是以钗的光泽来衬托佳人之美。如庾信《看妓》："膂风蝉鬟乱，映日凤钗光"；何逊《嘲刘郎诗》："雀钗横晓鬟，蛾眉艳宿妆"；刘孝绰《爱姬赠主人诗》："垂钗绕落鬟，微汗染轻纨"；吴均《楚妃曲》："玉钗照绣领，金薄厕红罗。"

而在帐幕中、烛火畔，女子头上横斜的钗影，则更为朦胧，进而增添了几分香艳的色彩。如刘缓《江南可采莲》："钗光逐影乱，衣香随逆风"；梁元帝萧绎《鸟名诗》："雀钗照轻幌，翠的绕纤腰"；何逊《咏婚妇诗》："罗帏雀钗影，宝瑟凤雏声"；刘孝绰《咏姬人未肯出诗》："帷开见钗影，帘动闻钏声。"

钗还被赋予了更多意义。恋人以钗相赠而定情，别离时也赠钗以相慰。如释宝月《估客乐》："郎作十里行。侬作九里送。拨侬头上钗。与郎资路用。"语意浅显，却饱含一段深情。女子赠情郎钗以寄相思，又聊助情郎旅途资费。此时分钗也成为别离的代名词。女子将钗分作两半，一半赠予远去的情郎，待他日重逢再行"合钗"，如陆罩《闺怨诗》："自怜断带日，偏恨分钗时。"

然而，在男女间情爱断绝时，原先所赠的首饰也将送还原主。如鲍照《行路难》："还君金钗玳瑁簪，不忍见之益愁思"，写的便是男子变心，女子送还首饰的情形。

三 祥瑞饰件

在簪钗之外，魏晋南北朝还有不少寓意吉祥的首饰。它们常常是在特定的节令戴用，装饰在簪钗之上。

以南朝梁宗懔《荆楚岁时记》中的描述最为生动："正月七日为人日。以七种菜为羹；剪彩为人，或镂金箔为人，以贴屏风，亦戴之头鬓；又造华胜以相遗""立春之日，悉剪彩为燕戴之，帖'宜春'二字……或错缉为幡胜，谓之'春胜'"。

魏晋南北朝剪彩制作的饰物易朽易坏，在如今的考古发掘中难以发现；但金箔镂刻的小饰物却有不少。

较多见的一类是制成春燕的模样，蕴含的是燕归来的"宜春"寓意。西晋傅咸《燕赋》便说明得很清楚："四时代至，敬逆其始。彼应运于东方，乃设燕以迎至。羣轻翼之岐岐，若将飞而未起。何夫人之功巧，式仪形之有似。御青书以赞时，着宜春之嘉祉。"两晋墓葬中，出土有不少金箔镂空的鸟饰残件。而江苏南京幕府山东晋墓 M4 中，还出土有两枚完整的金箔小鸟（表 5–13：4）。

东晋墓中又出有剪金箔制成的小幡，大约也是"春幡"之意。

另一类流行的金饰，是前文中"造华胜以相遗"的"华胜"。

它的基本式样，仍是延续自汉代，作织机的胜杖之形。它在魏晋南北朝仍旧流行着。

晋贾充《李夫人典戒》言其形态"像瑞图金胜之形，又取像西王母"。史书中常以发现金胜作为吉祥的征兆，如《宋书》卷二十九《符瑞》曰："金胜，国平盗贼，四夷宾服，则出。晋穆帝永和元年二月春谷，民得金胜一枚，长五寸，状如织胜，明年，桓温平蜀。"《太平御览》卷七一九"花胜"条引《晋中兴书》，"花胜，一名金称，《援神契》曰：神灵滋液，百珍宝用，有金胜。晋孝武时，阳谷氏得金胜一枚，长五寸，形如织胜"。

表 5-13：两晋墓中金箔镂刻的祥瑞饰件

1. 金箔饰（西晋）

河南卫辉大司马墓地晋墓 M18 出土。①

1件，呈羽翅状，翅尖残，正羽处有长条状镂孔，羽轴上饰相连的细小金粟粒，构成连珠装饰。未镂空处有六组小金珠成簇状聚集，其两面边缘亦有连珠状装饰。长约 2.3 厘米。一件略呈花瓣状，其上亦有长条状镂孔和连珠状装饰。长约 1.3 厘米。

2. 金箔饰（西晋）

山东临沂洗砚池西晋墓 M2 出土。②

8件。均系以金薄镂空制成，其中一件作孔雀开屏状，一件作羽翅状。

3. 金箔饰（东晋）

江苏南京仙鹤观东晋高崧夫妇墓出土。③

内有镂孔纹饰，一件周围满饰金粟粒，一件面上为戳压密集的凸点纹。

4. 金箔饰（东晋）

江苏南京幕府山东晋墓 M4 出土。④

2件。以金薄剪作鸟形，高1厘米、长1.3厘米。

5. 金箔饰（东晋）

南京市郭家山东晋墓 M12 出土。⑤

表面焊接粟状小金粒，长 1.7 厘米、宽 1.3 厘米、厚 0.1 厘米。

① 河南省文物局南水北调文物保护办公室，四川大学考古学系.河南卫辉大司马墓地晋墓(M18)发掘简报[J].文物，2009，（1）.
② 山东省文物考古研究所、临沂市文化局.山东临沂洗砚池晋墓[J].文物，2005，（7）.
③ 王志高，张金喜，贾维勇.江苏南京仙鹤观东晋墓[J].文物，2001，（3）.
④ 易家胜，阮国林.南京幕府山东晋墓[J].文物，1990，（8）.
⑤ 岳涌，张九文.南京市郭家山东晋温氏家族墓[J].考古，2008，（6）.

俭约的式样，见于北方北燕王朝的冯素弗墓，系以金薄剪制，仅具胜杖之形而已（表5-14:1）。

而东晋墓中出土的金胜要精致得多。如南京市尹西村东晋张迈家族墓M2出土的一件，是以三胜相叠（表5-14:5）；而河南卫辉大司马墓地晋墓M18与南京北郊郭家山东晋墓又出土了九胜相叠绕为圆形的饰件，大约便是当时的"花胜"（表5-14:6、7）。

表5-14：魏晋南北朝时期的金胜

1. 金胜杖（北燕）
北燕冯素弗墓出土。[1]
2件。一件长6.4厘米、宽2.7厘米；一件长5.7厘米、宽2.5厘米。

2. 金胜（东晋）
马鞍山林里东晋纪年墓出土。[2]

3. 金胜（东晋）
南京市郭家山东晋墓M13出土。[3]
2件。片状，双面饰几何纹，中部有横向穿孔。1件稍大，几何纹中饰六瓣花纹及圆形压印纹。长1.95厘米、宽1.3厘米、厚0.35厘米。1件中部有两个凸起，几何纹中饰四个圆形压印纹。长1.2厘米、宽0.8厘米、厚0.3厘米。

① 辽宁省博物馆编著.北燕冯素弗墓.北京：文物出版社，2015：63.
② 王志高，张金喜，贾维勇.江苏南京仙鹤观东晋墓[J].文物，2001，（3）.
③ 岳涌，张九文.南京市郭家山东晋温氏家族墓[J].考古，2008，（6）.

4. 金胜（东晋）

南京北郊郭家山东晋墓 M1 出土。[①]

长 1.1 厘米、宽 0.6 厘米、厚 0.2 厘米。

5. 金叠胜（西晋）

南京市尹西村东晋张迈家族墓 M2 出土。[②]

墓主人为张迈之妻。

6. 金华胜（西晋）

河南卫辉大司马墓地晋墓 M18 出土。[③]

1 件。两面形制相同。中心饰六瓣花形，外围以连珠纹为界。花瓣内凹，中有红色残留物，当原有镶嵌物。花蕊部分亦内凹嵌灰白色玉石。再向外有一小一大两圈由截尖三角形相联构成的锯齿状装饰，内外相对的两个三角形尖部由一内凹圆形衔接，圆形内有红色残留物，原亦应有镶嵌物。上述三角形的两腰、圆形的周缘及金饰的周边均有连珠装饰。金饰件直径约 2.3 厘米、缘厚约 0.1 厘米、中厚约 0.5 厘米。

7. 金华胜（东晋）

南京北郊郭家山东晋墓出土。[④]

① 阮国林，魏正瑾.南京北郊郭家山东晋墓葬发掘简报［J］.文物，1981，（12）.

② 陈大海.南京后头山东晋张迈家族墓地考古"考古"与"文献"的碰撞和融合［J］.大众考古，2016，（4）.

③ 河南省文物局南水北调文物保护办公室，四川大学考古学系.河南卫辉大司马墓地晋墓（M18）发掘简报［J］.文物，2009，（1）.

④ 同①。

两晋时期更有一类金箔制成的小幡，形多是在圆片上镂刻出双鸟相对衔胜或卷曲花草的图样。有的有金链，以便悬挂于簪钗之上（表5-15：1）。有的没有金属链条，则可能原本是以丝线束系的。最精致的是湖南长沙园艺市场出土的一件，其上还有金丝金粟勾勒纹样作为装饰（表5-15：6）。

表5-15：东晋时期的金圆幡饰件

1. 金幡（东晋）

江苏南京仙鹤观东晋高崧夫妇墓出土。[1]

5枚。均为圆形。

一枚镂对鸟衔胜纹。顶端有链环连接可供系挂。径2.5厘米。

一枚中央镂一H形纹，周围为4组变形柿蒂纹，顶有链环可供佩系。径2.3厘米。

一枚中央有穿孔。主体纹饰为6组变形鸟纹和三角形镂孔。鸟眼用金丝焊成心形槽，仅两个槽内尚存所镶红、绿两色珠饰。纹饰周围满焊细密的金粟粒。径3.3厘米。

一枚中央有穿孔。主体纹饰为6组变形云纹和三角形镂孔，其周围满饰细密的金粟粒。径1.8厘米。

一枚中央有穿孔。主体纹饰为5组变形卷云纹，其周围满饰细密的金粟粒。径1.5厘米。

2. 金幡（东晋）

镇江市阳彭山砖瓦厂东晋墓出土。[2]

① 王志高，张金喜，贾维勇.江苏南京仙鹤观东晋墓［J］.文物，2001，（3）.
② 岳涌，张九文.南京市郭家山东晋温氏家族墓［J］.考古，2008，（6）.

3. 金幡（东晋）

南京北郊郭家山东晋墓 M1、M3 出土。①

19 件。表面镂空，有的上面镶饰缠绕的小金珠，有的上面带有链条。

4. 金幡（东晋）

西湖区上窑湾老福山晋墓出土。②

直径 2.2 厘米。

5. 金幡（东晋）

南京市尹西村东晋张迈家族墓 M2、M3 出土。③

6. 金幡（东晋）

湖南长沙园艺市场出土。长沙市考古研究所藏。④

直径 2.3 厘米。

① 阮国林，魏正瑾.南京北郊郭家山东晋墓葬发掘简报［J］.文物，1981，（12）.
② 余家栋.江西南昌晋墓［J］.考古，1974，（6）.
③ 陈大海.南京后头山东晋张迈家族墓地考古"考古"与"文献"的碰撞和融合［J］.大众考古，2016，（4）.
④ 喻燕姣.湖南出土金银器［M］.长沙：湖南美术出版社，2009：21.

四 假髻

在魏晋南北朝时期，女子间各种新奇的发型式样层出不穷，但纯用真发却难以梳就，因此这时假髻仍旧是一种流行的头饰。

东晋太元年间，假髻就一度大为流行。如《宋书·五行志》记载："晋海西公太和以来，大家妇女，缓鬓倾髻，以为盛饰。用发既多，不恒戴，乃先作假髻，施于木上，呼曰'假头'。人欲借，名曰'借头'。遂布天下。"成书更晚的《晋书》同样引录此语："太元中，公主妇女必先缓鬓倾髻，以为盛饰，用髲既多，不可恒戴，乃先于木及笼上装之，名曰假髻，或名假发。至于贫家，不能自办，自号无头，就人借头。遂布天下，亦服妖也。"据此可知这种假髻是事先在木笼框架上做好，需要时才戴用。对照出土的东晋时期女俑形象来看，她们头上虽仍旧梳着西晋时便开始流行的"撷子髻"，但却要宽大舒缓得多，的确恰如戴着一顶事先制作好了的假髻（图1-1-2-2-2）[1]。

《宋书·五行志》又记录了南朝宋时的一种"飞天髻"："宋文帝元嘉六年（429），民间妇人结发者，三分发，抽其鬓直向上，谓之'飞天紒（髻）'。始自东府，流被民庶。"这一式样见于河南邓县（今邓州市）南朝墓出土的贵妇出行图画像砖中。前立的两位贵妇人，发鬓高高耸立如飞天一般，显然也是用到了假髻（图5-2-4-1）。

北朝还出现了妇人剪发戴假髻的情形。如《北齐书·幼主记》记载："妇人皆剪剔以着假髻，而危邪之状如飞鸟，至于南面，则髻心正西。始自宫内为之，被于四远。"这种飞鸟形的假髻在当时从宫内开始流行，进而传播到各地，成为一时风尚。在北齐时期的墓葬壁画中，恰能看到很多头戴飞鸟形假髻的女性形象（图5-2-4-2）[2]。

① 南京市博物馆编. 六朝风采 中英文本［M］. 北京：文物出版社，2004：282.

② 太原市文物考古研究所编；陈庆轩等摄影. 北齐徐显秀墓. 北京：文物出版社，2005.09.

图 5-2-4-1　**头梳飞天髻的女性（南朝）**
河南邓县（今邓州市）南朝画像砖墓出土。国家博物馆藏。

图 5-2-4-2　**头戴飞鸟形假髻的女性（北齐）**
北齐徐显秀墓墓室壁画。

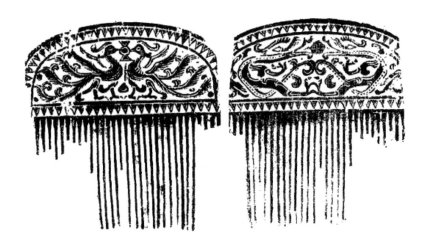

图 5-2-5-1　**象牙梳（十六国）**
青海西宁砖瓦厂出土。宽 6.9 厘米、齿长 3.9 厘米、厚 0.8 厘米。

不仅女子喜爱假髻，当时的未成年男性由于头发较短、尚难以盘起发髻，若在特定场合需戴帻，也要配合"空顶帻"戴假髻。正如《南齐书·舆服志》所言："童子空顶帻，施假髻，贵贱同服。"

五　梳篦

女子的发式无论是以真发还是假发梳就，都需要不时整理。这时候便需要用到梳篦。

原先汉代时女性已有在发间插戴有齿的"擿"的习惯，然而擿的形状窄而长，仅能用以整理零星碎发，不便于梳理高大的发髻。因此魏晋南北朝时期的女性，又开始将梳篦直接插戴在发间。

如北朝高允一首《罗敷行》，虽沿用的是汉乐府旧题，诗中描写却透露了当时女性发间插梳的真实情况："头作堕马髻，倒枕象牙梳。"一件象牙梳的实物，见于时代稍早的青海西宁砖瓦厂十六国墓（图 5-2-5-1）。这件象牙梳虽已部分残坏，仍能看出有梳齿 30 个，梳额上也雕琢着精美的纹饰，一面为双龙戏珠，一面为双凤衔胜。

图 5-2-5-2　**发髻插梳的女性（十六国）**
陕西咸阳十六国墓出土陶俑。

① 咸阳市文物考古研究所编著.咸阳十六国墓 [M].北京：文物出版社，2006：彩版123.

陕西咸阳十六国墓葬中，出土有多例发间插梳的女性形象（图 5-2-5-2），恰可以和前引诗文做一番对照。梳的插法，正是倒枕在头后，插在发髻的中央①。

六　步摇冠

魏晋南北朝的前期，在地处东北的辽宁辽西的三燕（前燕、后燕、北燕）地区，还一度流行过一种步摇冠饰。这原是受了自草原丝路上传来异域步摇冠的影响，前辈研究者孙机先生已经考证得十分清楚②。同一时期，中原地区也多使用步摇，却只是取步摇摇曳生辉的花叶作为女性的首饰；但在三燕地区，步摇仍需要依附于冠，无论男女都有佩戴步摇冠的时尚。

《晋书·慕容廆传》记载："曾祖莫护跋，魏初率其诸部入居辽西，从宣帝伐公孙氏有功，拜率

② 孙机.步摇、步摇冠与摇叶饰片 [J].文物，1991，（11）.

义王，始建国于棘城之北。时燕代多冠步摇饰，莫护跋见而好之，乃敛发袭冠，诸部因呼之为步摇，其后音讹，遂为慕容焉。"这一关于慕容部名称来历的传说，真实反映了当时燕代地区流行佩戴步摇冠的事实。

自此，从公元3世纪初至5世纪中叶，三燕地区一直处于鲜卑族慕容部或鲜卑化汉人政权的统治之下，直至北魏时代拓跋政权的来临，历时有200余年。因此，三燕墓地出土的金步摇冠构件多达十余件，且形制大抵相同。上为金叶摇颤的花枝，其下基座底边平直，又有供钉缀的小孔，原本应是安装在冠上。时代稍后的北燕冯素弗墓出土的1件，其下还保留了冠体的框架（表5-16：4）。

而目前所见最精致且时代最晚的4件步摇饰件，见于内蒙古达茂旗出土的鲜卑窖藏当中，其中2件基座为牛头饰，另2件基座为马头饰，均以掐丝嵌宝来装饰，显得华丽得多（表5-16：5）。但随着北朝时期鲜卑各部被拓跋氏吞并，拓跋鲜卑建立北魏王朝大兴汉化之举使这类一度蔚为风尚的步摇冠在历史的长河中摇落无踪。

而中原命妇礼制首饰中的步摇饰件，却长期存在，深刻地影响到了接下来的隋唐时期。

表5-16：鲜卑族的步摇冠构件

1. 金步摇冠饰构件（3~4世纪，对应西晋）
辽宁朝阳王子坟山台 M8713 出土。[①]
底部基座片状，对称镂空四个变形蒂叶纹饰，主杆分6枝，枝上绕环，内套摇叶，共存16片。

---

① 尚晓波.朝阳王子坟山墓群1987、1990年度考古发掘的主要收获［J］.文物，1997，（11）.

2. 金步摇冠饰构件（3~4 世纪，对应西晋）

辽宁朝阳田草沟墓 M1 出土。

2 件，形状大小相同。一件矩形基座，对称镂空四个变形蒂叶纹饰，枝干分两层，前 3 短枝，后 11 长枝，每枝绕环 3~7 个，环内衔摇叶，共存 31 片。通长 27.2、展宽 24 厘米。另一件基座较前者大，上层干枝不存，后层干枝分叉 11 枝，已残，仅存摇叶 7 片，另有散叶 16 片。残长 14.3 厘米。

3. 金步摇冠饰构件（3~4 世纪，对应西晋）

辽宁朝阳田草沟墓 M2 出土。[1]

基座镂孔小且规整，干枝居中，其上、中、下部向两侧分枝，枝端又分出若干细枝，细枝绕环衔叶 1~2 片，共有叶 35 片。通长 17.8 厘米、展宽 13.7 厘米。

4. 金步摇冠（5 世纪前期，北燕）

北燕冯素弗墓出土。[2]

底座为十字状的金冠体。上有 6 枝形顶花，每枝上绕有 3 环，每形穿一金叶，枝干下有基座。全高 26 厘米，顶花高 9 厘米。

5. 金步摇冠饰构件（6 世纪，北魏）

内蒙古达茂旗出土。[3]

2 件基座为马头，角三枝并立向上，左右两枝又分别分出三枝，共 9 枝，顶端圆环悬挂金摇叶。

2 件基座为牛头，嵌有料珠，顶上分若干枝，每枝顶端有圆环，悬挂摇叶。

研究者推测为当时战败逃走的鲜卑贵族所埋藏。

① 王成生，万欣，张洪波.辽宁朝阳田草沟晋墓［J］.文物，1997，（11）.

② 辽宁省博物馆编著.北燕冯素弗墓［M］.北京：文物出版社，2015：彩版四四.

③ 陆思贤，陈棠栋.达茂旗出土的古代北方民族金饰件［J］.文物，1984，（1）.

第三节 | 魏晋南北朝的耳饰

■ 一 簪珥

两晋时期，女子穿耳挂饰之风极其衰落。虽然在拟古的诗赋当中，美人仍旧常常以明月为珰，如晋傅玄《有女篇》："头安金步摇，耳系明月珰"；南朝·江总《梅花落》："妖姬堕马髻，未插江南珰"；北魏高允《罗敷行》："脚着花纹履，耳穿明月珠。"这大约仍是穿耳之珰，只是考古发现的这类耳饰却很少。有关耳饰的文字记载在其他史籍中也难觅踪影。对照壁画与陶俑等具体的人物形象来看，难以看到穿耳的做法。

究其原因，大约有以下几点：首先，随着东汉以来儒家思想的盛行并逐渐确立其在政治上的地位，"身体发肤，受之父母，不可毁伤"的观念逐渐被强调起来，原先流行的穿耳风俗有悖于此。其次，自晋室南渡以来，北方少数民族接连不断地入主中原，偏安一隅的东晋南朝政权为表明自身政权的正当性，更加刻意强调"夷"与"夏"的区别。北方少数民族有着穿耳佩戴华丽耳饰的特征，为区别于此，原先中原女子穿耳的风俗自然也逐渐被舍弃。再次，如《宋书·礼志五》中所记，不少首饰被视作奢侈品，禁止身份地位不及者使用。于耳饰而言，"诸在官品令……第六品以下，加不得服……金叉环钏……骑士卒百工人，加不得服……真（珍）珠珰珥……奴婢衣食客，加不得服……摘钏……"。这时候身份较低者，被禁止佩戴华丽的耳饰。

贵族上层女子虽有资格使用华丽耳饰，不过穿耳风俗不再流行，她们更趋于使用一种不用穿耳却能装饰耳部的方式——"簪珥"。这种风俗大约起始于东汉时期的后宫之中（而东汉同时期民间却仍不乏穿耳饰珰的风俗），在晋时仍旧持续流行着。当时贵族女性穿着朝服盛装时必须搭配这类耳饰。

"簪珥"在《续汉书》与《晋书·舆服志》中均有记载。珥即悬于耳部的坠饰，使用时将之系缚于发簪之首，将发簪插入发髻，珥则下垂于耳际，称为簪珥。其或与男子冕冠上佩戴的"瑱"有异曲同工之妙。按当时礼俗，凡女子在侍奉君王长辈或接受尊长教诲训斥时，必须事先取下簪珥，以示洗耳恭听，否则会被视为失敬。其次，女子褪去簪珥，也有表示谢罪之意。后来亦省作"脱簪"。

《晋书·舆服》载：

> 皇后谒庙……亲蚕……首饰则假髻、步摇、簪珥。

> 淑妃、淑媛、淑仪、修华、修容、修仪、婕妤、容华、充华，是为九嫔……贵人、贵嫔、夫人助蚕……太平髻，七钿蔽髻，黑玳瑁，又加簪珥。

> 长公主、公主见会，太平髻，七鏌蔽髻。其长公主得有步摇，皆有簪珥……

> 公特进侯卿校世妇、中二千石、二千石夫人，绀缯帼，黄金龙首衔白珠，鱼须擿，长一尺，为簪珥。

簪珥的具体做法，应当如北魏司马金龙墓（司马金龙为东晋宗室之后；研究者认为，这组漆屏风绘画本应来自南方[1]，或是司马金龙父司马楚之流亡入北魏时携带的实用物件之一[2]）。出土漆屏风上所绘贵族女性头上所展现的一样（图5-1-2-4），两枚弯曲的金簪自发髻两侧垂出，恰好于耳部各悬起一枚长圆的小金珠。

在东晋贵族墓葬的考古发掘中，这种小金珠已有多例出土，且大多是出土于女性墓主人头部。以往的考古发掘者往往推测其为簪的首端；但根据其通常成双出现，且形象与司马金龙屏风人物头饰形象吻合的特征，这类饰件应当正是当时贵妇人们所使用的"簪珥"。

对照文物，我们得以发现更多绘画难以体现的簪珥装饰细节：其形态呈上窄颈下圆腹的中空小瓶形，表面又以掐丝装饰分割成底、腹、肩、颈、顶五条装饰带，并以金粟填饰其间。器颈为五瓣叶纹，器肩饰四个水滴形与S形波浪，器腹饰六个连续的双圈纹。腹、顶、底都留有小孔，应当正是为便于穿系悬挂所留（表5-17）。

[1] 杨泓.朝文化源流探讨之一——司马金龙墓出土遗物的再研究.汉唐美术考古和佛教艺术[M].北京：科学出版社，2000.

[2] 宋馨.司马金龙墓葬的重新评估.北朝史研究 中国魏晋南北朝史国际学术研讨会论文集[M]，北京：商务印书馆，2004.

表 5-17：东晋墓葬出土的簪珥实物

1. 金质簪珥（西晋）
江苏宜兴晋墓 M1 出土。[1]
长 2 厘米、径 1.5 厘米。
墓主人为周处，葬于元康七年（297）。

2. 金质簪珥（西晋）
江苏宜兴晋墓 M4 出土。[2]
圆径 1.4 厘米、高 1.5 厘米，成圆球形，镂刻各种花纹，四周有四个穿孔，球体有镶嵌用的小圆孔，嵌物已不存，下部有柄，中空。
该墓时代为西晋永宁二年（302）。

3. 金质簪珥（东晋）
江苏南京仙鹤观东晋高崧夫妇墓出土。[3]
束颈鼓腹，中空。器壁为一层极薄的金箔片，其外以细金丝缠成图案轮廓，边缘满饰细小金粟粒。下腹有 6 个圈槽，内原应镶有饰物，惜均遗落。高 2 厘米。

4. 金质簪珥（东晋）
南京北郊郭家山东晋墓 M3 出土。[4]
遍体缠绕小金珠，高 2.1 厘米。

5. 金质簪珥（东晋）
南京市尹西村东晋张迈家族墓 M2、M3 出土。[5]
遍体缠绕小金珠，高 2.1 厘米。

6. 金质簪珥（东晋）
香港承训堂藏。[6]

[1] 罗宗真.江苏宜兴晋墓发掘报告：兼论出土的青瓷器 [J].考古学报，1957，（4）.
[2] 南京博物院.江苏宜兴晋墓的第二次发掘 [J].考古，1977，（2）.
[3] 王志高、张金喜、贾维勇.江苏南京仙鹤观东晋墓 [J].文物，2001，（3）.
[4] 阮国林，魏正瑾.南京北郊郭家山东晋墓葬发掘简报 [J].文物，1981，（12）.
[5] 陈大海.南京后头山东晋张迈家族墓地考古"考古"与"文献"的碰撞和融合 [J].大众考古，2016，（4）.
[6] 林业强主编.宝蕴迎祥 承训堂藏金 1 [M].香港：香港中文大学中国文化研究所文物馆，2007：107.

▣ 耳环

　　目前在历史文献中能见到的有关"耳环"的记载，以晋六朝时期为早，其佩戴对象主要是南北各地的少数民族，且不分男女。如《南史·夷貊上》："林邑国……男女皆以横幅古贝绕腰以下……穿耳贯小环。"《南史·夷貊上》："狼牙修国……其王及贵臣乃加云霞布覆胛，以金绳为络带，金环贯耳"等。

　　欧亚北方草原游牧民族尤其喜爱装饰镶有艳丽色彩宝石的黄金饰品。魏晋南北朝时期，以鲜卑族为代表、入主中原的各少数民族也不例外。如晋郭璞注《山海经》"神武罗穿耳以鐻"中"鐻"字时所附注的一般："金银器之名，未详形制。……案今夷狄好穿耳以垂金宝等，此并谓夷狄之君长也。"耳垂金宝除了起装饰作用之外，还可以彰显"夷狄君长"的身份。

　　自北魏平城时期以来，在鲜卑贵族墓葬中，发现的黄金耳饰很多。它们一部分可能制作于西方，通过丝绸之路贸易而来；另一部分则可能由本地工匠仿制。

（一）独立式耳环

　　最简单的一种耳环，形制就是光素的圆环或椭圆环形，此类是出土最多的。

　　辽宁朝阳王子坟山发掘的两晋墓葬是鲜卑族文化遗存，出土金耳环 4 件，环形，截面呈菱形，直径 2.4 厘米；银耳环 3 件，形制和金耳环同，均出于男性墓内。另有铜耳环 2 件，为管状环形，对接，下端有乳突，直径 2.5 厘米[①]。内蒙古察右中旗七郎山北朝时期鲜卑 ZQM14 墓中所葬为一年龄约 40~45 岁的男性，其枕骨东南侧出土有一圆环状铜耳环，直径 1.7 厘米，截面径 0.2 厘米[②]。两晋时期的辽宁朝阳北票喇嘛洞墓地出土铜包金耳环 2 件，铜芯，外包金皮，再弯成环，有合缝。直径 2.9 厘米、截径 0.5 厘米[③]。宁夏固原北魏漆棺画墓出土金耳环 2 枚，椭圆环状，最大径 1.8 厘米，单件重 7

① 辽宁省文物考古研究所等.朝阳王子坟山墓群 1987、1990 年度考古发掘的主要收获 [J].文物.1997,（11）.
② 内蒙古自治区文物考古研究所.内蒙古地区鲜卑墓葬的发现与研究 [M].北京：科学出版社，2004：151.
③ 辽宁省文物考古研究所、朝阳市博物馆、北票市文物管理所：辽宁北票喇嘛洞墓地 1998 年发掘报告 [J].考古学报，2004，（2）.

克（表 5-18：1）[1]。河北定县北魏石函出土耳环 2 枚，由中部粗、两端尖的银丝圈成，但两枚不是一副。其中一枚较粗，直径 1.4 厘米，重 1.95 克；另一枚直径 1.2 厘米，重 1.15 克[2]。

除了素面金属耳环，还出土过少量的环状花饰嵌宝耳环。宁夏固原三营和寨科北魏墓出土有两对嵌绿松石金耳环，具有鲜明的北方游牧民族饰物的风格（表 5-18：2、3）。

表 5-18：北朝的独立式耳环

1. 金耳环（北魏）
宁夏固原东郊乡雷祖庙村北魏墓出土。
最大直径 1.8 厘米，重 7 克。呈椭圆环状，中间较粗，两端渐细。[3]

2. 金嵌松石耳环（北魏）
宁夏固原原州区寨科乡李岔村北魏墓出土，固原博物馆藏。
直径分别为 3.4 厘米、2.9 厘米、重量为 8.5 克、5.5 克。两耳环均呈椭圆形，大小不一，环外镶嵌桃形绿松石三行，红绿相间，错位排列，数量不等。接近耳部，两端各有一小孔，均采用金叶锤鍱而成。[4]

3. 金嵌松石耳环（北魏）
宁夏固原原州区三营镇化平村北魏墓出土，固原博物馆藏。
直径 4.8 厘米、重量分别为 14.5 克、16.2 克。两耳环均呈环形，环外三侧镶嵌椭圆形绿松石。两侧各镶七颗，外侧镶九颗，错位排列。两环接近耳部处细圆。制作方法采用金叶锤鍱，经多次焊接而成。[5]

① 固原县文物工作站 . 宁夏固原北魏墓清理简报［J］. 文物 .1984，（6）：48.
② 河北省文化局文物工作队 . 河北定县出土北魏石函［J］. 考古 .1966，（5）.
③ 宁夏固原博物馆编 . 固原文物精品图集 中 . 银川：宁夏人民出版社，2012：100.
④ 中国金银玻璃珐琅器全集编辑委员会 . 中国金银玻璃珐琅器全集：金银器（一）［M］. 石家庄：河北美术出版社，2004.
⑤ 同④。

（二）复合式耳环

　　除了直接在环本体上镶嵌宝石装饰的耳环，还有一种在环之上增益装饰和各式小构件复合的耳环。

　　西安市未央区井上村北周凉州萨保史君墓出土的一枚金耳环，还在下端增加了珍珠与金粟粒组合而成的坠饰（表5-19：1）。内蒙古正镶白旗伊和淖尔墓群出土的几件金耳环，均是在环面上添加了一枚金筐嵌宝石的月牙形装饰，环下又垂下可以摇动的细长小金坠或者雕镂精美的花草纹镂空金托（表5-19：2、3）。

　　目前所见最为华丽的此类耳饰来自一位名为韩法容的北魏女子。2011年发掘的大同恒安街北魏墓是一座属于北魏太和时期的形制简单的土洞墓，根据墓中出土的砖志可知，墓主人名叫韩法容。墓中出土的耳饰造型十分精美，由圆形的耳环、嵌宝石的耳环侧饰、镶水晶、玛瑙、珍珠等宝石的坠饰组成，金碧珠宝交相辉映，夺人耳目。而且这双耳饰几乎使用了包括錾刻、掐丝、金珠、锤鍱、镶嵌等当时所能达到的所有细金工艺来制作（表5-19：4）。

表5-19：北朝的复合式耳环

1. 坠珍珠金耳环（北周）
1只。西安市未央区井上村北周凉州萨保史君墓出土。[1]

2. 坠花饰金耳环（北魏）
1对。内蒙古正镶白旗伊和淖尔墓群 M6 出土。
由一大环下焊接两个小环及下面的坠饰组成。大环和其中一个小环之间均焊接一圆形饰品，此圆形饰品外围有一圈连珠纹，中间是一弯月，内填宝石。

---

[1] 香港中文大学文物馆《错彩镂金：陕西珍藏中国古代金银器》展览所见。

3. 坠花饰金耳环（北魏）

内蒙古正镶白旗伊和淖尔墓群 M1 出土。

1 对。由一大环下焊接两个小环及下面的坠饰组成。大环与小环之间、小环与小环之间均用小粒珠焊接。大环中间稍粗，两头细，环径 3.5 厘米。小环直径 1 厘米，大环和其中一个小环之间均焊接一圆形饰品，此圆形饰品外围有一圈连珠纹，中间是一弯月，内填宝石。小环下面的坠饰上部有一小环，环下焊接细长柄，柄上缠 2~3 圈连珠纹，下坠为花瓣装饰。通长 4.75 厘米、通宽 1.8 厘米、厚 0.41 厘米，耳坠长 2.95 厘米。[①]

4. 坠花饰金耳环（北魏）

山西大同恒安街北魏墓（11DHAM13）出土。

1 对。通高 10 厘米、宽 5 厘米，所附链分别长 14.6 厘米、17 厘米。上部为装活动机括的圆耳环，内径 4~4.5 厘米；环身上部圆细，中间装一向内开合用以穿耳的扣舌机括；下部捶镂成扁宽状，中间錾刻一人物，两侧各有一龙。人物卷发，深目，高鼻，颈部佩连珠纹项饰，肩以下刻覆莲，身后长有双翼。从耳饰背面可见此人头发从中间梳向两侧，颈下垂三股发髻环。人物两侧的龙双角长弯上卷，张口面向人物，龙角以金珠焊缀连珠纹。耳环下方各焊接水滴状嵌宝金饰的小环连接坠饰 2 枚。其一坠细长的小金棒、扁金饰、珍珠、绿松石、花草纹镂空金托、水滴形玛瑙珠；另一坠花草纹镂空金托、水滴形紫水晶。坠饰高 5 厘米。耳环侧饰掐丝而成的图案，内嵌各色宝石，周边饰连珠纹，上为花卉，中部为人面，下部为凤鸟。侧饰通长 6.3 厘米。环身两侧斜上方焊接链饰，残长 5~12 厘米。[②]

① 中国人民大学历史学院考古文博系，锡林郭勒盟文物保护管理站，正镶白旗文物管理所.内蒙古正镶白旗伊和淖尔 M1 发掘简报 [J].文物，2017，（1）.
② 大同市考古研究所.山西大同恒安街北魏墓（11DHAM13）发掘简报 [J].文物，2015，（1）.

图 5-3-2-1　**人擒双龙纹耳饰**
阿富汗西巴尔干黄金之丘大月氏墓地出土。

图 5-3-2-2　**戴耳饰的印度舞女**
约 1730—1740。

　　值得一提的是韩法容耳饰上双龙对人的造型，首先让人联想到的是西巴尔干黄金之丘大月氏墓葬中出土耳饰上的人擒双龙纹饰，一人在中举手，左右各有向上飞驰的两条翼龙（图 5-3-2-1）。而镂空金托上的卷草纹饰，也正是沿丝绸之路向东传播的希腊式"忍冬纹"。根据这类纹饰风格来看，这些垂花坠式耳环应是异域制造通过丝路贸易而来的器物，而不是本土产物。

　　这双耳环装饰过重，故在环体一侧连有一条细长的金链；佩戴时耳环挂于耳垂上，侧边的这条金链则可供系挂于发间，以分担耳垂所受重量。巧合的是，这种佩戴方法至今仍在南亚的印度等国家中存在着（图 5-3-2-2）。

三 耳坠

　　北魏平城时期以来，还盛行一种以各类小金叶、小金片及金珠、金球、金铃串成长链的步摇式耳饰。其形态上端为用以佩戴的圆环，圆环下悬起一股金索，带起金叶、金球等饰物；下端则分成若干金链，挂着匕形的金片饰或各式金质小铃。

　　典型如河北定县出土的北魏时期舍利石函中发现的一双耳饰（表 5-20:2）。这件石函中盛装的是北魏太和五年（481）北魏孝文帝与皇后冯氏巡狩中山地、兴建佛教浮屠时所埋藏的供养品。因此这一双耳饰的原主人，极有可能是当时北魏皇室成员。

表 5-20：北朝的步摇式耳坠

1. 金耳坠（汉魏）
辽宁锦州义县刘龙沟保安寺出土。

1对。全长8.9厘米。在圆形的金环上，缀一块半圆形金片，其下部错有六个圆孔，孔中穿以金链，链下各垂一长条形金片。[①]

2. 耳坠（北魏）
河北定县北魏石函出土。河北省文物研究所藏。

1对，已残缺。最上部为一耳环，其下为细金丝编成的圆柱，上下两端各挂有五个贴石的圆金片，现贴石已脱落，中间挂有五个小球；下部为六根链索垂有六个匕形小片饰。通长9.2厘米，现重16.6克。[②]

3. 金耳坠（北魏）
山西大同北魏墓出土。大同市博物馆藏。

1对。上端金环一侧挂一枚红色宝石小球，下端主体由金丝编成金链，链身悬有圆形金摇叶。中部有镂空小金球。下端垂有金链，各系挂匕形小片饰。

4. 金耳坠（北魏）
山西大同城南电焊厂北魏墓出土。大同市博物馆藏。[③]

长3.85厘米，重7.2克。1对。以金丝对折成小环，下面扭成绳索状，衔接一扁圆形金珠，金珠下有一金片剪成的六瓣花，每一花瓣连一条小金索，下坠小铃，花芯下以金链垂挂小金珠。

---

① 刘谦.辽宁义县保安寺发现的古代墓葬［J］.考古.1963，（1）.据此文推测该墓时代应属汉代末年，可能早于北票房身晋墓。由于出土物的作风具有当时少数民族的特点，结合文献记载，可能为东胡族乌桓人的墓葬。
② 河北省文化局文物工作队.河北定县出土北魏石函［J］.考古，1966，（5）.
③ 山西省考古研究所，大同市博物馆.大同南郊北魏墓群发掘简报［J］.文物，1992，（8）.

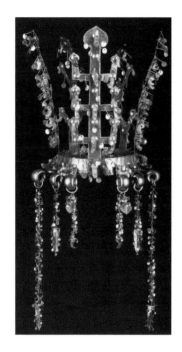

图 5-3-3-1　**金冠饰**
新罗，时代（5世纪末—6世纪初）韩国庆州大陵苑天马冢出土。庆州市博物馆藏。[2]

这些耳饰的构件杂糅了多种文化因素。如耳坠主体装饰的圆形金摇叶，正是受了西方异域步摇首饰的影响，比较阿富汗西巴尔干大月氏墓中出土的金质耳饰，可以看到同样形式的摇叶。这类首饰曲折的传递过程，学者已考证清楚[1]。耳坠下端装饰的金质匕形小片饰，早见于辽宁锦州义县刘龙沟保安寺汉魏墓葬中出土的一双金耳坠，具有浓厚的鲜卑族耳饰风格；而下端装饰的金质小铃，应是受到了两晋以来汉族女性流行的"九子铃"装饰的影响。

由于相关文献与图像资料的缺乏，我们目前难以确知这类耳饰使用的方式和使用者的性别，只能做大致推测。参照中北亚及朝鲜半岛出土的各类步摇冠饰（图5-3-3-1），两侧也常常垂下长长的装饰链，这些北魏时期的耳饰，很可能也是附着于冠上，垂挂在耳侧，而非直接穿耳佩戴。只是这些供附着的冠饰，在我国却找不到考古发掘出土的实例，那么也存在着系挂于发髻上或是挂于耳上的可能性。

第四节 ｜ 魏晋南北朝的颈饰

一 魏晋—南朝的串珠项链

根据考古发掘所见，此时以串珠颈饰实物最为多见，且它们大多并非采用单一的材料制作，而是以色彩缤纷的宝石、金银珠子来制作。目前发现颈饰的墓葬，大多集中在江苏南京郊外，亦

① 孙机.步摇、步摇冠与摇叶饰片[J].文物,1991,(11).

② 成建正主编;陕西历史博物馆编.纪念友好交流十周年韩国国立庆州博物馆文物精品展[M].西安:三秦出版社,2012: 3.

图 5-4-1-1　**金兽饰件**
南京仙鹤观东晋墓 M6 出土。南京市博物馆藏。其中有辟邪六件、龟一件、羊二件、比翼鸟一件。
长 0.7~1.4 厘米，宽 0.4~0.7 厘米。

即东晋的都城建康附近，墓主人也多为东晋时的官僚及其家眷。此外，时代稍早的西晋墓和稍晚的南朝墓也有这类颈饰出土。其组件大多以铃、兽、珠子组成，应当是当时某种流行的项链式样，甚至可能与礼仪制度相关。

但目前出土的多为分散零落的各种构件，完整的颈饰组合发现较少。究其原因，有以下几点：其一，原本串起珠子的丝线腐坏，形成了自然的扰乱；其二，因墓葬被盗或破坏而造成人为扰乱。另外，有些类似颈饰的构件存在着颈饰、臂饰等多种装饰用途的可能性。

因此本文难以说明这一时期项链的具体组合穿系方式，只能选择当时比较典型的构件式样加以介绍。

（一）瑞兽

在两汉时期，贵妇人已有佩戴以宝石与黄金制作的珠子串连的颈饰的情况。

到了东晋时期，颈饰已然成了女性常见的首饰之一。以玉石及各式珠宝制作出的瑞兽串珠，显然仍是继承了汉代的做法。其中以伏卧的辟邪形状微雕宝石串珠最为多见，材质有青金石、煤精、琥珀、玛瑙、水晶、绿松石等；雕琢的刀法较为疏阔，仅略具其意，大多有一小孔从兽身穿过。

金质瑞禽瑞兽的小饰件，大约是这一时代流行起的新风，式样除了卧兽，又有双鸟、双鱼等形，较各类宝石微雕串珠更加生动精致。南京仙鹤观东晋墓 M6 出土的金饰，便囊括了丰富的式样（图 5-4-1-1）[1]。有的比较精致的小金兽，表面还留有镶嵌宝石的小孔，虽宝石已经脱落，但当时应该是结合金与宝石于

① 南京市博物馆编. 六朝风采 [M]. 北京：文物出版社，2004：185.

图 5-4-1-2　**金羊饰件**
南京北郊东晋温峤墓出土。精致小巧，头部
用金丝盘出弯角和眼睛，从头顶至背腹部有
9个小圆窝，窝内原嵌有小珠子，现已不存。
尾部呈环状，腹中有一穿孔。通体长2厘米。

图 5-4-2　**玉叠胜与琥珀叠胜**
江苏南京仙鹤观东晋高崧夫妇墓出土。[②]
玉叠胜1件，灰白色，器形呈简化的胜形，中部
束腰处有一圆形穿孔。顶端琢刻一浅勺，底部有
盘状窝槽。长2.2厘米、宽1.7厘米、高2.8厘米。
琥珀叠胜1件，血红色，半透明。两端未饰明显
的勺和盘状窝槽，仅有圆形突起，中为二相连的
长椭圆体。中部有一穿孔。长3厘米、宽2.6厘米。

① 南京市博物馆.南京北郊东晋温峤墓
[J].文物，2002，（7）.

② 王志高，张金喜，贾维勇.江苏南京
仙鹤观东晋墓[J].文物，2001，（3）.

一体的组合饰件，如江苏南京北郊郭家山东
晋墓M9（温峤夫妇墓）出土的一件金羊饰（图
5-4-1-2）[①]。

（二）叠胜

继承自汉朝的"胜"形饰件，在东晋时代
也继续留存着。其形态较汉时的更加简略，
只大致琢磨出上下相叠的两块，中间收缩出
一线凹槽；凹槽正中横贯一孔，显然是作佩
戴系挂之用（图5-4-2）。

（三）铃铛

铃铛也是项链的组成构件之一。

出土数量较多的是金银质地、造型简单的
小铃铛，作圆球形，内置铃核，顶部有纽以
便系挂。在佩戴的项链中加装铃铛，便可以
达到行走时"踏蹀佩珠鸣"（南朝梁刘孝威
《郡县遇见人织率尔寄妇》）的效果。南朝
时除了用铃作为颈饰，也有用作臂饰的情况。
如南朝梁文帝《怨诗》中所言："新人及故爱，
意气岂能宽。黄金肘后铃，白玉案前盘。"

铃铛中最精致的一种是多子铃。之所以称
为"子"，是因为这种铃铛形作一枚大铃下
挂多枚小铃，正如大人带着几个孩子一般。

多子铃中以九子为最。它原是建筑上使
用的小构件。《西京杂记》中描写西汉的宫
殿："昭阳殿上设九金龙，皆衔九子金铃……
每好风日，幡旄光影，照耀一殿，铃镊之声，

惊动左右"。又《齐书》："庄严寺有玉九子铃，外国寺佛面有光相，禅灵寺塔诸宝珥，皆剥取以施潘妃殿饰"，小小一件饰物，背后却有着西汉成帝、南齐废帝宠爱美人、昏庸误国的故事。

然而，这种铃铛也见于妇人的首饰当中，如北京八宝山西晋幽州刺史王浚之妻华芳墓曾出土有一件银铃，顶端为一只背驼圆纽的卧虎，铃铛侧面打制出八个演奏乐器的伎乐人形，每人下则嵌挂一枚小铃；大铃、小铃上均留有镶嵌宝石的小框。这当是一枚"八子嵌宝银铃"（表 5-21：1）。类似的八子银铃，也见于山东临沂洗砚池西晋墓与江苏南京仙鹤观东晋墓（表 5-21：2）。

据这些款式大致相近的铃铛来推想，这大概是当时贵妇人首饰的某种定制。她们因为身份等级限制的缘故，才使用了比"九子"略低一等的式样。

表 5-21：铃铛

1. 银铃（西晋）

北京西郊西晋王浚妻华芳墓出土。[1]

1 件。铃作球状，圆径 2.6 厘米，球体上部以银丝捏成八个乐人的形象，乐人之间有连弧、圈状花纹。在乐人之下系有小铃，嵌有红、蓝宝石。铃之钮座饰成虎形。八个乐人可分作四组：两人捧排箫；两人持管或持喇叭；两人扬手作捶击状，其中一人腹前尚存圆形小鼓；两人举手横于鼻下左方，似作吹笛的形象。

2. 金铃、银铃（西晋）

山东临沂洗砚池晋墓 M1 出土。[2]

银铃 8 只。圆球形，顶有一扁圆形系组。中央有一宽弦纹接痕，内有铃核。腹部有分布均匀的 9 个环组，分别下连一个小银球（铃）。铃上饰菱形纹、圈纹及变形卷云纹，并有镶嵌物，但已脱落。大铃直径 3.5 厘米、小铃直径 1.5 厘米、通高 4.3 厘米。

金铃 4 只。器形相同。圆球形，顶有一扁圆形纽。底有线形音口，内置铃核，摇动作响。一枚球径 2.3 厘米、通高 2.7 厘米。

---

[1] 郑仁.北京西郊西晋王浚妻华芳墓清理简报［J］.文物，1965，（12）.
[2] 冯沂.山东临沂洗砚池晋墓［J］.文物，2005，（7）.

3. 金铃（晋）

辽宁北原房 2 号墓出土。

系以两金片压成半球形后对口接而成，铃顶有环形鼻，府部切一条长条形口，铃内以铁丸为胆。[①]

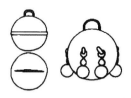

4. 金铃、银铃（东晋早期）

江苏南京仙鹤观东晋墓 M6 出土。[②]

金铃一只。扁球形，顶有一扁圆形纽。中央有一宽弦纹接痕，底有线形音口。内置铃核，摇动作响。球径 2 厘米、通高 2.2 厘米。

银铃一只。已被压变形。圆球形，内置铃核。顶有扁圆形系纽。腹部均匀分布 8 个环纽，分别通过银链下连一个小银球。复原直径 2.7 厘米、高 3.2 厘米。

三 五兵佩

1981 年在内蒙古乌兰察布市达尔罕茂明安联合旗西南西河子出土的一件金链（与金链同出的还有金步摇两组共 4 件），两端装有龙首形饰，龙首主体以金片卷制，龙的耳、口、目、鼻处都以金丝与金粟勾勒出轮廓，其上原镶嵌有彩色宝石片，龙角系以金丝缠出，龙口衔金环以便两端连接；金链以金丝编结而成，长 128 厘米，链上附缀有五枚小兵器模型（盾二、戟二、钺一）和两枚小梳子模型（图 5-4-2-1）[③]。

根据文物学者孙机先生的研究，这条金链应是西晋时一度流行过的"五兵佩"[④]。东晋干宝《搜神记》记载了西晋元康时妇人以兵器为装饰的时尚："元康中，妇人有五兵佩，又以金银玳瑁之属为斧钺戈戟，

① 袁俊卿.南京象山5号、6号、7号墓清理简报[J].文物，1972，（11）.

② 王志高，张金喜，贾维勇.江苏南京仙鹤观东晋墓[J].文物，2001，(3).

③ 图自张景明.中国北方草原古代金银器[M].北京：文物出版社，2005：90.

④ 孙机.中国圣火——中国古文物与东西文化交流中的若干问题[M].沈阳：辽宁教育出版社，1996：107.

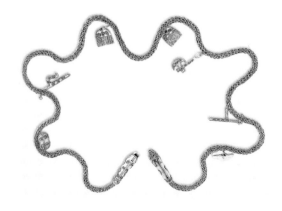

图 5-4-2-1　**五兵佩**
内蒙古乌兰察布市达尔罕茂明安联合旗西南西河子出土。

而戴之以当笄。"其中以兵器为笄的做法，有文物可以证明，已见于前文头饰部分；五兵佩则与这条系挂五件兵器的金链相合。

而在实际使用时，金链端头两枚龙首相对以联结，具有浓郁的中西亚风格。同时期佛教造像的颈上，也常见一种端头为兽首相对的璎珞装饰。据此推想，大约在西晋十六国时期，佛教传入，这种链饰才在中土流行开来。上面兵器形的坠饰与小乘佛教的护法之物类似，只是由于当时中土佛教尚未大盛，工匠不了解相关的佛教知识，仿制璎珞时采用了中土时兴的兵器式样装饰在其上。

三　北朝的串珠项链

考古发掘出土串珠项链的北朝前期墓葬，多集中在山西大同附近。这里曾经是北魏前期的首都平城的所在地，附近墓葬的墓主应也是北魏平城时期的贵族。其中如山西大同恒安街北魏墓发现的串珠项链（图 5-4-3-1），出土时虽已散乱，但相对位置明确，可以重新穿缀还原。又有山西大同雁北师院北魏墓 M52 出土了佩有项链的陶质女舞俑（图 5-4-3-2）[1]，其串珠项链的佩戴方式，为各墓葬出土散乱的珠子提供了重要的组合参照。

① 大同市考古研究所编.
大同雁北师院北魏墓群
[M]. 北京: 文物出版社,
2008: 37.

图 5-4-3-1 **串珠项链**
山西大同恒安街北魏墓出土。

图 5-4-3-2 **女舞俑**
大同雁北师院北魏墓 M52 出土。

① 河北省文化局文物工作队.河北定县出土北魏石函[J].考古,1966,（5）.

② 黄明兰编著.洛阳北魏世俗石刻线画集[M].北京：人民美术出版社,1987.

③ 王克林.北齐库狄迥洛墓[J].考古学报,1979,（3）.

随着北魏迁洛、孝文帝汉化改革之后，这类串珠饰依然流行。河北定县曾出土孝文帝于太和五年（481）埋藏的石函一件，这件石函装有数千枚各种材质的串珠①。又洛阳出土的一件北魏线刻画石椁上，有仙女颈上装饰以等大圆珠串成的项链（图 5-2-2-1）②。

北魏以后的各国贵族、官员墓葬中，也出土有各类散乱的珠饰。其中有的相对位置仍比较明确，如北齐库狄迥洛墓出土的一串玛瑙珠，由红、白、紫三色约 200 颗玛瑙和绿松石构成，出土时正位于人骨胸际③。但这时的珠饰也存在别种使用情况的可能性，它们或是墓主人腰上佩戴组玉佩的构成部分。

第五节 | 魏晋南北朝的臂饰

一 环、钏

魏晋南北朝时期的手镯，名"环"或"钏"。环字从玉，钏字从金，正反映出当时流行的两种首饰材质金与玉。不过这一时期，环与钏是可以相通之名。

当时的环与钏，大多式样简单，是以贵重金属打造或以玉石琢磨成型、表面光素或略饰以绞线纹的单一圆环，只是有直径大小与环面粗细宽窄之分（表 5-22：1）。因式样简单，所以考古发掘中虽多有发现，但往往未加太多关注，大多仅存文字资料。

但它们时常见于当时的诗赋之中。或许在当时作者笔下，不过在描述美女、佳人姿态时行云流水地顺带为之；但在今人看来，吉光片羽皆是金玉珠贝。如繁钦《定情诗》："何以致缱绻？绾臂双金环"；曹植《美女篇》："攘袖见素手，皓腕约金环"，是比较直观的描写。

在佳人的手腕上，常是多件环钏组合佩戴，随着移动而相互撞击作响。这一意象成为南朝诗人描写佳人时常用的绮丽婉约之辞——佳人未现真身，已闻得起环钏撞击之声。如谢朓《夜听妓》："琼闺闻钏响，瑶席芳尘满"；何逊《嘲刘咨议孝绰》："稍闻玉钏远，犹怜翠被香"；湘东王萧绎《登颜园故阁》："衣香知步近，钏动觉行迟。"

梁简文帝尤爱这一意象，并进一步将环钏撞击之声与佳人的舞乐之容联系起来，如《听夜妓》："朱唇随吹动，玉钏逐弦摇"；《新燕》："入帘惊钏响，来窗碍舞衣"；《赋乐器名得箜篌》："钏响逐鸣弦，私回半障柱。"

金玉环钏在当时是颇为珍贵的赠物。如何晏《与谢尚书》："珍玉名钏，因物寄情"；庾信《竹杖赋》："玉关寄书，章台留钏。"南朝齐时，东昏侯萧宝卷为了讨好宠妃潘氏，甚至不惜打破东晋义熙年间南亚地区狮子国进贡的一尊玉佛像以获得玉料，为爱妃制作玉钏[1]。

这一时期，也出现了制作极精美的金环。如广东罗定县鹤咀山南朝墓出土的一件，环面宽扁，向外弧出，其上捶打出四组神兽与忍冬纹饰，麟爪草叶无不细致，工艺精湛（表5-22：3）。这只是"惊鸿一瞥"的罕见一例。

还有一种钏饰，是多环连续、可以人工调节的式样，名为"条脱"或"跳脱"。它最早见于东汉末繁钦所作的《定情诗》："何以叙契阔？绕臂双跳脱。"诗中对条脱的佩戴状态以"绕臂"形容，应正是作盘旋数圈的形态，缠绕在臂部。其材质仍是金或玉。如南朝道士陶弘景所著《真诰·运象》："以升平三年十一月十日夜降羊权家，授权

① 《梁书》卷五十四《诸夷·师子国传》："晋义熙初，始遣献玉像。经十载乃至。像高四尺二寸。玉色洁润。形制殊特，殆非人工。此像历晋、宋世在瓦官寺。寺先有征士戴安道手制佛像五躯，及顾长康《维摩画图》，世人谓为三绝。至齐东昏，遂毁玉像，前截臂，次取身，为嬖妾潘贵妃作钗钏。"

尸解药，并诗一篇，火浣布手巾一方，金玉条脱各一枚。条脱似指环而大，异常精好。"

金属质地的条脱，如贵州平坝马场东晋南朝墓出土有一件，以细银条绕出数圈，两端银丝渐细，缠绕出可供调节大小的弹簧状构造（表5-22：2）[1]。这恰可以与"条脱"二字本身的意义相对照——长条形，又便于手臂的佩戴与脱下。

表 5-22：魏晋南北朝时期的环与钏

1. 金环（西晋）
南京市梅家山出土。
南京市博物院藏。（李芽摄）

2. 银条脱
贵州平坝马场南朝墓出土。
直径 6.3 厘米，重 49.6 克。环面镂刻有简单花纹。环径可作调节。[2]

3. 金环
广东罗定市鹤咀山南朝墓出土。
直径 7 厘米，面宽 1 厘米，重 31.3 克。环面向外弧出，以捶打方法在环面压出四组造型不同的神兽与忍冬花叶纹饰。该件金环具有西亚风格。[3]

① 贵州省博物馆考古组.贵州平坝马场东晋南朝墓发掘简报［J］.考古，1973，（6）.
② 杨伯达主编；中国金银玻璃珐琅器全集编辑委员会编.中国金银玻璃珐琅器全集 1 金银器 1［M］.石家庄：河北美术出版社，2004：图二四七.
③ 罗定市博物馆.广东罗定县鹤咀山南朝墓［J］.考古，1994，（3）.

而玉质的条脱，至今魏晋南北朝时期的墓葬中未见相应的实物出土。但北宋时期沈括曾在《梦溪笔谈》中记录了一件发掘自南朝陵墓的"玉臂钗"："予又尝过金陵，人有发六朝陵寝，得古物甚多。予曾见一玉臂钗，两头施转关，可以屈伸令圆，仅于无缝，为九龙绕之，功侔鬼神。"据这一段描述推想，所谓"玉臂钗"应正是一件条脱，条状的玉块间装有金属质地的扣链，可以弯曲伸直，合上时即为圆环。陕西何家村唐代窖藏中出土了两对金镶玉钏饰，分别由三段白玉段和其间镶嵌的金属合页构成，或许便继承了南北朝时期条脱式样[①]。

不过条脱之名，在南北朝之后就逐渐不再被人们熟悉。据《墨庄漫录》中的记载，"唐文宗问宰臣：'金条脱何物？'宰臣未对。文宗曰'古诗：轻衫稳条脱。即今臂钏也，别作玔'"。

二 臂珠

在环钏流行的同时，魏晋南北朝时期还存在着以珠子串起的"臂珠"或"珠环"。

诗文中偶有提到，如曹植乐府诗《妾薄命》："腕弱不胜珠环。"傅玄《有女篇 艳歌行》："珠环约素腕，翠爵垂鲜光"；《西长安行》："何用存问妾？香橙双珠环。"湖南长沙发掘东晋升平五年（362）周芳命妻潘氏墓曾出土一件随葬的石质"衣物券"（于一方石板上按顺序分类书写棺内随葬衣物），其中便写有"故臂珠一具"。

其中一类，是纯以珍珠制成，如南朝陶弘景所著《真诰》描写仙女首饰为"指着金环，白珠约臂"。这种系臂白珠，应当仍是沿用了汉代的式样。

还有一类，大约类似于颈部的串珠项链，是以各式微雕小兽与珠子、铃铛串成。如南朝宋刘敬叔《异苑》卷八《章沉》故事中，女子秋英"脱金钏一只及臂上杂宝，托沉与主者，求见救济"，她将手臂上的饰物脱下托人转送，而其中既有金钏，又有各种杂宝串起的臂珠。而梁简文帝《怨诗》中有"黄金肘后铃，白玉案前盘"，则是以黄金制成的铃铛串饰挂在大臂之上了。

① 见齐东方，申秦雁主编；陕西历史博物馆等编著. 花舞大唐春 何家村遗宝精粹［M］. 北京：文物出版社，2003：218.

第六节 | 魏晋南北朝的手饰

■ 一 指环

指环是两晋南北朝时期最为重要的手饰。

东汉以来传统的指环式样同手环一样，是以贵重金属打造、光素或略饰以绞线纹的小环。这在魏晋南北朝时期的墓葬中时有发现，可知这种基础式样的指环仍旧流行着。甚至当时贵为皇后者，也会佩戴这类指环，如《北堂书钞》卷一百三十六引南朝·沈约《俗说》："晋哀帝（公元362—366年在位）王皇后又有一紫磨金指环，至小，可第五指着。"实物如江苏省高淳化肥厂东吴墓出土的数件指环，有的是光素的圆环，有的则在环面饰以三道凸起，其间錾刻细点（表5-23:1）。

还有一些以金银打制的指环，式样更加精致，甚至錾刻了华丽的纹饰。如江西南昌火车站东晋墓群M67出土的4枚金指环，环侧凸起为山形，其上錾刻佛像，应与当时逐渐盛行的佛教信仰有关（表5-23:2）。

表 5-23：基础式样的指环	
	**1. 金指环（东吴）** 江苏省高淳化肥厂三国吴墓出土。镇江博物馆藏。①
 	2. 佛像纹金指环（东晋） 江西南昌火车站东晋墓群M67出土。② 环直径1.6~2.0厘米，戒面向上伸出呈山形，宽1.2~1.6厘米，指环宽0.2~0.3厘米。戒面各饰有一佛像，系以錾刻、模压方式制成。佛像下錾刻曲线纹，似为莲花座，佛像身后錾刻短弦纹，似为背光。

① 镇江博物馆编著.镇江出土金银器［M］.北京：文物出版社，2012：105.
② 赵德林，李国利.南昌火车站东晋墓葬群发掘简报［J］.文物，2001，（2）.

也有一些指环，以金属打造，同时又在其上镶嵌了各种宝石。而且这些宝石，大多是通过对外贸易自异域来到中原地区。

南方指环所镶嵌的宝石多是通过海上丝绸之路贸易而来。如以产自南亚地区的"火齐"镶嵌的"火齐指环"。

晋王嘉《拾遗记》卷八记载了一处宫室因"火齐指环"而得以修建并得名，"吴主潘夫人以姿色见宠。每以夫人游昭宣之台，志意幸惬，既尽酣醉，唾于玉壶中，使侍婢泻于台下，得火齐指环，即挂石榴枝上，因其处起台，名曰环榴台。时有谏者云：'今吴、蜀争雄，还刘之名，将为妖矣！'权乃翻其名曰榴环台"。三国时期吴主孙权曾发现一枚"火齐指环"挂在石榴树枝上，因此在此处修筑了"环榴台"，后因"环榴"谐音"还刘"不祥，又改台名为"榴环台"。

所谓"火齐"，在当时是一种贵重的云母类宝石，可以琢制成珠用以装饰。早如东汉张衡《西京赋》记载宫室中华丽装饰时已提到"翡翠火齐，络以美玉"；晋左思《吴都赋》也提到"火齐之宝"。这种宝石的产地和形态在万震（三国时吴国人）所著的《南州异物志》中描写得很清楚："火齐，出天竺，状如云母，色如紫金，离别之节如蝉翼，积之如纱縠重沓。"时间稍后的《梁书·诸夷传》也记载有"中天竺国土俗出火齐"。

虽东吴时期的火齐指环目前尚无明确的考古实物出土，但南京江宁上坊孙吴大墓曾出土有一枚錾刻龙纹的金指环，正是当时孙吴皇室成员所用，指环上也正留有镶嵌宝石的凹孔，虽其上宝石已脱落不存，但吴主孙权的指环应也类似于它（表 5-24:1）。

还有金刚石指环，均见于历史文献与考古发掘之中。

金刚石，如今常见的名称是钻石。

未在美洲、南非发现前，它也大多产于南亚地区。魏晋时期中原已对金刚石有了初步的认识。万震《南州异物志》："金刚，石也。其状如珠，坚利无匹。外国人好以饰环，服之能辟恶毒。"又《晋起居注》："咸宁三年（277），敦煌有人献金刚宝，生于金中，色如紫石英，状如荞麦，百炼不消，可以切玉如泥。"南朝时期，南亚诸国越海来到中原地区，仍时以金刚指环作为奉献之物。如《宋书·夷蛮传》："天竺迦毗黎国，元嘉五年（428），国王月爱……奉献金刚指环、摩勒金环诸宝物，赤白鹦鹉各一头。""呵罗单国治阇婆洲。元嘉七年（430）遣使献金刚指环、赤鹦鹉鸟……"。

金刚石硬度极高，因此当时的金刚指环除了作为手部装饰品之外，还是一种比较实用的切割用具。如郭璞《元中记》："金刚出天竺、大秦国。一名削玉刀，削玉如铁刀削木。大者长尺许，小者如稻米。欲刻玉时，当作大金环着手指间，开其背如月，以割玉刀内环中，以刻玉。"

以金刚石镶嵌的"金刚指环"实物见于江苏南京象山东晋王氏家族墓7号墓（表5-24：2），其形态与现代的钻石指环已相差无几。其上镶嵌一枚稍凸出于镶嵌孔的金刚石，作四方尖顶形态，便很可能有着切割之用（表5-24:2）。

而北方地区的考古发掘中，也发现了不少嵌宝石指环。如陕西西安北周史君夫妇墓出土的一枚嵌绿松石的金指环，式样大致与东晋墓出土的金刚石指环类似（表5-24:3）。

装饰更加精美的指环则如辽宁北票房身村墓葬出土的一枚，金环一侧的戒面由九块宝石镶嵌而成，嵌宝的边框以细小的金粟粒围绕着作为装饰（表5-24:4）。内蒙古凉城县小坝子滩晋代窖藏出土的金指环制成了兽首形，于兽眼镶嵌绿松石作为装饰（表5-24:5）。最为精致的是内蒙古呼和浩特地区北魏墓出土的金嵌宝石的"卧羊戒指"与"立羊戒指"，羊身饰以金粟纹饰，镶嵌三角形与水滴形的绿松石（表5-24:6）。

表5-24：镶嵌宝石的指环

1. 双龙纹金指环（孙吴）
南京江宁上坊孙吴墓出土。[①]
指环外侧錾刻两条交首对视的龙。环直径1.5厘米。指环上镶嵌物已失。

2. 金刚石金指环（东晋）
江苏南京象山东晋王氏家族墓M7出土。[②]
扁圆形，平素无花纹，上有方形斗状方孔，内嵌金刚石1粒，直径1毫米余，作八面体，锥体尖端向外。指环直径2.2厘米。

① 王志高，马涛，龚巨平，周维林，许长生，周荣春，崔世平，董补顺，王泉，李永忠.南京江宁上坊孙吴墓发掘简报［J］.文物，2008，（12）.
② 袁俊卿.南京象山5号、6号、7号墓清理简报［J］.文物，1972，（11）.

3. 绿松石金指环（北周）

陕西西安北周史君夫妇墓出土。①

环外直径 2.45 厘米、内直径 1.9 厘米，面为覆斗形，镶长方形绿松石一颗。

4. 金嵌宝石指环（前燕）

辽宁北票房身村墓 M2 出土。②

环直径 2.5 厘米，戒面长 1.8 厘米、宽 1.7 厘米，由金丝围出戒面基座，镶嵌有红绿二色宝石，周边以金粟装饰。为慕容鲜卑遗物。

5. 金兽面嵌松石指环（晋）

内蒙古凉城县小坝子滩晋代窖藏出土。③

环径 2.6 厘米、戒面高 3 厘米，为兽首形。为西晋时期拓跋鲜卑遗物。

6. 金嵌松石卧羊指环（北魏）

内蒙古呼和浩特市郊区出土。④

长 2.3 厘米、宽 3 厘米、高 4.2 厘米，上饰卧羊，羊身焊有金粟排列的线条，以金丝围成水滴形框，中嵌宝石。为拓跋鲜卑遗物。

7. 金嵌松石立羊指环

内蒙古呼和浩特美岱村北魏墓出土。⑤

高 3.2 厘米、宽 2.3 厘米、长 2.5 厘米，上饰立羊，羊身焊有金粟排列的线条，以金丝围成水滴形框，中嵌宝石。

① 西安市文物保护考古研究院编著.北周史君墓 [M].北京：文物出版社，2014：43.

② 陈大为.辽宁北票房身村晋墓发掘简报 [J].考古，1960，（1）.

③ 张景明.内蒙古凉城县小坝子滩金银器窖藏 [J].文物，2002，（8）.

④ 杨伯达主编，中国金银玻璃珐琅器全集编辑委员会编.中国金银玻璃珐琅器全集 1 金银器 1.石家庄：河北美术出版社，2004：29.

⑤ 同④。

此外，还有一类镶嵌宝石印章的指环常出土于各处北朝高等级墓葬。其形制大多类似，都是在指环间铸出一块圆托，镶嵌一枚圆形的宝石印章。

这类印章指环所采用的宝石品种各异，其中又以青金石较多见。青金石产自中亚地区，是丝绸之路上的重要贸易物品之一，早在《汉书》中已有记载。时人称之为"璧琉璃"①。其色彩以天蓝色为主，其上隐现斑斓金点。

宝石印章的纹饰各异，大致可分为人物、动物两类，具有浓厚的异域风情。而这些指环的所有者，或是当时朝廷的权贵，或是贸易路线上的商人。根据这些因素可以判断，这些镶嵌宝石印章的指环应均是通过丝路贸易来到中国的珍贵外来品，并非普遍流行于中原地区民间的饰物（表5-25）。

表5-25：宝石印章指环

1. 金镶人物纹印章碧玺石指环（北齐）
山西太原北齐徐显秀墓出土。②
指环由黄金戒托、指环与蓝宝石戒面组合而成，指环环身为两对称动物，于动物中间托一蘑菇状黄金戒托，盘座为1圈联珠纹，内嵌碧玺宝石，其上阴刻人物纹。

2. 金镶人物纹印章青金石指环（北周）
宁夏固原北周李贤夫妇墓出土。③
环外径2.4厘米、内径1.8厘米，戒面嵌一颗青金石，直径0.8厘米，其上阴刻人物纹。

3. 金镶蓝色石刻人物纹指环（北魏）
洛阳北魏墓出土。④
金指环嵌蓝色宝石，刻有一舞蹈人物形象。

---

① 见《汉书·西域传》罽宾国条。又唐·释慧琳《一切经音义·大波若波罗蜜多经》："吠琉璃，梵语宝石名也，或云毗琉璃，或云琉璃，皆讹声转也……其宝青色，莹彻有光，非是人间炼石造作焰火所成琉璃也。"
② 山西省考古研究所，太原市文物考古研究所．太原北齐徐显秀墓发掘简报［J］．文物，2003，（10）．
③ 韩兆民．宁夏固原北周李贤夫妇墓发掘简报［J］．文物，1985，（11）.
④ 杨伯达主编，中国金银玻璃珐琅器全集编辑委员会编．中国金银玻璃珐琅器全集1金银器1．石家庄：河北美术出版社，2004：86.

4. 金镶宝石指环（北朝）

内蒙古呼和浩特土默特左旗毕克齐镇水磨沟口发现尸骨佩戴。[1]

一件镶嵌紫色宝石，一件镶嵌黑色宝石，上刻人像。该墓下葬仓促，同出的还有拜占庭、萨珊钱币，墓主人应为某位旅途中的商人。

5. 金嵌红宝石指环（西突厥）

新疆伊犁昭苏波马土墩墓出土。[2]

环直径 2.5 厘米、戒面由金丝为成椭圆形框，内嵌行 2.1 厘米、宽 1.5 厘米的红宝石，外部围绕金粟装饰，戒面两侧以细小金粟构成的三角纹饰装饰。指环底端亦有一小宝石座。这大约是 5—7 世纪西突厥或乌孙人的遗物。

▤ 护指用具

在装饰用的指环之外，还有一类指环更具实用价值，作为护指用具而存在着。

一类形态宽扁，内侧光素，外侧宽平的一面錾刻出整齐排列的无数小圆凹，形制与如今的顶针接近，大约当时正是兼具美观与实用价值、妇女缝纫时可以套在指上，以保护手指的指套（表 5-26：1、2）。

还有一类护指用具名"爪"，形如指甲，是戴在指头上保护指甲的用具，亦常被应用于弹奏乐器。如《梁书》卷三十九《羊侃传》："侃性豪侈，善音律，自造《采莲》《棹歌》两曲，甚有新致。姬妾侍列，穷极奢靡。有弹筝人陆太喜，着鹿角爪长七寸。"南朝梁简文帝《蜀国弦歌篇》："停弦时系爪，息吹更治朱。"南朝陈后主《听筝》诗："促柱点唇莺欲语，调弦系爪雁相连。"

---

① 盖山林，陆思贤.呼和浩特市附近出土的外国金银币 [J].考古，1975，（3）.
② 安英新.新疆伊犁昭苏县古墓葬出土金银器等珍贵文物 [J].文物，1999，（9）.

其具体形态，大约如吉林榆树大坡老河深鲜卑墓出土的几件金护指：由非常薄的金片卷曲成指甲的形状，尾部留出一个细长条，弯曲成螺旋状。使用时可以如指环一般戴在指头上，并根据手指的粗细进行调节，非常简便实用（表 5-26：3）。

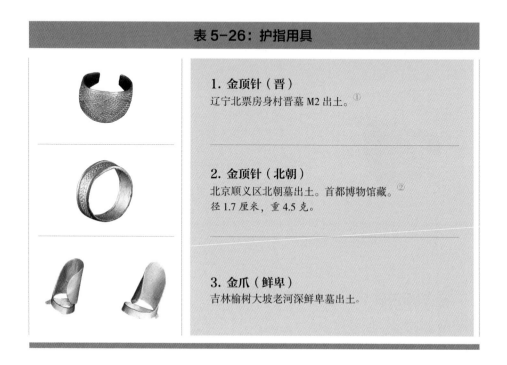

表 5-26：护指用具

1. 金顶针（晋）
辽宁北票房身村晋墓 M2 出土。[1]

2. 金顶针（北朝）
北京顺义区北朝墓出土。首都博物馆藏。[2]
径 1.7 厘米，重 4.5 克。

3. 金爪（鲜卑）
吉林榆树大坡老河深鲜卑墓出土。

第七节 | 魏晋南北朝的金珰冠饰

在魏晋南北朝时期，流行着一种金质的冠帽装饰构件，名为"金珰"。

它是朝廷特别规定、官员用以表示自身官职的头饰，兴起于汉朝。在《汉书·谷永传》已有所记载："戴金、貂之饰，执常伯之职者。"颜师古注："常伯，侍中。"它是舆服制度的重要组成构件之一，如《续汉书·舆服志》所载：

---

① 陈大为.辽宁北票房身村晋墓发掘简报［J］.考古，1960，（1）.
② 梅宁华，陶信成主编，崔学谙卷主编，北京文物精粹大系编委会，北京市文物局编.北京文物精粹大系 中英文本 金银器卷［M］.北京：北京出版社，2004：2.

"武冠，侍中、中常侍，加黄金珰，附蝉为文，貂尾为饰"；又《后汉书·宦者传》："汉兴，仍袭秦制，置中常侍官。然亦引用士人，以参其选，皆银珰左貂，给事殿中……自明帝以后……中常侍至有十人，小黄门亦二十人，改以金珰右貂，兼领卿署之职。"《后汉书·朱穆传》："假貂珰之饰，处常伯之任。"李贤注："珰以金为之，当冠前，附以金蝉也。"

到了魏晋时期，仍旧沿袭汉制，如《晋书·舆服志》载："武冠……左右侍臣及诸将军武官通服之。侍中、常侍则加金珰，附蝉为饰，插貂毛，黄金为竿，侍中插左，常侍插右。"晋傅咸《赠何劭王济诗》："金珰缀惠文，煌煌发令姿"；左思《魏都赋》："蔼蔼列侍，金蝌齐光。"

金珰形为山形，因此名为"金博山"①；因珰上饰有镂空的蝉纹，又可简称为"蝉"，与"貂尾为饰"的"貂"一起并称"貂蝉"②。"貂蝉"共同附着于官员头上所戴的"惠文冠"上，有着一番美好寓意，如东汉应劭《汉官仪》记载："侍中金蝉左貂。金取坚刚，百炼不耗；蝉居高食洁，目在腋下；貂内劲悍而外温润。""貂蝉"成了朝廷官员的代名词。《晋书·赵王伦传》记载"狗尾续貂"的故事，"（赵王伦）其余同谋者咸超阶越次，不可胜记。至奴卒厮役亦加以爵位。每朝会，貂蝉盈坐。时人为之谚曰：'貂不足，狗尾续'"。在两晋时期的墓葬中，多有金珰的实物出土。其形态基本一致，恰与当时的制度吻合（表5-27）。

在蝉纹金珰之外，东晋墓中还出土过一种成双的金质小牌饰。它们时常与蝉纹金珰并出，其上多为掐丝填金粟仙人骑龙纹，原本应当也是冠饰构件的一部分。

此外值得一提的是，当时的宫廷女官亦可佩带金珰。如《晋书·礼志》中记载，皇后亲蚕时"女尚书着貂蝉佩玺陪乘"。而据学者研究，在考古发掘中也有疑似佩带金珰的女性墓主人③。

① 沈从文先生较早提出这一观点，见沈从文编著. 中国古代服饰研究[M]. 上海：上海书店出版社，2011：287.

② 孙机. 中国古舆服论丛[M]. 上海：上海古籍出版社，2013：164.

③ 韦正. 金珰与步摇：汉晋命妇冠饰试探[J]. 文物，2013，（5）.

在时代稍后的辽宁北票北燕时期的冯素弗墓亦出土了多枚金珰，其中二枚仍是类似中原地区式样的蝉珰，另一件为压印佛像纹饰，背面以细金丝穿缀可摇动小金花（表 5-27：3）[1]。

表 5-27：魏晋南北朝金珰的典型示例

1. 金珰（东晋）
南京仙鹤观 M6 出土。[2]
高 55 厘米，重 68 克。

2. 金珰（东晋）
美国大都会博物馆藏。（李芽摄）[3]

3. 金珰（北燕）
辽宁北票北燕冯素弗墓出土。[4]

附 ｜ 魏晋南北朝代表性墓葬出土装饰品综述

一 江苏南京仙鹤观东晋墓出土首饰一览[5]（图 5- 附 -1-1）

江苏南京仙鹤山及其周围是六朝墓葬分布较为集中的地区之一，这处六朝墓位于仙鹤山东南麓海拔约 50 米的小七山南坡，其中 3 座为东晋名臣高崧家族墓葬。本次复原参考的 M2 出土有墓志，据此可知，这里是高崧及其夫人谢氏的墓葬。

[1] 辽宁省博物馆编著 . 北燕冯素弗墓［M］. 北京：文物出版社，2015.
[2] 图自山东省文物考古研究所，临沂市文化广电新闻出版局著 . 临沂洗砚池晋墓［M］. 北京：文物出版社，2016.
[3] 南京市博物馆馆藏资料。
[4] 图自辽宁省博物馆编著 . 北燕冯素弗墓［M］. 北京：文物出版社，2015：彩板四五、四六 .
[5] 南京市博物馆 . 江苏南京仙鹤观东晋墓［J］. 文物，2001，（3）.

图 5- 附 -1-1　**江苏南京仙鹤观东晋墓 M2 高崧夫人谢氏复原图**

本图参照北魏司马金龙墓出土漆屏风中贵妇人服饰形象，结合江苏南京仙鹤观东晋墓出土首饰实物进行组合复原（各
类垂挂的圆形步摇挂饰金片因相对位置暂不明，未作复原）。头饰嵌宝金花钿、簪钗与金质小摇叶；耳饰是由簪钗悬
挂的金珥；颈饰为各类微雕宝石串起的串珠。

（张晓妍绘）

图 5- 附 -1-2　**六瓣嵌宝金花钿**
江苏南京仙鹤观东晋墓 M2 出土。

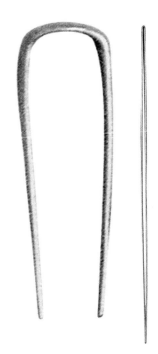

图 5- 附 -1-3　**钗**
江苏南京仙鹤观东晋墓 M2 出土。

M2 中出土有较多首饰，应为谢氏夫人所用。因墓中诸文物已散乱，原始位置不明。这里依照首饰使用位置进行归类，并参考同时期图像、类似出土首饰散件作推测还原。头部首饰尚有六瓣嵌宝金花钿 8 枚（文物宝石已脱落）（图 5- 附 -1-2）、竹节形耳挖簪 2 件（表 5-8：2）、钗 5 件（图 5- 附 -1-3）、金胜 1 件（表 5-14:2）、桃形步摇饰 30 片（表 5-2:5）、圆形步摇挂饰金片多枚（表 5-15:1）；耳饰残有金质小壶形垂饰 1 件（表 5-17:3）；颈部饰有金质小兽及宝石微雕瑞兽串饰、宝石珠子多件（可参考图 5-4-1-1）；手部有金钏 4 件、金指环多件。

三　山西大同南郊北魏墓 M109 出土首饰一览[①]（图 5- 附 -3-1）

这座墓葬为北魏平城时期的鲜卑贵族墓葬。墓主为年龄 20~25 岁的年轻女性，出土时首饰相对位置保存完好。额部有山形金铜饰片 1 件，出土时侧边尚残留有连接的发箍（表 5-4:1、图 5-1-5-1）；头后有银发钗 1 件（图 5- 附 -2-1）；耳部有金耳环 1 件（图 5- 附 -2-2）；胸前散落有串珠饰物 28 颗（图 5- 附 -2-3）；左手手臂处套有银钏 1 件（图 5- 附 -2-4）；手饰为 2 件银指环（图 5- 附 -2-5）。

① 山西大学历史文化学院，山西省考古研究所，大同市博物馆编著. 大同南郊北魏墓群［M］. 北京：科学出版社，2006：01.

图5-附-2-1　银钗

图5-附-2-2
金耳环

图5-附-2-3　金耳环串珠饰物

图5-附-2-4　银钏　　　　　图5-附-2-5　银指环

图5-附-2-1、2、3、4、5均为山西大同南郊北魏墓M109出土。

三 山西大同恒安街北魏墓出土首饰一览（图 5- 附 -3-1）①

① 大同市考古研究所.山西大同恒安街北魏墓（11DHAM13）发掘简报[J].文物，2015，（1）.

由墓中出土砖志文字可知，墓主是名为韩法容的女性。这座墓葬未出土明确纪年文字，根据墓形及所出文物特征可知，墓葬年代属于北魏平城时期。墓主佩戴有造型华丽的金耳饰（表5-19:4），是目前北魏墓葬中出土最为精美的一对；项饰是根据现场发掘时金珠、珍珠、玻璃珠相对位置复原而成（图5-4-3-1）。

四 贵州平坝马场南朝墓出土首饰一览[2]（图 5- 附 -4-1）

② 贵州省博物馆考古组.贵州平坝马场东晋南朝墓发掘简报[J].考古，1973，（6）.

此墓位于贵州平坝马场，因发掘年代较早，首饰归类不明，未有清晰文物图片。但这仍是南朝墓葬中出土首饰较为齐全的一例。头饰为各类银钗、铜钗，发掘简报中留存有头饰插戴的相对位置示意简图（图5-2-2-4）。颈饰为玛瑙、琥珀、料珠串饰；手饰为银钏（表5-22:2）、银指环、铜指环。

图 5- 附 -3-1　北魏女子复原图

此复原图中头饰、臂饰、手饰参照山西大同南郊北魏墓 M109 出土首饰实物进行复原；耳饰、颈饰参照山西大同恒安街北魏墓
出土首饰实物进行复原。头部为金铜蔽髻与银钗；耳饰为嵌宝坠花形耳环；颈饰为金珠、珍珠、玻璃珠串起的项链。臂饰银钏，
手饰银指环。

（张晓妍绘）

图 5- 附 -4-1　**南朝女子复原图**
本复原图结合贵州平坝马场南朝墓出土的首饰实物与南北朝时期流行的装束形象进行推测复原；因考古简报信息不全，仅复原
了部分簪钗和银钏。
（张晓妍绘）

第六章

中国隋唐五代的首饰

陈诗宇

随着隋文帝杨坚统一南北，中国再次进入长达三百余年的大一统时期。由于礼仪制度进一步系统化，社会经济发达和多民族文化交流的频繁化，隋唐首饰逐渐呈现出一个属性分类更加明确，装饰工艺技法和图案越发成熟的面貌。隋唐不同时期首饰样式流行变化速度很快，但同时期的整体一致性也很高。

隋唐五代的首饰可分为两大类，即礼仪性场合所用的礼服首饰和日常所用首饰。隋在南北朝制度的基础上综合损益，制定了更加完备的礼服首饰体系，即花、钿、钗、博鬓组合，形成后世女性大礼服冠的雏形；同时，一种凤鸟形的盛装冠饰在唐代出现并逐渐盛行和隆重化，在后世演变为常服冠（即我们熟知的凤冠）。

其余日常首饰以发髻所用头饰为重，耳饰、颈饰则相对较少。从若干敦煌杂字类书和文书、诗歌中提及的首饰词看，主要包括冠子、假髻、簪、钗、钿朵、步摇、梳、篦、钏、臂环、指环等名目。除了继续沿用直簪、折股钗、梳等基础品种，华丽的宝钿花和片状镂空花簪钗大放异彩，成为这个阶段最具代表性的新首饰类型。

大体流行风貌上，隋至初唐日常首饰整体较简洁朴素，尺寸小、装饰少；盛唐以后逐渐往华美繁复演变，首饰尺寸普遍加大，装饰面积扩展，种类、工艺、造型、纹样也大大丰富化；晚唐五代的贵妇首饰延续奢靡烦琐之风，以各种花簪钗、步摇为多，颈饰也开始增多。

第一节 | 隋唐后妃命妇的礼服首饰

礼服首饰主要用于礼仪性场合，包括后妃受册、助祭、朝会等国家大礼，以及宴见和命妇朝参、婚嫁等相对次要礼仪。所以礼法象征意义浓重，不管是构件的种类、形态还是数目都有细致的规定，并且不轻易改变。隋唐后妃命妇礼服首饰，在汉晋南北朝各朝制度的基础上调整损益，确立了花、钿、博鬓、钗的组合模式，以花、钿的数目区分等级，并且不同场合构件的种类多寡也有所区别，形成体系严明的制度。

隋唐时，凤尚未完全成为高贵女性身份的象征，对自然环境元素的直接模拟，便成了大礼服首饰的主要装饰构成手法，头上往往是一派花草树木、鸟语花香的场景，其中最真正的核心组件就是由汉代后妃"步摇"发展而来的"花"（所谓花树、花钗）；"钿"则是一种嵌以珠玉宝石的饰件，以不同数目区分等级；"博鬓"为垂挂于头两侧的弧状钿饰件，其记载首次出现于隋，造型或有可能与南北朝宝冠所用的织物束带宝缯有关[1]。

唐代成型的这种以"花"为核心的礼服首饰，成为后世后妃命妇在大礼仪时所用礼服冠的前身，其主要的基本元素被一直沿用上千年至明末，可以说是中国古代女性最高贵的一种首饰组合类型。

① 扬之水在《"博鬓"造型溯源》中指出，博鬓起源于《诗·小雅·都人士》中提到的先秦发式"卷发如虿"，当为一说。

一 文献制度

（一）隋代后妃命妇礼服制度

隋文帝即位后，在北齐制度的基础上，一定程度上参照损益北周、南朝制度，初步颁布了新的服令。定皇后服为袆衣、鞠衣、青服、朱服四等，其中用于祭祀、朝会、亲蚕等大礼的袆衣、鞠衣，参照北周制度，首饰由多树花（每树中的小花和大花树数相同）、两博鬓组成。以花树数目不同区分等级，皇后花十二树，对应皇帝衮冕十二旒，以下依等级分别为九、八、七、六、五、三树；用于礼见皇帝、宴见宾客的次等礼服青服、朱服，则"参准宋太始及梁、陈故事增损用之"，首饰"去花"，不使用花树。摘录《隋书·卷十二志第七·礼仪七》首饰制度如下：

皇后首饰，花十二树。……青衣，青罗为之，去花。朱衣，绯罗为之，制如青衣。

皇太子妃，公主，王妃，三师、三公及公夫人，一品命妇，并九树。侯夫人，二品命妇，并八树。伯夫人，三品命妇，并七树。子夫人，世妇及皇太子昭训，四品以上官命妇，并六树。男夫人，五品命妇，五树。女御及皇太子良娣，三树。

（自皇后以下，小花并如大花之数，并两博鬓也。）

隋炀帝即位后，于大业元年诏吏部尚书牛弘等更定服制。由于后宫内命妇等级制度发生变动，也对嫔妃首饰制度进行补充完善。皇后首饰维持了北朝花树、花钿、博鬓组合，内外命妇首饰则参照南朝制度[1]为花钿、博鬓组合，其数目与品级对应也略做调整，原视为一品九树的公夫人改为二品八钿，原二品八树的侯夫人改为三品七钿（表6-1）。另外后妃内命妇、皇太子妃首饰均有二博鬓，外命妇则未说明。摘录《隋书·卷十二志第七·礼仪七》首饰制度如下：

皇后服……袆衣，首饰花十二钿，小花耗十二树，并两博鬓。祭及朝会，凡大事皆服之。鞠衣，小花十二树。余准袆衣，亲蚕服也。贵妃、德妃、淑妃，是为三妃。首饰花九钿，并二博鬓。顺仪、顺容、顺华、修仪、修容、修华、充仪、充容、充华，是为九嫔。首饰花八钿，并二博鬓。婕妤，首饰花七钿。美人、才人，首饰花六钿，并二博鬓。宝林，首饰花五钿，并二博鬓。皇太子妃，首饰花九钿，并二博鬓。

表6-1：隋代开皇、大业后妃命妇首饰制度等级对比

开 皇 制		大 业 制	
身　份	首　饰	身　份	首　饰
皇后	十二树（大小花，下同）	皇后	十二钿、十二花树
皇太子妃，公主，王妃，三师、三公及公夫人，一品命妇	九树	三妃，皇太子妃，诸王太妃、妃，长公主，公主，三公夫人，一品命妇	九钿
侯夫人，二品命妇	八树	九嫔，公夫人，县主，二品命妇	八钿
伯夫人，三品命妇	七树	婕妤，侯、伯夫人，三品命妇	七钿
子夫人，世妇及皇太子昭训，四品命妇	六树	美人，才人，子夫人，四品命妇	六钿
男夫人，五品命妇	五树	宝林，男夫人，五品命妇	五钿
女御及皇太子良娣	三树		

---

[1] 《隋书·卷十二志第七·礼仪七》："参准宋泰始四年及梁、陈故事，增损用之"，"准宋孝建二年故事而增损之"，"准宋大明六年故事而损益之"。

诸王太妃、妃、长公主、公主、三公夫人、一品命妇，首饰花九钿，公夫
人，县主、二品命妇，首饰八钿。侯、伯夫人、三品命妇，首饰七钿。子夫人、
四品命妇，首饰六钿。男夫人、五品命妇，首饰五钿。

（二）唐代后妃命妇礼服首饰制度

唐代建立之后，于高祖武德七年（624）颁布《武德令》，以国家令文的
形式第一次规定唐代礼服制度，其中便有涉及后妃命妇首饰的相关条文（令文
可见《旧唐书·卷四十五志第二十五·舆服》《通典·卷一百八礼六十八·开
元礼纂类三 序例下》相关引述。）；开元二十年（732）颁布的《大唐开元礼·序
列》中也记录了"皇后王妃内外命妇服及首饰制度"；开元二十六年（738）《唐
六典》中的《内官、宫官、内侍省·尚服局》以及《尚书礼部》中也分别详细
记录了后妃与内外命妇的礼服制度。

以上三处为唐代三种属性的令、礼、行政法典中关于礼服制度资料的原始
记载，另外《通典》《大唐郊祀录》以及《旧唐书》《新唐书》舆服部分也有
相关记录，多为转引上述条文。这些记载中的礼服首饰制度基本相同，摘录比
对后可得唐代后妃命妇首饰制度如下（表6-2）。

皇后服：

袆衣，首饰花十二树（小花如大花之数，并两博鬓），受册、助祭、朝会
诸大事，则服之。鞠衣，首饰与袆衣同，亲蚕则服之。钿钗礼衣，十二钿，宴
见宾客，则服之。

皇太子妃服：

褕翟，首饰花九树（小花如大花之数，并两博鬓），受册、助祭、朝会诸
大事，则服之。鞠衣，首饰与袆衣同，从蚕则服之。钿钗礼衣，九钿。宴见宾
客，则服之。

内外命妇服：

翟衣，花钗（施两博鬓，宝钿饰）。第一品花钗九树（宝钿准花数，以下
准此）；第二品花钗八树，第三品花钗七树，第四品花钗六树，第五品花钗五
树，内命妇受册、从蚕、朝会，则服之。其外命妇嫁及受册、从蚕、大朝会，
亦准此。钿钗礼衣，第一品九钿，第二品八钿，第三品七钿，第四品六钿，第

五品五钿。内命妇寻常参见、外命妇朝参、辞见及礼会，则服之。

六尚、宝林、御女、采女官等服礼衣，无首饰佩绶。

凡婚嫁花钗礼衣，六品以下妻及女嫁则服之；（其钗覆笄而已。其两博鬓任以金、银、杂宝为饰。）其次花钗礼衣，庶人女嫁则服之。（钗以金、银涂，琉璃等饰。）

表6-2：唐代后妃命妇礼服首饰制度

身份		头等礼服			次等礼服		
	衣	首饰		使用场合	衣	首饰	使用场合
皇后	袆衣	花十二树		受册、助祭、朝会诸大事	钿钗礼衣	十二钿	宴见宾客
	鞠衣			亲蚕			
皇太子妃	褕翟	花九树		受册、助祭、朝会诸大事		九钿	宴见宾客
	鞠衣		两博鬓	从蚕			
内外命妇 一品	翟衣	花钗九树	宝钿九	受册、从蚕、朝会		九钿	内命妇寻常参见，外命妇朝参、辞见及礼会
二品		花钗八树	宝钿八			八钿	
三品		花钗七树	宝钿七			七钿	
四品		花钗六树	宝钿六			六钿	
五品		花钗五树	宝钿五			五钿	

以上制度原文虽繁，但归纳后可以得知，唐代后妃命妇礼服首饰分为完整版和简省版两类，分别用于头等礼服和次等礼服，基本构件包括博鬓和数目不等的花、钿、钗。

头等礼服，包括皇后袆衣、鞠衣，皇太子妃褕翟、鞠衣，以及内外命妇翟衣。适用于受册、助祭、朝会、亲蚕（从蚕）等大型礼仪场合。其首饰由完整版的花（花钗）、宝钿、博鬓组成。单从令文看，按身份细分又有两种模式：皇后与皇太子妃为大小花、左右两博鬓模式，内外命妇则为花钗、宝钿、左右两博鬓模式。花或花钗、宝钿的数目自皇后而下依品级递减，分别为十二、九、八、七、六、五，配置隆重而华丽，是后世后妃礼服冠的雏形。

次等礼服为钿钗礼衣，合并自隋代的青服、朱服。适用于皇后、皇太子妃宴见宾客，内命妇寻常参见，外命妇朝参、辞见、礼会等相对次要性礼仪场合。其首饰也与隋代相似，仅保留数目不等的钿，而去除了花或花钗、博鬓，是相对简省的首饰模式。

此外，六品以下的内命妇、女官所服礼衣则无首饰；六品以下官员妻女婚嫁礼衣可服花钗、博鬓，其钗覆笄而已，两博鬓任以金、银、杂宝为饰；庶人女婚假也可戴花钗，钗以金、银涂，琉璃等饰。

二 构件分析

隋唐没有任何后妃正式礼服画像存留至今，壁画、陶俑形象也极少涉及后妃礼仪场合，所以长期以来文献所描述的礼服首饰具体形制都不甚明朗，花（花钗）、宝钿、博鬓的具体形态难以还原。近年来，随着几批礼服首饰陆续完整出土，隋唐礼服首饰构件和组合的实际形态逐渐清晰，从而可以识别出花、钿、博鬓的本来形态。

（一）花

首先是最重要的"花"。花的量词为"树"，为便于区别其他花饰，不妨直接称其为"花树"[1]。其具体指代，在长期以来的首饰史研究中，常被视为晚唐五代敦煌壁画供养人头上多见，并且大量出土的一种花钗。通常两两成对，钗首为片状镂空纹样。若进一步细考，易知其难以成立。首先此类花钗的流行时代仅在中晚唐，实物最早出现

① 文献中也可见这种提法，如《新唐书·卷二十五·命妇之服六》"宝钿视花树之数"。

在西安、洛阳附近的中唐墓葬，壁画则见于敦煌中晚唐供养人，仅是一种短期流行做法，而非长期沿用的制度；其次其形态均为金属片状，与文献形容"琉璃饰"不符，也不似"树"；第三，也是最重要的一点，这些花钗在壁画中出现的场合均属于非礼服性盛装，插戴随意，有时普通供养人的插戴数目往往比后妃花树数还多。"花"为隋唐最隆重的大礼服首饰，难以将其与普通花钗混为一谈。

"花"本源自汉代后妃首饰中的"步摇"。汉《释名·释首饰》："步摇，上有垂珠，步则摇动也。"是一种在金属竖枝上缀金银、珠玉花叶片的首饰。步摇或源于中西亚，约在汉代前后传入中原，并同时流传至东北亚、日本，在整个亚欧大陆流行，演变成各种王冠[①]。

步摇在汉代成为皇后、长公主等的最高礼服首饰构件，但没有出现身份等级的数目差降规律。魏晋南北朝大体继承了步摇的使用，树状枝干上缀珠、金叶饰，"俗谓之珠松"。到了北周，首次提出"花树"的概念，并且有了明确的数目等级降差。皇后花十二树，对应皇帝冕旒十二，以下数目依次递降，《隋书·志第六·礼仪六》："后周（北周）设司服之官……皇后华（花）皆有十二树。诸侯之夫人，亦皆以命数为之节。"

隋唐因袭了这一称谓，并对等级差异进一步细分。但隋唐式花树与汉晋式摇叶垂珠式"步摇"开始有了不同，不再是在枝干上缀饰摇曳的珍珠或叶片，而是直接将花朵装于可弹动的螺旋枝之上，依然可"随步摇动"，也确实符合"树"的量词称呼。

一树花通常由木质基座、花柄和小花朵构成。如近年新发现的隋炀帝萧后墓[②]出土首饰，根据陕西省

① 孙机.步摇.步摇冠与摇叶饰片［J］.文物，1991，（11）.

② 江苏扬州市曹庄隋炀帝墓［J］.考古,2014,（07）.

图 6-1-2-1　萧皇后墓出土礼服首饰单树花复制件侧视与正视，基座上有 13 枝花饰

图 6-1-2-2　萧后墓所出各式花朵原件与复原件，花朵各不相同

① 杨军昌，束家平，党小娟，柏柯，张煦，刘刚，薛柄宏. 江苏扬州市曹庄 M2 隋炀帝萧后冠实验室考古简报［J］. 考古，2017，（11）. 实物照片据新水令提供.

文物保护研究院公布的修复资料与实物①，其框架上装有 13 组花饰，每组的基座包有一个直径 3 厘米的木质短柱，中有 1 根铜管为主柄，周围再伸出 12 根弹簧状的螺旋花柄。花柄首端为鎏金铜箔片制成的花朵，其中有玻璃花蕊、小石人、细叶等装饰，中央还有一朵宝花，恰好共 13 朵小花。中央宝花花柄穿过木座的钗脚可插于框架固定（图 6-1-2-1、2）。

　　由于萧后首饰保存较完整，仔细观察并对照文献可以得知，这种由螺旋花柄集为一束，可随步摇动的构件，即

① 负安志.陕西长安县南里王村与咸阳飞机场出土大量隋唐珍贵文物 [J].考古与文物,1993,(06).

② 唐昭陵新城长公主墓发掘简报 [J].考古与文物,1997,(03).

③ 西安马家沟唐太州司马阎识微夫妇墓发掘简报 [J].文物,2014,(10).

④ 王自力,孙福喜编著.唐金乡县主墓 [M].文物出版社,2002.

⑤ 宋焕文,吴泽鸣,余从新.安陆王子山唐吴王妃杨氏墓 [J].文物,1985,(02).

⑥ 湖北郧县唐李徽、阎婉墓发掘简报 [J].文物,1987,(08).

形制长期不明的隋唐礼服首饰"花"。以往若干唐代命妇墓葬中出土的"不明花饰"也得到了正名,如陕西咸阳蜀国公夫人贺若氏墓（图6-1-2-3）①、陕西礼泉昭陵唐新城长公主墓②、陕西西安阎识微夫人裴氏墓③、陕西西安金乡县主墓（图6-1-2-4）④、湖北安陆王子山唐吴王妃杨氏墓（图6-1-2-5）⑤、湖北郧县濮王妃阎婉墓（图6-1-2-6）⑥中,均出土了大量包括多达数百件的花朵、花蕊、花叶、珠宝残件,应当就是基座腐朽后散落的花树花朵。值得注意的是,金乡县主墓和濮王妃阎婉墓出土的首饰残件中,均有带基座的花树,形态做法和萧后花很接近,且花朵、花蕊形态各不相同。裴氏墓和金乡县主墓所出土者还有在花朵上夹杂小人、鸟雀等饰件,这种做法到了宋代更是大放异彩。

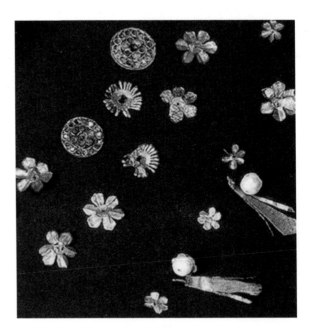

图6-1-2-3 陕西咸阳蜀国公夫人贺若氏墓出土首饰零件,其中的花朵与萧后冠花朵类似

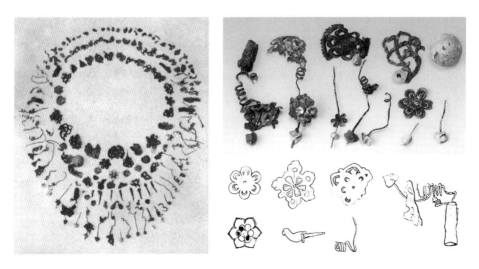

图 6-1-2-4　西安金乡县主墓出土首饰残件，除了鎏金铜花外，还有大量铜丝和木基座、琉璃珠、骨雕鸟饰

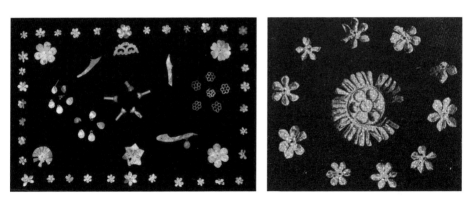

图 6-1-2-5　**金花零件**
湖北安陆唐吴王妃墓出土。

图 6-1-2-6　**带座花树与各式花朵**
湖北郧县唐濮王妃阎婉墓出土。

图 6-1-2-7　萧后首饰水滴形钿复制件与原件，分三行排列

① 陕西省考古研究院等编著.法门寺考古发掘报告［M］.北京：文物出版社，2007.

第二点，隋唐制度中所称的"小花并如大花之数"，以往常常被释读为"小花树的数目与大花树相同"，即皇后有大小共 24 树花。这种释读方案甚至也被后来的宋、明制度采用，明确注记"大小花二十四株""前后各十二株"。但从萧后首饰中看，至少在隋至唐前期，此句应解释为"每株大花树中，小花的数目与大花树总数相同"，即若大花树为 12 树，每树各有 12 朵小花。

（二）钿

除了花树以外，萧后冠上还发现了 12 枚"水滴形饰件"，四周镶珍珠，钿面用琉璃、珍珠、玉石、贝壳等镶嵌出花型，背面中央焊接插孔，被分为三排安装在框架上（图 6-1-2-7）。这种饰件即文献中所指的"钿"。唐人所说的"宝钿"，通常指将各种珠宝、贝壳雕琢成小片花饰，镶嵌黏于金属托上金丝围成的轮廓中制成的华丽装饰品。如法门寺出土衣物账中，对佛骨舍利宝函上装饰的描述"金筐宝钿真珠装"，对照实物[①]，便是此类装饰法。

"钿"之制至迟始自魏晋。《晋书·志十五·舆服》有记载，魏晋在继承汉代后妃首饰假髻、步摇、簪珥组合的基础上，增加了钿数和蔽髻的概念，在假髻上装饰以金玉制成的镔（钿），并且以镔数区分等级，如晋制皇后大手髻、步摇、十二镔，皇太子妃九镔，贵人、贵嫔、夫人七镔，九嫔及公

图 6-1-2-8 **宝钿**
宁夏固原隋史射勿墓出土。

图 6-1-2-9 **宝钿**
湖北安陆唐吴王妃墓出土。

图 6-1-2-10
唐代钿实例,有水滴形和尖头侧收形两种
西安莲湖区仪表厂出土。

主、夫人五鏌,世妇三鏌。此制在南北朝至隋各政权被普遍沿用,并且等级进一步细化,内外命妇五品以上均以钿数为品秩差异。

唐制皇后、太子妃大礼服袆衣、鞠衣首饰仅提及花树,次礼服钿钗礼衣首饰提及钿,其余内外命妇大礼服翟衣则花树、钿并提。不过从萧后实例中看,初唐皇后礼服首饰很可能也有花树、钿并存的情况。

前文提到的几例唐代命妇首饰遗存中大多有钿出土,综合若干实例我们可以得知,钿的形态以尖头朝上的水滴形为多,如宁夏固原隋大业五年(609)史射勿墓(图 6-1-2-8)[①]、湖北安陆唐吴王妃墓所出土的实例(图 6-1-2-9),也有圆形、心形等。一套宝钿形态大小可完全相同,如萧后例;也可两端的宝钿尖头内收,如西安莲湖区例(图 6-1-2-10)[②]、西安裴氏墓

① 罗丰,郑克祥,耿志强.宁夏固原隋史射勿墓发掘简报[J].文物,1992,(10).

② 西安博物院编著.金辉玉德 西安博物院藏金银器玉器精萃[M].北京:文物出版社,2013.

图 6-1-2-11　陕西西安唐裴氏墓出土宝钿一套，两端尖头内收

图 6-1-2-12　香港承训堂藏唐代宝钿一套，有大小两种，镶嵌珍珠、玻璃、贝壳，背面有插孔

图 6-1-2-13　贺若氏墓出土宝钿，有大小形状均不同的两种，居中为尖桃形，其余 7 枚为圆形

例（图 6-1-2-11）、欧洲私人藏例；还可大小不同尺寸形状组合，如
承训堂藏例（图 6-1-2-12）[①]、贺若氏例（图 6-1-2-13）、浙江保利例。
也以各种珠宝琉璃甚至翠羽装饰。数目多者可排成三排，数目少者或仅一
排置圈口上。

---

① 林业强主编 . 宝蕴迎祥 承训堂藏金 2［M］. 香港：香港中文大学中国文化研究所文物馆，2007.

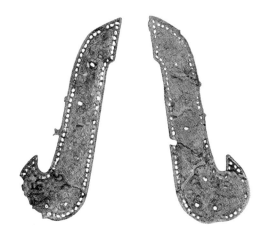

图6-1-2-14 博鬓
陕西西安阎识微夫人裴氏墓出土。

图6-1-2-15 博鬓残件
陕西西安莲湖区出土。

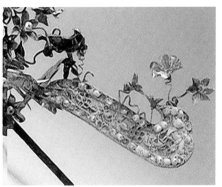

图6-1-2-16 浙江保利古艺术特展唐代冠博鬓,外沿有小花饰

(三)博鬓

博鬓的位置明显明确,即垂挂于头两侧的弧状饰件。隋唐博鬓通常呈长条S弧状,外端上尖内收,装饰方法与宝钿类似,嵌有珠宝,即制度所称"施两博鬓,宝钿饰也",如西安裴氏墓出土的一对博鬓(图6-1-2-14)、西安莲湖区出土的一件唐代博鬓残件(图6-1-2-15)。外上沿有时还装饰以小花朵数组(图6-1-2-16)。

图 6-1-2-17
**北齐彩绘石雕观音像，
两侧鬓前垂有结带宝缯**
美国大都会美术馆收藏。

图 6-1-2-18
博鬓，上端可见花结
北齐娄睿墓出土。

① 扬之水."博鬓"造
型溯源[N].文汇报，
2019，（03）.

② 山西省考古研究所编
著.北齐东安王娄睿墓
[M].北京：文物出版社，
2006.

不过萧后冠饰的发现，为探讨博鬓的起源提供
了新思路。不像明代博鬓挂于圈口脑后左右，萧后
博鬓插于圈口两侧靠近鬓上的位置，其原始功能也
许与绑扎冠饰而垂落左右两鬓的束带宝缯有关，这
在同样源于步摇冠的北朝菩萨宝冠饰中也很常见
（图 6-1-2-17），甚至不少菩萨像中还直接制成金
属饰。首饰化之后成为金属珠宝制品，依然垂挂在冠
座鬓左右。另外先秦时代女性曾流行过一种两鬓垂
卷发的发式，也被认为是博鬓起源的另一种可能①。

博鬓的记载首次出现于隋，但北齐娄睿墓出土的
一件金饰，嵌珍珠、玛瑙、蓝绿宝石、蚌、玻璃（即
文献所说宝钿饰），前端还保留了花结状饰②，极可
能为博鬓在北朝时已存在的初步形态（图 6-1-2-18）。
宁夏固原史射勿墓棺床上出土有钿饰和一件长条状
铜饰，一端有花形饰，萧后首饰博鬓与口圈相接处
也有花形装饰，应当就是带结遗制（图 6-1-2-19）。
唐以后由于博鬓失去了原始功能，逐渐移动至脑后，
但依然保留了"博鬓"之名。

图 6-1-2-19　萧后首饰复原件与原件中垂于鬓前的博鬓，与口圈连接处有花形饰

三　组合模式

根据完整的出土实例以及陕西三原贞观五年（631）李寿墓石椁线刻命妇礼服形象，我们可大致还原出隋唐后妃命妇大礼服首饰的具体形制和组合模式（图 6-1-3-1）。

首先将一副金属框架戴于头顶，框架由若干金属圈交错构成，方便安置花树、花钿、博鬓各构件，其中外露的底沿口圈前部通常装饰有各种宝石，并以珍珠圈边。

口圈之上根据等级不同插置数目不等的宝钿，钿置于髻前也符合"蔽髻"之本意。宝钿以各种珠宝琉璃甚至翠羽装饰，背后有插孔可固定。形态以尖头朝上的水滴形为多，也有圆形、心形等。一套宝钿可形态大小完全相同，也可两端宝钿尖头内收，还可中央一枚与其余大小形态不同。其排列方式不定，数目多者可上下多排，也可小钿半圆环绕中央大钿；数目少者单排放置即可。

图 6-1-3-1 初唐皇后礼服首饰花、钿、博鬓组合插戴示意图（王非绘）

口圈两侧各垂挂一根博鬓，博鬓长条弧状，外端上尖内收，装饰方法与宝钿、口圈类似。上沿有时装饰以小花朵数组。鬓为额前左右侧，隋唐位于两鬓的博鬓，也符合"博鬓"字面之本意。

再根据品级不同，插置不同数目的花树在框架上，平均分布于头顶，每树的小花数目与花树总数相等。花朵的种类构成较随意，通常包括数枝鎏金花朵、宝钿花朵，花蕊材质有珍珠、琉璃等，其间往往还夹杂各种玉石小人、飞鸟、花叶；花柄为螺旋金属丝，可随步摇动，数朵束于一把。此外通常还包括和花树数目相等的折股钗，起到固定冠饰与头发的作用。

四 出土实例

已发现经科学发掘出土的完整隋唐后妃命妇礼服首饰，主要包括皇后级的隋炀帝皇后萧氏首饰一具、五品县君裴氏首饰一具等，以及陕西咸阳贺若氏墓出土的疑似盛装首饰。另外还有欧洲私人所藏唐·七钿七花树首饰一具，保利拍卖北周至唐七钿花树首饰一具（图 6-1-4-1），香港关善明博士藏唐宝钿花树残件，香港承训堂藏水滴形宝钿七件一套。另外还有若干唐代内外命妇墓所出

图 6-1-4-1　浙江保利拍卖北周至唐七钿花树首饰

图 6-1-4-2　首饰复原三视图
江苏扬州隋炀帝萧皇后墓出土。

土礼服首饰残件。

隋炀帝皇后萧氏首饰：2013 年扬州邗江区发掘的隋炀帝萧后墓中出土了一套礼服首饰，为迄今出土的唯一一套隋唐皇后级礼服首饰，保存相对完整。冠中有大量花朵饰件，以及水滴形宝钿 12 枚，博鬓 2 个、铜钗 12 件、框架一副以及若干残片（图 6-1-4-2）。

其中成组花为 13 树，固定于头箍框架。每组花树下有一根铜管为柄，其上伸出 10 根螺旋花柄，可随步摇动。花柄首端为鎏金铜箔片制成的花托或花朵，其中有玻璃花蕊、小石人等装饰；宝钿为水滴形，共 12 枚，固定于框架一面，分为上下三排，自上而下分别为 3、4、5 枚。博鬓 2 件，固定于头箍两侧；钗12 件，单独放置于两侧。

隋炀帝愍皇后萧氏于江都之变炀帝遇害后，先后流落叛军及东突厥。唐贞观四年李靖灭东突厥，萧后归长安，并于唐贞观二十一年去世，唐太宗以皇后礼将其与炀帝合葬扬州，谥曰愍，墓中陪葬首饰应为贞观时所制。按隋唐制度，皇后首饰均为12树花，但萧后的冠上却发现了13树花，花钿与钗数均为12，其花树数或有可能与隋炀帝所创天子十三环玉带相关，也可能为唐太宗对其特别礼遇，具体原因尚待研究。

隋二品公夫人贺若氏首饰：隋唐内外命妇首饰已发现最高级者为1988年陕西咸阳机场工地蜀国公夫人贺若氏墓所出土首饰，也是1949年以来考古发掘的第一套隋唐命妇礼服首饰，惜已散落无法恢复原状。全套首饰由金圈、金花钿、金花叶、金花蕊、玉片、珍珠、各色宝石、绿松石珠等300多件连缀而成，丝绸编织等物已全部腐烂（图6-1-4-3）。但由于未发现博鬓等饰，尚不能确定是否为大礼服首饰或次一级的盛装首饰。

金圈框架发现时仍戴墓主人头骨上，其余构件都散落在头部周围，呈放射形由近及远整齐地排列。额头、两鬓部均为三层，脑后渐至扩展到五层、六层，脑后最正中部达到七层。从头顶看，脑顶正对称左右插两支大金簪，簪两旁各为金镶宝石花的步摇，嵌着珠玉的穗状串饰垂。头顶稍下的额头、鬓耳部遍饰六瓣花金和圆珠宝花，或纯金制作，或金镶玉嵌，或珍珠、宝石串缀而成。宝钿共8枚，正中1枚为心形，其余7枚为圆形。另外还有金钗4件，形状为双股钗，大小相同，出土时仍插在墓主的头侧。钗股很长，断面呈圆形。为锤击成条，弯制成型，光素无饰[1]。

贺若氏名厥，其夫独孤罗为北周太保独孤信长子，隋文献皇后独孤伽罗长兄。隋朝建立后，独孤罗继承了父亲独孤信赵国公爵位，后又改封蜀国公。贺若氏虽死于初唐武德四年，但《武德令》颁布于

① 负安志.陕西长安县南里王村与咸阳飞机场出土大量隋唐珍贵文物［J］.考古与文物.1993,（06）.

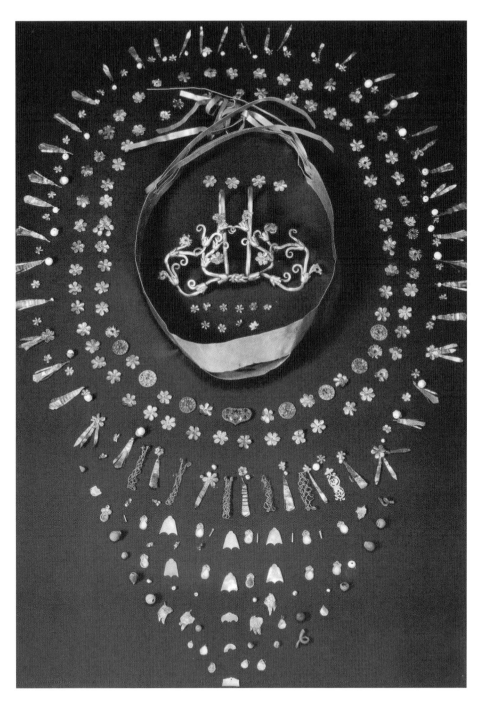

图 6-1-4-3　**首饰零件**
陕西咸阳蜀国公夫人贺若氏墓出土。

图 6-1-4-4　**首饰零件**
陕西西安阎识微夫人裴氏墓出土。

图 6-1-4-5　**首饰复原图（张煦）**
陕西西安阎识微夫人裴氏墓出土。

武德八年，当时依然使用隋《大业令》旧制，其冠应尚属隋制。贺若氏封二品国公夫人，墓中出土的花钿数目为 8 枚，符合《大业令》"公夫人首饰八钿"制度。其余数百件花瓣、花蕊、花叶、珠宝残件，说明当时外命妇首饰或也存在花树之制，可补充《隋书》记载不足，也符合唐代二品命妇"花钗八树、宝钿八"制度。

武周五品县君裴氏首饰：2002 年陕西西安马家沟唐代阎识微夫妇墓中出土冠饰 1 组[1]，整个冠饰已散落成 300 余件饰件及残块，尺寸、大小不一，包括从长十余厘米的博鬓 2 枚；水滴形宝钿 6 枚，其中 2 枚上尖相对；头圈数段；以及大量饰件，应为花树残件，造型有人物、飞鸟、花卉等。主体材质为铜（鎏金），装饰材料有各种玉石、水晶、透闪石、绿松石、玻璃、珍珠、羽毛等；制作工艺有焊接、鎏金、贴金、镶嵌、掐丝、珠化等。另有金钗 3 件，形制相同，分两股，素面。长 20.3 厘米，重 15.4 克（图 6-1-4-4、5），由陕西省文物保护研究院进行修复和复原研究[2]。

① 杨军凯等 . 西安马家沟唐太州司马阎识微夫妇墓发掘简报［J］. 文物 ,2014,（10）.

② 张煦 . 唐阎识微夫妇墓出土女性冠饰复原研究［M］. 西安：陕西师范大学 ,2014.

裴氏死于武周天授二年（691），其夫阎识微为五品太州司马，裴氏被封为五品河东县君，按《武德令》，五品外命妇礼服首饰为花钗五树、宝钿五、博鬓二，但裴氏墓中出土宝钿数目为六枚，花树构件残片也以三为倍数，推测也为六树，与武德制、开元制均不符，或为失载武周新制，也有可能为僭越或额外封赐。

第二节 | 隋唐五代的头饰

头饰主要指围绕发髻固定和装饰而形成的各种首饰。隋唐五代时期的首饰中，头饰是最重要和丰富的大类。与用于礼仪场合的礼服首饰不同，日常头饰通常不在礼法制度框架内，受到的约束较小，主要从功能需求出发，并极尽所能往装饰化发展，所以不管是种类、形态还是工艺、纹样都比较丰富自由，流行变化的速度也较快。

隋唐五代的头饰包括一体性较强的各式冠子、假髻，以及三大传统种类簪、钗、梳篦，还有搭配簪钗使用的饰件钿花、步摇、媚子等。尤其是其中的金银簪、钗，在此时进入一个异彩纷呈的繁盛期。

一 冠子

古时通常男戴冠巾帽，女插簪钗首饰，但唐以来冠也不仅限于男性使用。前文所提女性礼服所用花树首饰实际上即为一体冠的形态。另外唐五代妇女日常穿着时装时，有时也会戴相对大型华丽的冠子。

唐宋以来的事物始源类书中，常把冠子的起源远附至秦汉。晚唐五代人马缟所著《中华古今注》中"冠子·朵子·扇子"称称"冠子者，秦始皇之制也"，宋高承《事物纪原》"冠子"条引"《二仪实录》曰'汉宫掖承恩者，始赐碧或绯芙蓉冠子，则其物自汉始矣'"。此类名物溯源向多穿凿附会之处，几不可信，但至少可知唐人已有女用冠子观念。从文物图像和唐代诗歌笔记描述出现的情况看，冠子的出现可能并不太早，盛唐、中唐以后才逐渐频繁起来。

图 6-2-1-1　陕西礼泉章怀太子墓石椁仕女凤鸟饰

唐五代女性所戴冠子主要造型有凤鸟和芙蓉莲花两类。其中的凤鸟冠由一种鸟形装饰发展而来，并逐步演变成后世女性的常服冠；芙蓉冠有时则和"女冠"即女道士关系较大，宫廷贵妇日常也常戴各种材质制成的花冠。《中华古今注》中还提及黄罗髻蝉冠子、通天百叶冠子等品种。

（一）凤鸟冠

此类凤冠出现之初，应当仅是一种金银立体凤鸟头饰，插戴于头顶正中，由于图像上的底部结构不明，尚不能确定固定方式属于簪钗类还是冠子类。较早的例子见于陕西礼泉乾陵神龙二年（706）章怀太子墓，石椁线刻描绘 20 位在庭院中赏玩的仕女，其中有两位头顶安有一只大型立体凤鸟饰，两翅开展，后尾上扬（图 6-2-1-1）^①。二者衣着和他人并无二

① 樊英峰，王双怀编著. 线条艺术的遗产·唐乾陵陪葬墓石椁线刻画 [M]. 北京：文物出版社，2013.

图 6-2-1-2
山西万荣唐薛儆墓石椁线刻仕女凤鸟冠饰

图 6-2-1-3
陕西西安庞留村武惠妃敬陵石椁贵妇凤鸟冠饰

致，甚至有一位从站位上看仅为随从，可见当时的凤鸟头饰只是日常所用头饰的一种，尚无特别地位象征之义。此外如山西万荣开元九年（721）薛儆墓石椁（图6-2-1-2）[1]、陕西西安开元二十五（737）武惠妃敬陵石椁（图6-2-1-3）[2]等也可以看到同类的凤饰，有的还在髻侧插一支步摇簪钗。

若干武周或略迟的三彩女俑头顶戴有巨型凤鸟饰，更接近冠帽形态。陕西西安韦氏墓石椁椁门上的仕女线刻，头冠外形模拟男冠，冠顶正中也立有一只正面展翅凤鸟，并口衔垂珠串，旁插步摇簪[3]，此搭配或为武周前后女性当政时所创的新制，昙花一现。中唐诗人郭周藩的《谭子池》，讲当地有位出生于开元末年的小儿谭宜，二十岁时遁入山林，大历元年忽然成仙归来，"头冠簪凤凰、身着霞裳衣"，则将凤凰冠饰当作仙人装扮描述。

① 山西省考古研究所编著. 唐代薛儆墓发掘报告[M]. 北京: 科学出版社, 2000.09.

② 程旭主编. 皇后的天堂 唐敬陵贞顺皇后石椁研究[M]. 北京: 文物出版社, 2015.

③ 藏于陕西历史博物馆, 图像见张建林. 李倕墓出土遗物杂考[J]. 考古与文物, 2015,（06）.

唐代凤形冠饰偶见出土发现，陕西历史博物馆藏有一件唐代金凤鸟饰，高12厘米，凤鸟双翅舒展，后尾上扬，整体造型如孔雀开屏，喙部有穿孔，原应有悬坠饰件。凤身及羽翼以锤鍱、编结、焊接成镶嵌宝石的金框宝钿装，原嵌物已失，鸟腿以薄银片卷成（图6-2-1-6），有可能为安插在髻顶或冠顶正中的饰件。美国旧金山亚洲艺术博物馆（图6-2-1-7）、美国纳尔逊博物馆（图6-2-1-8）、明尼阿波利斯博物馆（图6-2-1-9）等处也收藏有若干十分相似的唐代首饰，以金银掐丝制成立体凤形，有的还残留所镶嵌的松石等珠宝，下有两爪，多无簪脚。唐诗中有"结金冠子""结银条冠子"之称，唐苏鹗《杜阳杂编》曾记载唐宝历二年（826）"浙东贡舞女二人：一曰飞燕，一曰轻风……戴轻金之冠，以金丝结之，为鸾鹤之状，仍饰以五彩细珠，玲珑相续，可高一尺，秤之无三二钱，上更琢玉芙蓉以为顶。"其"轻金之冠"描述与之非常接近，以金丝结成"鸾鹤之形"，当为此类凤鸟冠。

更加华丽的搭配还会在大凤左右插横两只凤首簪，并垂珠结。其制或可远溯至汉代太后"左右一横簪之，以玳瑁为擿，长一尺，端为华胜，上为凤皇爵，以翡翠为毛羽，下有白珠，垂黄金镊"的横插凤首垂珠饰做法。如敦煌130窟天宝年间乐庭环夫人供养像中的女十三娘像（图6-2-1-4），可以使用在非礼仪性但又相对隆重的盛装场合，类似后世"吉服"的属性，但不存在于礼法制度中。陕西西安南郊宗女李倕墓出土的冠饰（图6-2-1-10）[①]，便属于此类盛装首饰，构件中的主体部分有凤鸟两翅和上扬的两尾，中央有花饰，还有两支鎏金长钗，钗首装饰小型凤鸟。由于原始位置已被淤泥挤压变形，复原时两支长钗被安装为十字形，但原始插戴更可能为壁画所体现的左右横插式。

晚唐五代，这种中央一只展翅大凤、环绕花叶、左右横簪钗凤首垂珠结的固定模式大为盛行，演变为一种隆重女冠，凤底还有完整的莲花基座，在敦煌晚唐五代供养人贵妇壁画头上极其常见（图6-2-1-5）。从图像中我们也可以看到，这些首饰尽管华丽，但是搭配的服装依然是裙、衫、帔，而非礼服，可见应与大礼袆翟衣所用的礼服冠分开讨论。

---

① 中国陕西省考古研究院，德国美因茨罗马-日耳曼中央博物馆编著.唐李倕墓考古发掘、保护修复研究报告［M］.北京：科学出版社，2018；唐李倕墓发掘简报［J］.考古，2013，（08）.

图 6-2-1-4
敦煌莫高窟 130 窟乐庭环家族女十三娘供养像凤鸟冠饰
（潘絜兹临）

图 6-2-1-5 敦煌莫高窟 61 窟供养像大型凤鸟冠饰

图 6-2-1-6 唐代金凤鸟饰
陕西历史博物馆藏。

图 6-2-1-7 唐代凤鸟饰
美国旧金山亚洲艺术博物馆藏。

图 6-2-1-8　**唐代凤鸟饰**
美国纳尔逊博物馆藏。

图 6-2-1-9　**唐代凤鸟饰**
美国明尼阿波利斯博物馆藏。

图 6-2-1-10　**冠饰组合还原**
陕西西安李倕墓出土。

图 6-2-1-11
台北故宫藏唐《宫乐图》戴花冠仕女

图 6-2-1-12
周昉《挥扇仕女图》中戴花冠仕女

（二）花冠

花冠最常见者为莲花冠，又称芙蓉冠子。莲花冠的缘起或与宗教有关，北魏龙门石窟、巩义石窟寺帝后礼服图中的后妃已开始常戴莲形冠。在唐代，芙蓉冠是道教女冠的重要标志性服饰，如唐张万福《三洞法服科戒文》中便有"芙蓉玄冠""冠象莲花或四面两叶""莲花宝冠"等记载。后妃公主若入道，也须改换芙蓉冠或叶形冠，"公主玉叶冠，时人莫计其价"，玉真公主出家后所戴的玉叶冠是常被歌咏的例子。

花冠在隋唐五代宫廷贵妇中很流行，白居易《长恨歌》描述杨贵妃"花冠不整下堂来"。孙光宪《北梦琐言》云："蜀王……宫人皆衣道服，簪莲花冠，施胭脂夹脸，号'醉妆'。"敦煌壁画中贵妇常见戴莲花冠的形象，冠身做成多重多瓣莲形，冠座通常横插一只翘首簪以固定。

其材质很多，织物制成的碧罗冠子是常见类型，可在暑天使用，《中华古今注》中有"当暑戴芙蓉冠子，以碧罗为之"。晚唐五代诗词也常有提及，如和凝《宫词》中的"碧罗冠子簇香莲""芙蓉冠子水精簪，闲对君王理玉琴"，又如敦煌《应奉君王》词"丝碧罗冠，搔头缀髻""凉罗冠子镂金花"等。台北故宫唐《宫乐图》（图 6-2-1-11）、周昉《挥扇仕女图》（图 6-2-1-12）中都可以看到头戴花冠的贵妇人形象，似即为这种织物或通草所造花冠。

图 6-2-2-1 **假髻**
新疆阿斯塔那张雄夫妇墓出土。

此外还有金银掐丝编结而成的芙蓉冠子。唐徐夤有诗《银结条冠子》"日下征良匠，宫中赠阿娇。瑞莲开二孕，琼缕织千条。蝉翼轻轻结，花纹细细挑。舞时红袖举，纤影透龙绡"。描述的便是一种以细银丝结成的莲冠。

二 假髻

隋唐五代盛行各种形态复杂的发髻，或大或小，或高耸或盘桓，有些发髻难以用真发盘成，便需要制作可戴的假髻。假髻又称"义髻""义髻子"，敦煌《杂集时用要字》《俗务要名林》等在女服部分中罗列有"假髻""头髮"，《杨太真外传》："妃常以假髻为首饰……天宝末，京师童谣曰'义髻抛河里，黄裙逐水流'"即此类。

假髻的制作可以用木、纸或织物等制胎、衬，再涂漆，或缠裹毛发、鬄毛制成逼真的小髻，其上往往还贴、绘有华丽的花饰、钿饰。唐《通典·乐志》记载清乐服饰，有"漆鬟髻，饰以金铜杂花"的描述，即指表演时所戴的漆涂假髻，装饰各种金铜花饰。由于假髻材质多为有机物，在墓葬中难以保存，所以中原墓葬考古罕见，但在西北新疆干燥环境唐墓中多有发现，实例从初唐至晚唐均有。

新疆阿斯塔那永昌元年（689）张雄夫妇墓出土一具张雄夫人所用假髻（图 6-2-2-1），以薄木制成，外涂黑漆，并绘有忍冬花草饰，是初唐常见的大型单刀半翻髻造型，底座有小孔，并残留金属痕迹，当为插戴发簪固定所用。阿斯塔那唐墓还曾出土若干小髻，以麻布为衬里，鬄毛缠绕其外制成（图 6-2-2-2），外形恰如开元时期妇女头顶常见

图 6-2-2-2 **鬄毛包裹小髻**
新疆阿斯塔那 184 号唐墓出土。

垂髻，以簪钗、系带固定，在唐代同时期的壁画、线刻中可分辨出来。吐鲁番唐墓中还出土有一件纸胎假髻，外表涂漆绘纹，当是晚唐流行的高髻类型。

三 簪

簪源于先秦之笄，本为单股长针形，用于绾发、固冠，是发饰中最基础的固定工具。簪男女通用，男性使用的头簪形制较简单，偏实用性，一般只用一支，贯插于冠帽和发髻，"所以系冠使不坠也"，主要功能是固冠；女子用簪，则直接插于发髻，起着固定发髻和装饰作用，"及笄"即指女子年满十五岁，束发并以笄贯之，是成年象征。女性用簪往往还在簪首进行各种美化，扩大花样造型，数目也增加许多，成为重要的饰物。

隋唐五代时期发簪质地多样，主要有玉、水晶、石质地，金、银、铜、铁等金属质地，角、牙、骨、玳瑁质，琉璃、翠羽、宝石等装饰，甚至竹、木、蒿等植物材料也可做簪。

簪的基本结构包括簪股和簪首两部分，簪股又称簪挺、簪杆，即长长的主体部分，通常为扁平状或柱状，簪脚收细便于插入发中；簪首往往加粗，或呈盖帽状，是装饰重点，或錾刻纹样，或者进一步加以各种雕饰。根据簪形不同，我们可以将隋唐头簪大体分为普通的长条直簪、带簪帽的帽头簪以及对簪首进行各种复杂造型装饰的花簪三类。

整体流行变化上，唐代簪式呈现造型装饰由简及繁，组合数量由少至多的大趋势。初唐簪首装饰通常较为简单，以简单的尖锥形簪、棒形簪或扁簪为主，多为单支插戴，花头簪仅见宫廷命妇少数几例，插戴数目一般也仅为一两对；中唐以后，各式花头簪大量流行，造型丰富华丽，其插戴数量也大为增加，多者可达十数枝。

（一）直簪

最基本的造型为长条直簪，此类簪在唐代最为常见，是基础的功能性首饰，从隋唐初贯穿至晚唐五代。一般呈簪首略粗、簪尾渐细的尖锥状，长度

图 6-2-3-1
骨簪
陕西西安紫薇园唐墓出土，
长 17.8 厘米。

图 6-2-3-2
骨簪
河南偃师崔防夫妇墓出
土，长 17.6 厘米。

图 6-2-3-3
唐代琉璃簪
湖南省博物馆藏，长 14.5 厘
米，直径 1.1 厘米。

图 6-2-3-4
唐代琉璃簪
湖南株洲出土，
长 15 厘米。

从 10 厘米到 20 几厘米不等。簪股断面有扁平、扁圆或柱形、多棱形几种，其中金属簪、骨簪以扁平状为多，而玉簪、牙簪、水晶簪、琉璃（玻璃）簪等通常为柱状。

如陕西西安长安三年（703）殷仲容夫妇墓、陕西陇县原子头唐墓、陕西西安紫薇园唐墓（图 6-2-3-1）、河南偃师会昌二年（842）崔防夫妇墓（图 6-2-3-2）、吴忠西郊唐墓出土骨簪、陕西西安西郊热电厂基建工地 M122 出土铜簪，簪股均为扁平状；而陕西西安王家坟唐安公主墓出土的象牙簪，湖北秭归望江唐墓出土深蓝色玉簪，以及湖南省博物馆藏唐代琉璃簪（图 6-2-3-3）、湖南株洲溧沙井乡出土的琉璃簪（图 6-2-3-4），簪股则均为柱状，株洲出土者簪首还有三圈玻璃箍，满布小乳钉，不易滑落。陕西咸阳贺若氏夫妇墓出土的两件银簪，为两端细、中间粗的圆柱形；河北邯郸城区盛唐墓出土的一件铜簪，簪股为三棱形。

日常所用普通直簪光素无纹，若需进一步装饰，则会在显露在外的簪首上半段表面錾刻出纹样来。如河南偃师杏园开元十年（722）卢氏墓出土一件

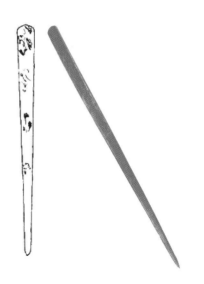

图 6-2-3-5　**骨簪**
河南偃师杏园卢氏墓出土。
长17.9厘米，宽1.4厘米。一端渐细，
断面呈扁圆形。錾刻纤细花卉图案。

图 6-2-3-6
鎏金飞鸟纹银簪
陕西西安韩森寨出土。
长14.3厘米。

图 6-2-3-7
錾花银簪
江苏镇江宜兴新茅安坝
m3出土。

① 中国社会科学院考古研究所编著．偃师杏园唐墓[M]．北京：科学出版社，2001．

② 河南省文物考古研究所编著．三门峡庙底沟唐宋墓葬[M]．郑州：大象出版社，2006．

③ 刘建国．江苏镇江唐墓[J]．考古，1985，（02）．

的骨簪，簪首呈扁圆形，其上錾刻有纤细花卉图案①（图6-2-3-5）；三门峡庙底沟唐墓 M198 的铜簪，靠近簪首的半段錾刻纹饰以鱼子纹为地，上有三瓣花叶纹②；陕西西安韩森寨唐墓出土的一支鎏金银簪，长14.3厘米，簪首錾刻飞鸟纹（图6-2-3-6）。更为精致的例子，如江苏宜兴安坝唐墓出土一枝錾花银簪，通长达26厘米，装饰部分打作鱼子地，其上还錾刻出了一名足穿靴、手擎缠枝石榴的小儿③（图6-2-3-7）。

此类直簪通常为女性使用，可用于基本的固髻。唐代女性日常发型流行在头顶束以样式各异的发髻，有时加假髻，常见插法即用一支横簪插于发髻底座。插戴方向不拘，可左右横插，也可自斜前往后、自后往前，在盛唐壁画、线刻中非常常见。如陕西长安西兆村武周墓壁画弹琵琶仕

图 6-2-3-8 陕西长安西兆村墓壁画仕女，发髻上由右往左插入尖脚直簪

图 6-2-3-9 陕西长安韦泂墓壁画仕女，棒形直簪由左后侧往前插戴

女由右插尖脚簪[①]（图 6-2-3-8）；陕西长安韦泂墓壁画仕女（图 6-2-3-9）、陕西长安韦洞墓石椁线刻高髻仕女（图 6-2-3-10）、日本热海美术馆藏盛唐树下美人图屏风（图 6-2-3-11），均为素直簪一支由左入髻；山西太原金胜村 337 号墓壁画中的主仆二人分别为自前、后方向插戴锥角簪[②]（图 6-2-3-12）。

由于唐人流行的发髻蓬松复杂，长长的直簪还可以用于梳理发髻、搔头。尤其是玉簪，有时直接被称为"搔头"。其典源自《西京杂记》，传说汉武帝过李夫人"就取玉簪搔头，自此后宫人搔头皆用玉"。"玉搔头"也成为唐人诗中常见的意象，如白居易诗"逢郎欲语低头笑，碧玉搔头落水中"，以及《长恨歌》中描写杨玉环首饰"花钿委地无人收，

① 程旭. 长安地区新发现的唐墓壁画 [J]. 文物, 2014,（12）.

② 侯毅, 孟耀虎. 太原金胜村 337 号唐代壁画墓 [J]. 文物, 1990,（12）.

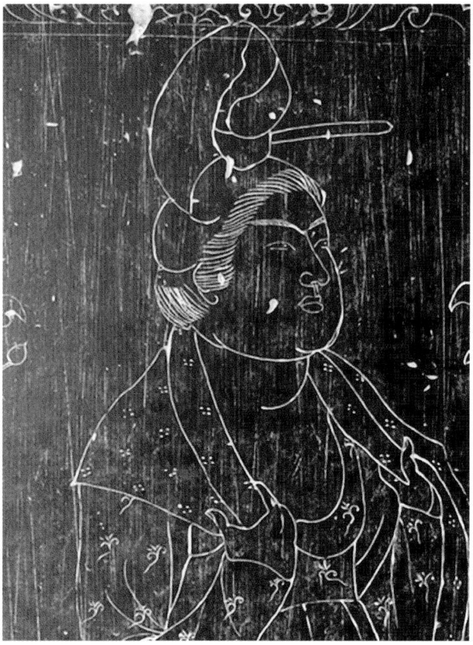

图 6-2-3-10
陕西长安韦洵墓石椁线刻仕女，直簪由左侧插戴

图 6-2-3-11
日本热海美术馆藏盛唐树下美人图，直簪由左插入发髻

图 6-2-3-12 **山西太原金胜村 337 号墓壁画，主仆二人分别为自前、后方向插戴尖锥状直簪**

图 6-2-3-13　陕西礼泉章怀太子墓壁画观鸟仕女，用长簪搔头

图 6-2-3-14　陕西西安贞顺皇后武惠妃墓石椁线刻画，一贵妇手执长簪梳理发髻，另一贵妇手拈长簪，簪首停落蝴蝶

翠翘金雀玉搔头"。陕西礼泉唐章怀太子李贤墓壁画花园中有位女子，一边仰头观望飞过的戴胜鸟，一边用长簪搔头（图 6-2-3-13）；陕西西安贞顺皇后武惠妃墓石椁线刻画中，花树下有位贵妇左手持镜，右手执长簪伸入髻中做梳理发髻状，而另有一名贵妇则手拈长簪，簪首恰好停落蝴蝶一只，如唐诗所描绘 "行到中庭数花朵，蜻蜓飞上玉搔头"（图 6-2-3-14）。

（二）帽头簪

隋唐还有一种带帽头的直簪，簪身通常为柱状，簪尾尖细。簪头方、圆两类，其中的方头簪，应是专供搭配冠冕所用的簪式，并一直为后世所继承。《释名·释首饰》解释簪时称："簪，建也，所以建冠于发也。一曰笄。笄，系也，所以拘系使不坠也。"可见簪除了束发外，另一个基本功能便是固冠。唐诗中有 "簪进贤"的提法，即指进贤冠的穿戴方式为 "簪"，横簪从冠侧孔中穿过发髻，便可将冠固于髻上，一端加以帽头防止脱落。

图6-2-3-15　阎立本《历代帝王图》中衮冕使用方头簪

图6-2-3-16　陕西桥陵惠庄太子墓壁画文官进贤冠方头簪

由于和礼制相关，冠冕所用簪的材质也根据身份等级和场合不同有详细规定，也被赋予了很多文化含义。《北堂书钞》云"簪者，己之尊"，便将簪视为自身的象征。和妇女装饰用簪不同，在隋唐舆服制度中，男用冠簪不用华丽的金属，材质等级序列自上而下大体为玉、犀、角、牙。如天子大裘冕、衮冕、通天冠、弁服、平巾帻使用玉簪；皇太子衮冕、远游冠、弁服、平巾帻用犀簪；群官冕、进贤冠、平巾帻五品以上用犀簪、六品以下用角簪；弁服用牙簪。除了天子所用玉簪外，"犀簪"是王公百官冠冕中等级最高的，所以在唐人诗中也有贵臣的隐喻，韩愈有一首《南内朝贺归呈同官》："三黜竟不去，致官九列齐。岂惟一身荣，佩玉冠簪犀"，便是用"簪犀"指代"一身荣"。唐人还常常将簪字和其他礼服构件组词并提，如"簪缨""簪裾""簪珮""簪笏"，象征功名、世家、身份，李白《少年行》"遮莫姻亲连帝城，不如当身自簪缨"，杜牧有《南楼夜》"思量今日英雄事，身到簪裾已白头"，感怀自己直到头发花白才身居显位。而"抽簪""投簪"则用于表达对世俗功名的淡泊疲惫。

由于隋唐礼服下葬的情况不多，而且犀角类质地不易保存，所以至今尚未见此类簪实物出土，但从隋唐大量的绘画、壁画、线刻、陶俑中可以清晰看到其形态和使用方式。如阎立本《历代帝王图》中的帝王形象（图6-2-3-15），陕西桥陵惠庄太子墓壁画[1]（图6-2-3-16）、西安唐苏思勗墓、唐安公主墓石门线刻、唐玄宗泰陵东侧石像生中的文臣形象，陕西礼泉韦贵妃墓中

① 陕西省考古研究所编著.唐惠庄太子李㧑墓发掘报告［M］.北京：科学出版社，2004：04.

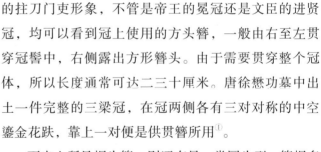

图 6-2-3-17　**骨簪**
北京丰台区赵悦墓出土。

图 6-2-3-18　**玉簪**
陕西西安韦美美墓出土，
长 11.4 厘米。

的拄刀门吏形象，不管是帝王的冕冠还是文臣的进贤冠，均可以看到冠上使用的方头簪，一般由右至左贯穿冠髻中，右侧露出方形簪头。由于需要贯穿整个冠体，所以长度通常可达二三十厘米。唐徐懋功墓中出土一件完整的三梁冠，在冠两侧各有三对对称的中空鎏金花趺，靠上一对便是供贯簪所用[①]。

而出土所见帽头簪，则还有另一类圆头型，簪帽多呈圆形或椭圆扁，簪身也较短，大约 10 厘米，材质以骨为多，也有玉、铜等，墓主男女皆有，通常一枚单插或一对左右插戴，应是非礼制性日常所用小簪。如北京丰台区大历十一年赵悦墓中的骨簪，长 9.7 厘米[②]（图 6-2-3-17）。湖北安陆黄金山唐墓中出土的两件铜簪，簪脚呈圆锥状，簪帽呈"蘑菇状"，长 11 厘米[③]；湖北郧县唐李徽墓中出土一件"伞状器"，顶端形似伞盖，下有长柄，长 11.4 厘米，应当也是带簪帽的发簪[④]。而西安东郊唐韦美美墓出土一件白玉簪，形近圆柱体，簪首还雕琢成花蕾状钮[⑤]（图 6-2-3-18）。

（三）花簪

普通直簪的簪首一般比簪尾略粗，插戴后显露在外，容易成为装饰重点。若嫌簪首装饰面积不足，将其进一步扩大为长倒三角，则形成一类装饰性很强的花簪，我们也可称其为"拨形簪"，造型恰如早期琵琶类弹拨乐器所使用工具"拨子"，如正仓院所藏一件

① 唐昭陵李勣（徐懋功）墓清理简报 [J]. 考古与文物，2000，（03）.
② 黄秀纯，朱志刚，王有泉. 北京近年发现的几座唐墓 [J]. 文物，1992，（09）.
③ 黄文新，孙福生，刘明德. 安陆黄金山墓地发掘报告 [J]. 江汉考古，2004，（04）.
④ 全锦云. 湖北郧县唐李徽、阎婉墓发掘简报 [J]. 文物，1987，（08）.
⑤ 刘云辉编；王保平，邱子渝摄影. 北周隋唐京畿玉器 [M]. 重庆：重庆出版社，2000.

图 6-2-3-19
唐代红牙拨镂拨子
日本正仓院藏。

图 6-2-3-20
单头素面簪
陕西西安南郊紫薇园出土。

图 6-2-3-21
铜簪
河南三门峡庙底沟唐墓出土。

图 6-2-3-22
一对鸿雁球路纹鎏金银簪，图案方向相反
河南陕县出土。

· 拨形花簪

① 上海博物馆编. 周秦汉唐文明研究论集［M］. 上海：上海古籍出版社，2008.

红牙拨镂拨子（图6-2-3-19）。唐末冯贽《南部烟花记·玉拨》："隋炀帝朱贵儿插昆山润毛之玉拨，不用兰膏而鬓鬟鲜润。"里边提到隋炀帝宫人朱贵儿所插的玉拨，有可能即指此型簪。扁平的拨形花头簪成为中唐以后，簪首最主流的形状。如陕西西安南郊紫薇园出土单头素面簪①（图6-2-3-20）、河南三门峡庙底沟唐墓出土铜簪（图6-2-3-21），均是拨形簪首。

由于簪首扩大了装饰范围，此类纹样繁复的花簪往往长达二三十厘米，材质也以华贵的金和鎏金银、铜为多。在放大的簪面上，可以以鱼子地为底錾刻图案，也可在镂空的卷草、流云、鱼鳞、球路纹地上镂雕出装饰主题，常见如花朵、鸿雁、鸾凤、云雀、蜂蝶、狻猊等等题材。如国家博物馆所藏河南陕县出土的一对鸿雁球路纹鎏金银簪，长29厘米，簪面在镂空球路纹地上錾刻出一对相望鸿雁纹，图案相反，为左右插戴，即为拨形花簪的典型代表（图6-2-3-22）。

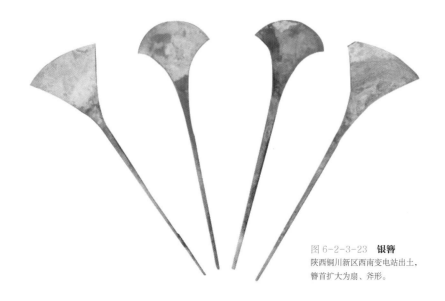

图 6-2-3-23　**银簪**
陕西铜川新区西南变电站出土，
簪首扩大为扇、斧形。

① 中国科学院考古研究所编 . 西安郊区隋唐墓 [M]. 北京:科学出版社，1966.

② 西安市文物保护考古所编 . 西安文物精华·金银器 [M]. 西安:世界图书出版西安公司，2011.

③ 陕西省考古研究院编著 . 西安长安区韩家湾墓地发掘报告 [M]. 西安:三秦出版社，2018:10.

　　在拨形簪面的基础上，造型有不同的变化。可再扩大为扇形或斧形（图 6-2-3-23、24），可上缘面出弧、出尖做成装饰性更强的银杏叶形、花边扇形。如西安西郊张家坡中晚唐墓出土的 4 件鎏金银铜簪①（图 6-2-3-25），两两成对，一对簪首做扇形，在鱼鳞状镂空纹饰中錾刻一花朵，边缘錾刻鱼子地对破花卉；另一对簪首做花边扇形，镂雕鸿雁缠枝花纹，四簪均在鸿雁和花朵处鎏金，其余鎏银。西安西郊机床铸造厂出土的一支银簪也为花边扇形，两侧花边做镂空向内合抱花叶形，中央则是鱼子地上錾刻的一只舞凤（图 6-2-3-26）②。此类以拨形为基础发展而来的花簪在中晚唐较多见，西安韦曲韩家湾村发现的一座晚唐壁画墓中，壁画仕女头上均对称簪戴二到四支扇面形或花边扇形饰（图 6-2-3-27）③，当为此类花簪，成对花簪出土时方向通常为横卧相对式，也符合壁画中的插戴方向。

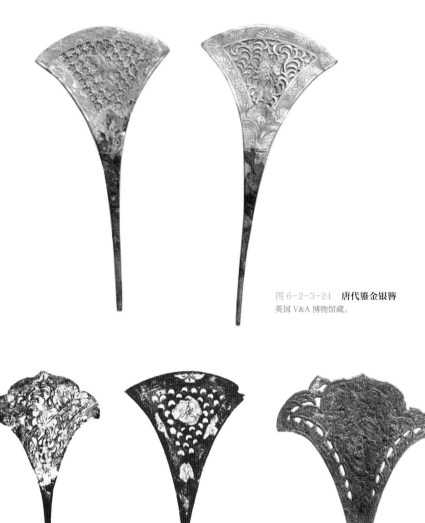

图 6-2-3-24　**唐代鎏金银簪**
英国 V&A 博物馆藏。

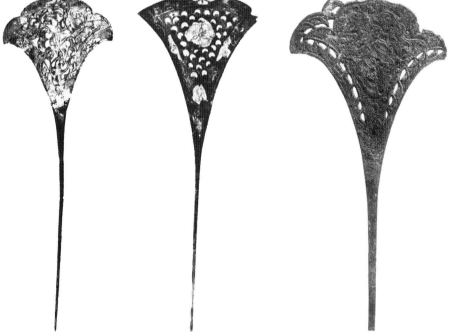

图 6-2-3-25　**两对鎏金银铜簪**
西安西郊张家坡中晚唐墓出土。

图 6-2-3-26　**花叶飞凤簪**
西安西郊机床铸造厂出土。

图 6-2-3-27　西安韩家湾村唐墓壁画仕女，头上插戴两或四支扇形或花边扇形簪

　　一支簪身上还可分出两支簪首，相互缠绕舒展而出，也有拨形、扇形、花叶形和尖角形等各种造型，模拟同时插戴两簪的样子。如西安南郊紫薇园出土的双首素面簪（图 6-2-3-28）和双首鸿雁球路纹鎏金银簪（图 6-2-3-33）、费城艺术博物馆藏一枝双首花卉银鎏金簪（图 6-2-3-29）、山西太原晋源唐大中九年左政墓出土双首铜簪、陕西陇县原子头出土双首铜簪（图 6-2-3-31）、河南洛阳龙康小区出土的三支双首鎏金银花簪（图 6-2-3-30、32），以及西安郭家滩出土的双首云雀纹鎏金银簪（图 6-2-3-34）等等，也是常见的花簪类型。

　　除了以几何拨形为基础的各种变形簪首外，晚唐的金银簪首还有一类更加自由浪漫的仿生造型。以修长的簪脚象征长枝，头端錾出花萼形簪托，往簪首方向舒展出缠绕的卷枝花叶，花叶间停留、飞舞回首的鸳鸯、鸾凤、蜂蝶、鸾鹊或衔绶带、花卉，一派枝头鸟语花香的景象，是唐式簪中最引人注目的一种，也是晚唐花簪构图最典型的画面，如陕西西安南郊紫薇园出土的一对鸳鸯卷草纹鎏金银簪（图 6-2-3-42：中）。唐人诗中的"留念同心带，赠远芙蓉簪""绣户纱窗北里深，香风暗动凤凰簪"，描述的正是此类花鸟造型的花簪。

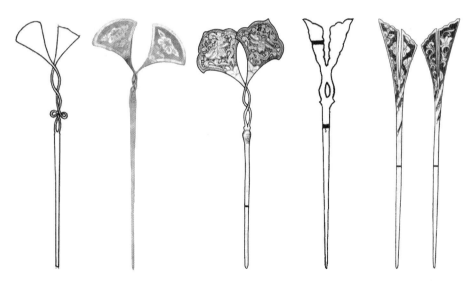

图 6-2-3-28
双首素面簪
陕西西安南郊紫薇园出土。

图 6-2-3-29
双首鎏金银花簪
美国费城艺术博物馆藏。

图 6-2-3-30
双首鎏金银花簪
河南洛阳龙康小区唐墓出土。

图 6-2-3-31
双首铜簪
陕西陇县原子头唐墓出土。

图 6-2-3-32
双首鎏金银花簪
河南洛阳龙康小区唐墓出土。1 对。

图 6-2-3-33
双首鸿雁球路纹鎏金银簪
陕西西安南郊紫薇园出土。

图 6-2-3-34
双首云雀纹鎏金银簪
西安郭家滩出土。

· 双首形花簪

① 刘云辉编；王保平，邱子渝摄影.北周隋唐京畿玉器［M］.重庆：重庆出版社，2000.

② 杭州市文物考古研究所编.五代吴越国康陵［M］.北京：文物出版社，2014.

③ 杨伯达主编.中国玉器全集 5 隋·唐—明［M］.石家庄：河北美术出版社，1993.

④ 胡小宝等.洛阳龙康小区唐墓（C7M2151）发掘简报［J］.文物,2007,（04）.

除了金银铜质外，此类凤鸟花簪钗的簪首常常还以玉质雕琢而成，如陕西西安南郊紫薇园唐墓出土的凤鸟玉簪首和卷草玉簪首（图6-2-3-35），陕西西安兴庆宫遗址出土的凤栖海棠、鸳鸯海棠、石榴海棠玉簪首（图6-2-3-36）①，均是在薄玉片上雕琢出凤鸟花卉造型，尖尾部有小孔或小缺口，当是为嵌插簪托簪脚而设。更精致者加以镂空，如浙江临安五代吴越国康陵所出若干玉薄片镂雕凤衔绶带卷草纹饰片，其一在尖尾处还嵌套牛首形鎏金银簪托②（图6-2-3-37：右），故宫博物院收藏一例镂雕凤栖花玉簪首，也嵌套了图样的簪托（图6-2-3-38）③。由于杆身均已脱落，所以其下单股簪或是双股钗均有可能。

绶带花结也是常见的一种题材，从簪托处蔓延出若干条长长的绶带，相互缠绕，或打成花结造型。如洛阳龙康小区唐墓出土三对花簪中，其中有一对簪首为四条绶带绞缠而成，绶身再錾刻鱼子地卷云纹④（图6-2-3-39）。再如弗利尔美术馆收藏的一对绶带花簪首（图6-2-3-40）和西安灞桥区出土的绶带纹簪（图6-2-3-41），簪首绶细长盘绕，并打出大量花结，造型更加细密繁密。

不像一般的功能性素直簪通常单支使用，此类造型华丽的装饰性花簪多为成对、成组使用，这在敦煌晚唐、五代壁画供养人中很常见。出土花簪的情况也佐证了这一点，少数未扰动墓葬，花簪为成对出土对称放置在墓主头骨两侧，每对题材相同，花纹方向相反，多为横向布局，可见应为横向、或簪首斜向上插戴，一组内可由多对题材组合而成。比如前举洛阳龙康小区唐墓所出土的三对六件鎏金银花簪，便包括一对双首尖角形花草纹簪、一对双首

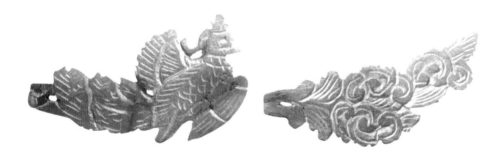

图 6-2-3-35　**凤鸟形玉簪首与卷草形玉簪钗首**
陕西西安南郊紫薇园出土。

图 6-2-3-36　**一组玉簪钗首，包括凤栖海棠、鸳鸯海棠、石榴海棠等题材**
陕西西安兴庆宫遗址出土。

图 6-2-3-37　**凤衔绶带卷草纹簪钗首，其一嵌有牛首形鎏金银簪托**
浙江临安五代吴越国康陵出土。

图 6-2-3-38
**唐玉镂雕凤栖花枝纹簪首，
嵌有鎏金银簪托**
故宫博物院藏。

· 凤鸟花草纹玉簪首

图 6-2-3-39
绶带纹簪
陕西西安南郊紫薇园出土。

图 6-2-3-40
绶带纹铜簪
美国弗利尔美术馆藏。

图 6-2-3-41
绶带纹鎏金银簪
陕西西安灞桥区出土。

· 绶带形花簪

花叶形镂刻蜂蝶花草簪、一对绶带形簪。陕西西安南郊紫薇园唐墓也曾出土一组五对完整的鎏金银簪，包括了一对拨形素面簪、一对双首杏叶形簪，还有三对花鸟簪，分别为鸿雁卷草纹、鸳鸯卷草纹以及石榴花结绶带纹（图6-2-3-42），囊括了本节所提的各种样式和题材，是晚唐典型簪式集大成者，还原正如壁画描绘所见（图6-2-3-43）。

宫廷贵妇所用还有装饰更为精致的花头簪。湖北安陆贞观年间唐吴王妃杨氏墓出土的两件金簪，则以花丝做出两朵巨大的簪首，其中一支簪首为五瓣花形外框，框内用极细的金丝盘结掐出缠枝花卉底纹，中间有一对鹦鹉；另一支簪首用累丝作成水滴形框，模仿钿形，框内也用金丝盘结出纹样（图6-2-3-44a、b）。两簪的花框外缘又缀以一圈金箔剪成的六瓣小花，制作相当精细，应是当时的宫廷样式，但发现极少。在初唐唐新城长公主墓墓室壁画中的侍女图，也可见数位侍女头上插戴采用类似装饰方法的花头簪（图6-2-3-45）。

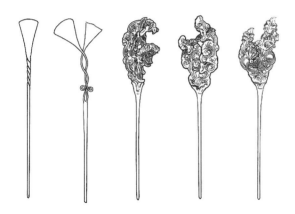

图 6-2-3-42　一组五对十件完整鎏金银簪，包括五种样式题材
陕西西安南郊紫薇园唐墓出土。

图 6-2-3-43　敦煌98窟供养人插戴

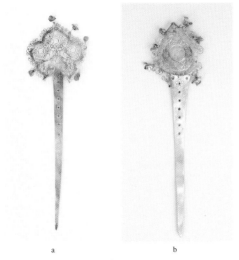

a　　　　　　b

图 6-2-3-44　湖北安陆唐吴王妃墓
a.五瓣花形花头簪　b.水滴形花头簪

图 6-2-3-45
新城长公主墓壁画仕女头上插戴花头簪

　　由于簪首不宜过重，以上各式花簪均为平面錾刻、镂雕、掐丝为主，但唐代也有少数立体打造的花头簪，在簪首安置立体的花鸟虫鱼，但尺寸较为精巧细小，以减少重量。如三门峡市水厂唐墓出土的两件铜簪，簪首分作两股花枝，花枝上分别飞舞着三只立体的小飞鸟；同式又如陕西铜川新区唐墓出土的

图 6-2-3-46 **双首三飞鸟铜簪**
陕西铜川新区唐墓出土。

图 6-2-3-47 **双首双孔雀鎏金银簪**
西安灞桥区出土。

飞鸟鎏金铜簪，也在分叉的簪首上安置了三只飞鸟（图 6-2-3-46）。西安市灞桥出土的一枝鎏金银簪，簪首两束花枝上，缀的则是一对展翅立体孔雀（图 6-2-3-47）。安徽合肥西郊南唐墓出土的双蝶花细簪，用金丝盘花的方法做成两只内向飞舞的蝴蝶，蝶身两翅满镶着黄色的琥珀[①]。除花鸟外，也偶见游鱼造型，湖北巴东县罗坪唐墓出土 1 件鱼形鎏金银簪，湖南长沙唐墓出土的 1 件银簪，簪首也为相对交口的两只游鱼。

① 石谷风，马人权.合肥西郊南唐墓清理简报[J].文物参考资料，1958，（03）.

四 钗

单股为簪，双股则为钗，极少数可达三股。"钗"本作"叉"，因形似枝杈而得名。《释名·释首饰》：

"钗，叉也，象叉之形，因名之也。"与簪为男女通用不同，钗仅作为女子首饰，也是除了簪以外最基本的女性固发工具和头饰品。

隋唐五代发钗的材质和簪类似，涵盖玉石、牙、骨、金、银、铜、铁、木等类，除了单一材质外，还往往有组合材质。高档者用金、银，装饰玉、宝石、水晶、象牙，以银鎏金为多；普通则用铜、铁、骨等材质，以铜的使用为最广。另外隋唐文献、诗歌中还常以"荆钗"形容家境贫寒的女性，可见平民还存在用荆木制钗的情况，男子对尊长提及自己夫人的谦称"荆妇"也由此而来。

钗的基本结构由钗股、钗梁或钗首构成。钗股又称钗脚，为下端分叉部分；钗梁为钗股上端相连如梁的部分；钗首可泛指钗上段，或特指花钗钗顶的装饰部分。最简单的形态为 U 形折股钗，在此基础上可对钗梁进行简单变形，或将外露的钗首加长，通过錾刻、掐丝、嵌宝钿等方式进行装饰，还可加装、悬挂钗花、媚子等饰物。中唐以后则流行将钗首扩大为各种复杂造型，各种形态得以大放奇彩，钗首和同时期的簪首装饰基本一致，成为最具代表性的唐代花钗样式。

（一）折股钗

最常见的是折股钗。钗梁较平直或呈弧形，两股钗脚对弯成 U 形，普通者光素无纹，也可通过錾刻、钿饰等方式进行简单装饰。此类钗考古出土量很大，如江苏丹徒丁卯桥唐代窖藏一次出土的 760 支银钗中，有 700 支以上均属于普通折股型。由于造型简单，满足基本的挽发、固发使用功能，所以使用人群最广泛，流行延续时间也最长，不仅在整个隋唐五代，在整个中国历史上也是最普遍的钗式。

为配合发型不同部位，以及不同时期发式的使用，折股钗的规格差异很大。钗脚可短可长，短者数厘米，长者可达 40 厘米；股间距也可宽可窄，从 2 至 3 厘米的宽距型到紧紧贴合型均有。

大体上隋至唐前期多见钗脚较短，股距略宽的钗式，长度多不足 10 厘米。如隋大业四年（608）陕西西安李静训墓出土的 3 件白玉钗，一大二小，钗梁内直外弧，股长仅为 6.8~8.1 厘米，双股上端最宽处为 1.8 厘米，下端略窄，钗梁略呈弧形（图 6-2-4-1），出土时位于墓主头顶。同式玉钗还可在陕西咸阳隋开皇九年贺拔氏墓（图 6-2-4-2）、甘肃静宁唐墓（图 6-2-4-3）、陕西西安电缆厂初唐墓、陕西西安张家坡景龙八年（708）唐墓中见到。金属钗也常有相似样式，如山东莘县唐景龙三年（709）张弘墓出土金钗，长 6 厘米（图 6-2-4-4）；又如河南偃师延载元年（694）李守一夫妇墓所出 1 件银钗，长 9.5 厘米，股距 1.4 厘米（图 6-2-4-5）。

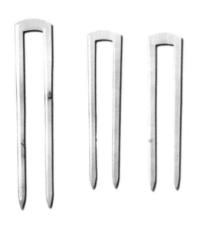

图 6-2-4-1　**3 件白玉钗**
陕西西安李静训墓出土。

图 6-2-4-2　**白玉钗**
陕西咸阳隋贺拔氏墓出土。

图 6-2-4-3　**玉钗**
甘肃静宁唐墓出土。

图 6-2-4-4　**金钗**
山东莘县唐张弘墓出土。

图 6-2-4-5　**银钗**
河南偃师唐李守一夫妇墓。

图 6-2-4-6 **骨钗**

图 6-2-4-7 **蓝色琉璃钗**
湖南省博物馆藏。

图 6-2-4-8
丁卯桥晚唐窖藏银钗

图 6-2-4-9 **内蒙古巴彦
绰尔蒙王逆修墓牙、骨钗**

盛唐以后钗脚渐长，多超过 10 厘米。河北宣化苏子衿夫妇墓出土的两件骨钗，残长 12 厘米（图 6-2-4-6）。湖南省博物馆藏数件唐代蓝色琉璃钗，长者达 16 厘米（图 6-2-4-7）。中晚唐则多见股间距较紧窄、钗脚更长的类型，长度往往超过 20 厘米。如丁卯桥晚唐窖藏所出 700 余件银钗，长度在 19~34 厘米，股距很窄，钗梁为弧形或环状[①]（图 6-2-4-8）；内蒙古巴彦绰尔蒙长庆二年（822）王逆修墓所出土的 12 件牙、骨钗长度均在 20 厘米左右，1 件钗梁处间距 2 毫米，钗股并靠，1 件钗股紧无间隙，并保持象牙的弯曲形状（图 6-2-4-9）。

钗梁在初唐多为普通的平直状或弧状，盛唐以后也有一些常用简单变形，如三弧朵云形、花瓣形、大半环形。尤其中晚唐为多见，如浙江临安天复元年（901）钱宽夫人水邱氏墓出土的 10 支长金钗，其中 6 支钗梁弯出花型（图 6-2-4-10）。

由于插戴后钗首露出部分有限，有时仅在钗梁部分使用较贵重的材质，安装在其他金属材质制成的钗股上。如隋李静训墓所出的 3 件水晶钗梁，宁夏固原麟德元年（664）史索岩夫妇墓所出的 1 件玉钗梁，长度都仅有 3 厘米左右，后者下端有小槽，还同出可有开口可套接的银钗股。而江苏扬州蓝田大厦工

① 刘建国，刘兴．江苏丹徒丁卯桥出土唐代银器窖藏[J]．文物，1982，（11）．

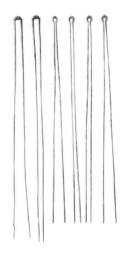

图 6-2-4-10　**长金钗**
浙江临安钱宽夫人水邱氏墓出土。

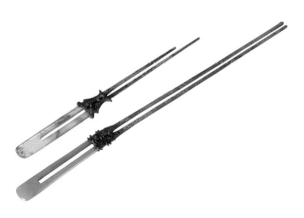

图 6-2-4-11　**两件水晶、玛瑙钗首**
江苏扬州蓝田大厦工地唐井出土。

图 6-2-4-12　**鎏金钗**
江苏扬州萧后墓出土。

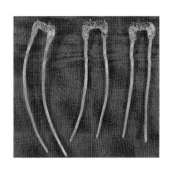

图 6-2-4-13　**鎏金银钗**
湖北吴王妃杨氏墓出土。

地唐井出土的两件水晶、玛瑙钗首，便套接在长长的银质钗股上（图 6-2-4-11），连接处的钗托做成张口摩羯鱼形，是中唐以后较长而华丽的实例。

在普通折股钗造型的基础上，还有各种对钗上段进行装饰的手法。初唐的装饰部分主要集中在钗梁，除了更换材质，还可见一种宝钿工艺装饰。江苏扬州贞观二十二年（648）隋炀帝萧后墓中出土的鎏金钗，以裹有棉花的木销连接可拆卸的钗梁和钗股。钗梁上用金丝掐出莲花纹，并镶嵌各种宝石、珍珠（图 6-2-4-12），即唐人所称的"金框宝钿"工艺。马缟《中华古今注》中称"隋炀帝宫人插钿头钗子"，"钿头钗子"似即指此类。萧后墓中此种钗出土 12 件，湖北安陆贞观年间吴王妃杨氏墓中也出土了几乎完全一样的钗式（图 6-2-4-13），很可能也属于隋唐命妇礼服首

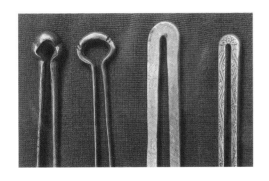
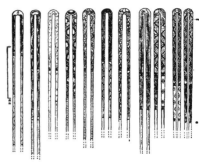

图 6-2-4-14　**银钗，有 17 支鎏金并在上半部錾刻出蔓草、联珠、菱形纹样**
丁卯桥窖藏。

图 6-2-4-15　**金钗**
陕西西安韩森寨唐墓出土。

图 6-2-4-16　**金钗**
美国波士顿美术馆所藏。

图 6-2-4-17　**金钗**
美国大都会博物馆藏。

① 刘建国，刘兴. 江苏丹徒丁卯桥出土唐代银器窖藏[J]. 文物，1982，(11).

饰的配套组成部分。

　　盛唐以后折股钗钗首露出部分加长，装饰部分也从钗梁延长至钗股中段，此时则主要有两种装饰方法。一种较简单，直接在钗身上錾刻花纹。如丁卯桥窖藏的银钗中，有 17 支鎏金并在上半部錾刻出蔓草、联珠、菱形纹样①（图 6-2-4-14）。

　　另一种更为华丽，不仅用金丝、金珠工艺装饰钗梁至钗股上半段，还在钗股间用掐丝做出一段镂空纹样甚至嵌宝钿。如陕西西安韩森寨唐墓出土的一件金钗，装饰部分残长 7 厘米，股距 2 厘米，股身饰掐丝菱形纹，股间饰掐丝镂空花朵 5 朵和一朵嵌宝花（图6-2-4-15）。美国波士顿美术馆所藏一例与之相似，但更为完整（图 6-2-4-16）。美国大都会博物馆（图6-2-4-17）和英国大英博物馆所藏（图 6-2-4-18）的同式金钗，掐丝花纹更加细腻复杂，其上有方向明确的鸟纹，可知插戴方向为横插或斜下往上，应为晚唐五代贵妇壁画所描绘的满头钗饰中两侧最下的部分。

　　折股钗是最基本的固发工具，插戴方法也多从功能角度出发。隋至唐前期的女性壁画、线刻、陶俑中，不论是盘桓的高髻还是普通小髻，仔细分辨都常可

图 6-2-4-18
金钗
英国大英博物馆所藏。

图 6-2-4-19
金葡萄纹钗首
陕西宝鸡香泉镇出土。

图 6-2-4-20 **金钗局部**
美国大都会博物馆藏。

图 6-2-4-21 **金葡萄石榴纹钗首局部**
陕西宝鸡香泉镇出土。

在发髻基座看到微微露出一段的 U 形钗首，通常左右对插以固定发髻，如陕西礼泉昭陵杨温墓（图 6-2-4-22）、段兰璧墓壁画（图 6-2-4-23）所描绘，新疆阿斯塔那张雄夫妇墓所出着衣俑其中头梳双刀髻，髻座可见左右各有一枚金钗（图 6-2-4-24）。少女所梳双鬟髻上也会各插一支折股钗，如湖北武汉岳家嘴隋墓陶俑中插戴的样子。初唐永徽年间成书的《冥报记》"韦庆植"条讲述贞观中魏王府长史有女先亡，某日家人买得羊备食，其妻梦见亡女身着青裙白衫，头上有一双玉钗，称其死后已受羊身。"头上有两点白相当，如玉钗形"描述的便是初唐少女在双髻上插双玉钗的形象。盛唐钗形加长，在壁画和陶俑中也可以看到顶髻一侧或两侧斜插有较长的折股钗（图 6-2-4-25）。

图 6-2-4-22 **仕女插钗**
陕西礼泉昭陵杨温墓壁画。

图 6-2-4-23 **仕女插钗**
陕西礼泉昭陵段兰璧墓壁画。

图 6-2-4-24 **《簪花仕女图》中的贵妇插钗**

图 6-2-4-25 **《簪花仕女图》中的贵妇插钗**

　　直至中晚唐，虽然各种花型簪钗已经极其兴盛，但折股钗依然被作为基本固定工具被继续使用。如《簪花仕女图》中的贵妇，虽然头上插戴有各种步摇钗、花钗为饰，但高髻两侧仍可以看到若干露出的素折股钗（图 6-2-4-26）。晚唐一些未被扰动的女性墓葬，在大量花簪钗的最下层，一般也可以见到一对

图 6-2-4-26 　《簪花仕女图》中的贵妇插钗

图 6-2-4-27 　敦煌莫高窟晚唐 107 窟壁画供养人插钗

图 6-2-4-28 敦煌莫高窟 36 窟壁画天女挑鬟钗

素钗。此外，在发髻上并插一排较宽短折股钗的汉晋式"金钗十二行"插戴法，在晚唐依然盛行，晚唐敦煌壁画供养人中常见（图 6-2-4-27）。如此是为夹住头顶发髻固定造型，也具有很强的装饰感。

折股钗还可做"挑鬟"之用。隋唐时有一种鬟髻，是继承自魏晋的古装发型，常常用在复古倾向较明显的舞乐装扮或初唐宫廷盛装中，仙女造型也常用此类发型。稍长的折股钗便可以作为"鬟髻"的支撑，将鬟髻套在钗梁双股内固定，便可挑起巨大的双鬟或单鬟。《通典·乐志》中有清商乐乐伎"漆鬟髻"，沈佺期《李员外秦援宅观妓》诗中称"玉钗翠羽饰……挑鬟出意长"，元稹《春六十韵》"挑鬟玉钗髻，刺绣宝装拢"，都是描述这种插戴法，在敦煌晚唐五代壁画中的龙女、仙女中也常可见到（图 6-2-4-28）。

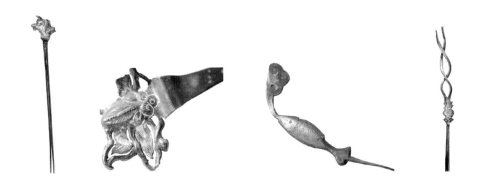

图 6-2-4-29　浙江长兴下莘桥晚唐窖藏中发现的蝉纹鎏金银钗、鱼形鎏金银钗和绞丝鎏金银钗

（二）花钗

折股钗钗梁的装饰面积有限，为了获得更加华丽的装饰效果，盛唐以后流行将钗首扩大，做出各种鸟兽、植物造型，我们暂且可将其统归为"花钗"之属，区别于基本的 U 形折股钗。此类花钗钗首装饰方法和前文所提花簪大体一致，也包括立体钗首和扁平钗首两大类，材质以银质、鎏金银质、鎏金铜质为多，长度较长，可达 30 厘米左右。

第一类钗股为圆柱形，钗首为立体造型的花鸟虫鱼。由于钗首若过重易坠落，所以此类立体花钗首通常较为纤小。河南偃师大和三年（829）李归厚夫妇墓出土的银钗，全长 19.8 厘米，钗首向上伸出立体的莲花、莲叶造型。又如浙江长兴下莘桥晚唐窖藏中发现的蝉纹鎏金银钗、鱼形鎏金银钗和绞丝鎏金银钗，钗首均为立体造型，纤细精巧（图 6-2-4-29）[1]。

另一类钗股为扁平状，钗首也为平面镂空图案造型。先将银条捶打成扁平的钗首面和钗股，镂刻出轮廓和花纹，局部再进行细细錾刻。由于以薄片镂空制成，重量较轻，钗首面积可以扩得较广，发挥余地大，图案更加复杂细腻。其外轮廓和花簪一样，包括几何类的倒三角拨形、扇形、花边扇形、椭圆形，以及仿生类的花叶形，各式均有单首和双首两种。此类钗是晚唐最为盛行的钗式，也是最具代表性的唐代钗式。

① 毛波.长兴下莘桥出土的唐代银器及相关问题［J］.东方博物，2012，（03）.

此类花钗图案题材相当丰富。通常钗顶或以花萼形托延伸出各种卷枝蔓草、牡丹、菊花、莲叶、麦穗、石榴等植物，或以兽首形吐出缠绕的绶带；其间再分布鸟兽、人物主题图案，如衔绶凤鸟、孔雀、鹨鹕、鸿雁、蝴蝶、狻猊、摩羯、迦陵频伽、仙女、婴戏等等。"凤钗金做缕""玉凤雕钗袅欲飞"，凤鸟花草是最受唐人喜爱的钗首题材，在出土实物中也最常见。

集中的实例如浙江长兴下莘桥晚唐窖藏，出土的47支银钗中有镂空缠枝花鸟纹银花钗四对八支，包括缠枝花双鸿雁纹、缠枝三凤石榴纹、缠枝球路双凤纹、缠枝单凤纹四种图式，均为凤鸟花草纹题材，两两成对，图案相同、方向相反，当为左右对插（图6-2-4-30）。扬州蓝田大厦工地唐井出土木匣内发现的四十余件簪钗，纹样风格与前者十分相似，若干凤鸟在纤细的缠枝花草上方飞舞，也均为一对方向相反的两件叠放（图6-2-4-31）。另外在陕西西安南郊惠家村、西安紫薇田园都市工地墓、广东广州皇帝岗唐木椁墓等一批晚唐墓葬中可以看到大量同类花钗（图6-2-4-31~45）[①]。陕西西安韩森寨唐墓出土的双首鎏金蝴蝶纹银钗（图6-2-4-42）、西安通讯电缆厂出土的石榴花纹银钗（图6-2-4-43），则属于双首花钗，《簪花仕女图》其中一位仕女髻后侧所插便是一支双首金钗（图6-2-4-44）。

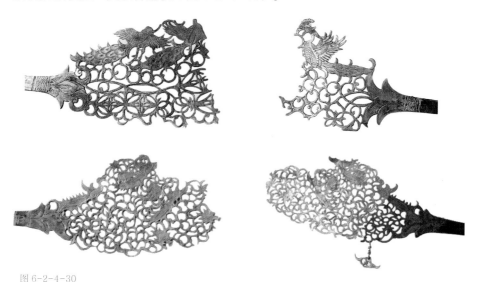

图6-2-4-30
浙江长兴下莘桥晚唐窖藏的四对银花钗：缠枝球路双凤、缠枝单凤、缠枝三凤石榴、缠枝花双鸿雁

① 区泽.广州皇帝岗唐木椁墓清理简报［J］.考古,1959,（12）.

图 6-2-4-31　**银钗**
扬州蓝田大厦工地唐井出土。

图 6-2-4-32　**伦敦苏富比
拍卖唐代狮子花草鎏金钗**

图 6-2-4-33　**缠枝双凤纹钗**
陕西户县出土。

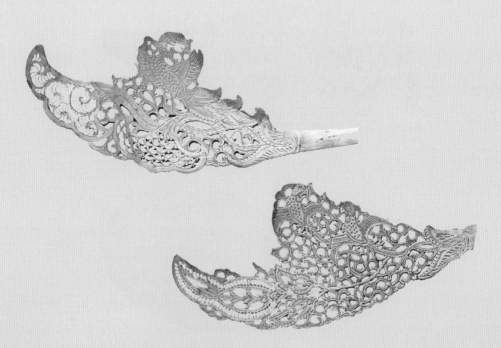

图 6-2-4-34　**鎏金凤鸟银钗、鎏金鹦鹉纹银钗**
陕西铜川新区西南变电站唐墓出土。

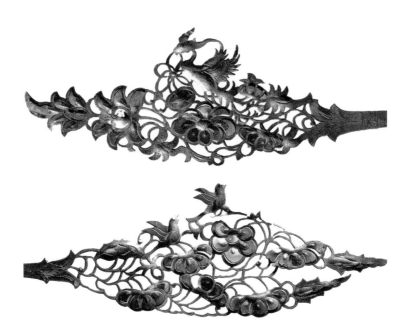

图 6-2-4-35　缠枝凤鸟衔绶纹银钗、缠枝花雀纹银钗
徐州博物馆藏。

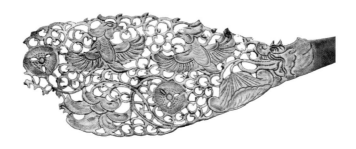

图 6-2-4-36　鸳鸯缠枝莲花纹鎏金银钗
普林斯顿大学博物馆藏。

图 6-2-4-37　缠枝凤凰衔绶纹鎏金银钗
皇家安大略博物馆藏。

图 6-2-4-38　**缠枝花绶结纹鎏金银钗**
皇家安大略博物馆藏。

图 6-2-4-39　**双雀卷草纹鎏金银钗**
皇家安大略博物馆藏。

图 6-2-4-40　**菊花纹鎏金银钗一对**
陕西历史博物馆藏。

567

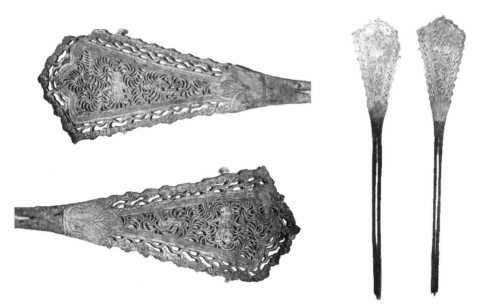

图 6-2-4-41　　拨形童子鎏金银钗一对
陕西户县出土。

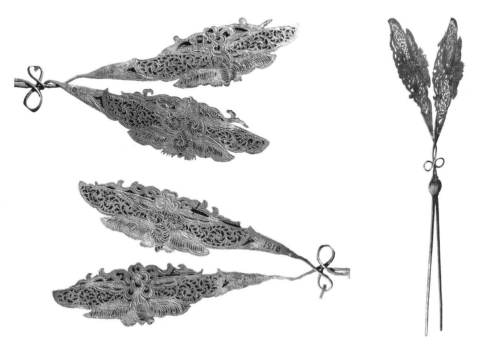

图 6-2-4-42　　双首鎏金蝴蝶纹银钗一对
陕西西安韩森寨出土。

图 6-2-4-43
石榴花纹银钗
陕西西安新城区西安通讯
电缆厂出土。

图 6-2-4-44 　《簪花仕女图》中的双首花钗

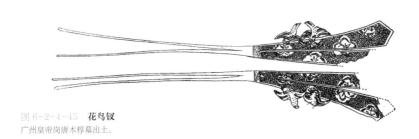

图 6-2-4-45 　**花鸟钗**
广州皇帝岗唐木椁墓出土。

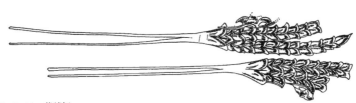

图 6-2-4-46 　**花穗钗**
广州皇帝岗唐木椁墓出土。

图 6-2-4-47
陕西西安南郊紫薇园鎏金银钗

图 6-2-4-48
广州皇帝岗唐木椁墓鎏金银钗

和折股钗主要为实用功能使用不同，花钗的插戴则更重装饰性，使用方式很大程度上和同类花簪并无二致，即在用素折股钗、素簪固定安发之后，再将若干花钗两两相对环绕直接插入发髻，以展示缤纷精致的钗首为主。钗首花纹多为横卧式，可以根据纹样方向判断其插戴方位和角度。

晚唐五代还有一种花钗，钗首则做成三角花型，钗脚和钗首垂直相交，从发髻正前方往后插戴，露出正面钗首。如陕西西郊南郊晚唐墓（图 6-2-4-47）、河北曲阳五代王处直墓、广州皇帝岗唐木椁墓（图 6-2-4-48），均有出土此类花钗。前者未经扰动，即放置在墓主头顶正中央，其余花钗、簪则环绕放置，和同时期壁画供养人所描绘的情况可进行对照。

五 钿花

钿本指一类用金银片加以掐丝盘绕出花型，并装饰镶嵌金粟珠和各种珠宝石、贝壳的技法，被称作"金钿""宝钿""钿筐""金筐宝钿珍珠装"，可以用在各种首饰、配件、器物上作为装饰，深受唐人喜爱，首饰类的梳背、簪钗首、带銙都可见大量使用钿饰技法的实例。

除了作为附加工艺，钿也可以单独作为一种首饰存在。礼服首饰中有一类宝钿，形状、数目都有相应特定的模式，是命妇身份等级的象征，前节已详述。而隋唐五代妇女在日常生活中，还常常使用另一类相对自由变化的钿类首饰品，可称为"钿花""钿朵""花钿"。顾名思义，钿花一般用金做成花朵形，再镶嵌各种珠宝。除了常用的绿松石、珍珠等，有时还会使用西域传入的贵重宝石。《中华古今注》中有"插瑟瑟钿朵"，瑟瑟是一种碧绿色宝石，敦煌文书

图 6-2-5-1
钿花套缀钗顶
河南偃师杏园袁氏夫人墓出土。

图 6-2-5-2a
金钗钿首花
湖北安陆唐吴王妃杨氏墓出土。

图 6-2-5-2b
金钗钿首，做六出宝钿花造型

图 6-2-5-3　　**一组钿花**
唐金乡县主墓出土。

中有"瑟瑟花"的称呼，《沙洲敦煌二十咏》"瑟瑟焦山下，悠悠采几年。为珠悬宝髻，作璞间金钿"，说的就是这种用瑟瑟宝石装饰的金钿花。

　　钿花背后通常有穿孔或小钮，可套缀在普通折股钗顶，再行插戴，所以也被称之为"钗花""钗朵"。河南偃师杏园开元十七年袁氏夫人墓中出土的一支银折股钗，钗顶套嵌了一枚复瓣四瓣钿花（图 6-2-5-1）[①]；湖北安陆贞观年间吴王妃杨氏墓中也出土一对金钗，钗首是一朵精致的六出宝钿花，花瓣间还有小叶，花中的珠宝大多脱落，花背有一梯形小钮，钗梁便从其中穿过（图 6-2-5-2）。钿花在陕西西安唐金乡县主墓（图 6-2-5-3）、西安韩森寨唐墓（图 6-2-5-4）以及梦轩选收藏品（图 6-2-5-5）中也可见到，后两例还在花心做

① 中国社会科学院考古研究所编著 . 偃师杏园唐墓［M］. 北京：科学出版社，2001.

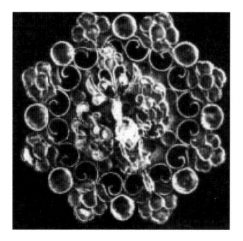

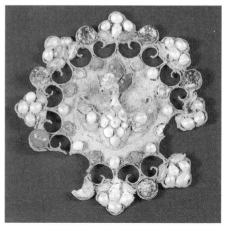

图 6-2-5-4　**钿花，花心做出凤鸟饰**
陕西西安韩森寨唐墓出土。

图 6-2-5-5　**唐代凤鸟心钿花**
梦蝶轩收藏。

图 6-2-5-6　**仕女髻间钿花**
陕西礼泉初唐杨温墓壁画。

图 6-2-5-7　**线刻贵妇髻稍钿花**
陕西西安武惠妃敬陵石椁出土。

图 6-2-5-8　**女乐鬟上钿花**
陕西彬县后周冯晖墓出土。

出一只小小的凤鸟，嵌满红绿宝石。庾信《春赋》"钗朵多而讶重，鬓鬟高而
畏风"，敦煌文书中也有"胭脂合子捻抛却，钗朵拢总掉一旁""吾本出家之时，
舍却钗花媚子"等句，描述出家后舍弃世俗首饰妆扮，钗花便是重要的象征。

　　钿花的使用在隋唐五代非常普遍，唐代壁画里仕女头上常常可见随意插
戴的钿花。可在双髻中央插一朵为饰，如陕西礼泉初唐贞观杨温墓壁画仕女
（图 6-2-5-6）；也可插在髻稍为饰，如陕西西安盛唐武惠妃敬陵石椁线刻贵
妇（图 6-2-5-7）；还可以在鬟上插饰若干，如陕西彬县后周冯晖墓中的女乐
（图 6-2-5-8）。从隋唐初一直流行至五代，各种发式均可见到，是很具隋唐

特色的首饰。除了插戴，钿花也可以用胶粘在发髻、首饰上为饰，元稹《六年春遣怀》"玉梳钿朵香胶解"，便指梳背上的钿花因胶解而脱落。若贴于脸上即成"面靥""五色花子"之类的面饰。

作为一种重要的装饰品，钿花常常被唐五代诗人提及，如岑参《敦煌太守后庭歌》"美人红妆色正鲜，侧重高髻插金钿"，顾敻《荷叶杯·春尽小庭花落》"小髻簇花钿"，形容钿花的用法。又如"钿花落处生黄泥""艳舞落金钿"以及白居易名句"花钿委地无人收"，由于具有一定重量并且易脱落，遗落的钿花也成了重要的歌咏意象，被借来形容贵族生活的奢靡或女子命运的悲凉。

六 步摇

汉晋礼服首饰中的枝状步摇自北周以后至隋唐改称"花树"，形态也改为一束弹簧枝上缀金片花朵。金片摇叶式步摇在隋唐几乎消失，仅在初唐少数墓葬如湖北安陆吴王妃墓中还发现若干金摇叶残件，尚不清楚具体组成方式。

但唐代在日常生活中还继续沿用了"步摇"之名，则应是另一类在簪钗首悬挂垂饰的首饰。唐宇文氏《妆台记》"天宝初，贵族及士民好为异服，妇人则簪步摇钗，衫袖窄小"；王谠《唐语林》"长庆中，京城妇人首饰，有以金碧珠翠，笄栉步摇，无不具美，谓之百不如"。这里所说"衫袖窄小"妇人头上簪戴的"步摇钗"，明显不是礼服首饰里的成组花树，而是平常首饰，形态较自由，使用上也更灵活随意。

唐代文献中还常见另一种称为"媚子"的饰物，似也为步摇之属。敦煌唐代写本通俗辞典《俗务要名林·女服部》在首饰部分列有"媚子"，北周庾信《镜赋》："悬媚子于搔头，拭钗梁于粉絮。"可见媚子应当为悬于簪钗上的饰物。唐代文献中媚子往往与花钗并提，如敦煌文书《出家赞》"舍却钗花媚子，惟有剃刀相随"；唐张鷟《朝野佥载》记载睿宗时一次元宵节"妙简长安、万年少女妇千余人，衣服、花钗、媚子亦称是，于灯轮下踏歌三日夜"。媚子悬挂于簪钗之上，能随着步履移动而摇曳开合，增添妖媚之态，故而得名。唐张文成《游仙窟》"徐行步步香风散，欲语时时媚子开"之句当为描述此态。

图 6-2-6-1
镂空银花钗下端悬坠菱角形小坠饰
浙江长兴下莘桥窖藏。

图 6-2-6-2
鎏金银钗下沿则悬垂着三挂铃状坠饰
法国吉美博物馆藏。

图 6-2-6-3
敦煌莫高窟9窟壁画供养人头上插戴一对花钗，
下悬坠饰

图 6-2-6-4
陕西礼泉乾陵永泰公主墓线刻仕女插戴步摇簪

前文所提各式花簪、花钗钗首均可悬挂此类缀饰。浙江长兴下莘桥窖藏出土的银花钗中，钗首是晚唐流行的镂空花鸟，有若干就在缠绕花枝下端悬坠着一枚小坠饰，包括鱼形和菱角形[1]（图 6-2-6-1）。法国吉美博物馆收藏的一支鎏金银钗，钗首作双首长拨形，在鱼子地上錾刻卷草，上沿装饰一对奔跑相望的狻猊，下沿则悬垂着三挂铃状坠饰（已脱落一挂）（图 6-2-6-2）。敦煌莫高窟9窟东壁南侧下唐末女供养人壁画，有一位头上相对插戴的花头钗，钗首挂有小坠（图 6-2-6-3），与浙江长兴出土者非常相似。

另外一款则是将簪首做成上翘翻卷的云头、花朵、卷草，其下连缀一挂或者一排挂饰。陕西礼泉乾陵永泰公主墓（图 6-2-6-4）、懿德太子墓、章怀太

① 毛波.长兴下莘桥出土的唐代银器及相关问题［J］.东方博物,2012,（03）.

图 6-2-6-5 陕西礼泉乾
陵章怀太子墓石椁线刻仕女
插戴步摇簪

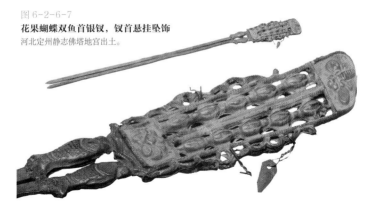

图 6-2-6-7
花果蝴蝶双鱼首银钗，钗首悬挂坠饰
河北定州静志佛塔地宫出土。

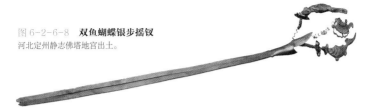

图 6-2-6-8 双鱼蝴蝶银步摇钗
河北定州静志佛塔地宫出土。

图 6-2-6-6 唐代头饰之
一，其下挂有一排挂坠
美国大都会博物馆藏。

① 黎毓馨主编，浙江省博物馆·定州市博物馆编. 心放俗外［M］. 北京：中国书店，2014.

子墓石椁线刻（图 6-2-6-5）中所描绘的仕女，不少都在发髻一侧插戴一支步摇簪，簪首或做卷云忍冬花型、或作朵花型、或作凤鸟；垂饰或一枚、或一挂、或成排，样式丰富。美国大都会博物馆藏有若干唐代头饰残件，其中有一对装饰手法与之相同，在卷云花鸟下挂了一排坠饰（图 6-2-6-6）。懿德太子墓石椁门上的一对女官，冠上则插有一对凤首簪，凤衔一挂玉佩形缀饰，当为更加正式隆重的插戴方式。

为使钗首饰物可摇曳，除了用连缀挂坠外，用细弹簧丝装置饰物也是常见的做法。河北定州静志佛塔地宫出土一批晚唐五代金银首饰，两种做法均有，一件花果蝴蝶双鱼首银钗，钗首连缀有若干坠片（图 6-2-6-7）；另一件银步摇钗，长达 28 厘米，钗脚扁平，上用银丝绞成螺旋状，连缀摇曳的双鱼、蝴蝶（图 6-2-6-8）①。

图 6-2-6-9　**两支银步摇钗**
安徽合肥南唐汤氏墓出土。

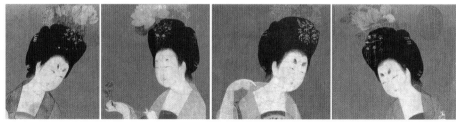

图 6-2-6-10　《簪花仕女图》仕女头梳高髻，髻前正中均插戴一支垂饰极繁的步摇钗

　　更华丽的例子可见安徽合肥南唐保大四年（946）汤氏墓所出的两支银步摇钗，一支钗首以细丝掐做四只蝴蝶，下垂两挂长长的花丝金叶流苏，另一支钗首以金镶嵌玉片制成大蝴蝶，垂落四挂缀饰，细小的蜂蝶、金叶、花朵纷垂，精巧玲珑（图 6-2-6-9）[①]。十分相似的造型在《簪花仕女图》中可见，图中五位仕女头梳高髻，髻前正中均插戴一支垂饰极繁的步摇钗，钗首以鸟雀口衔或花枝垂挂若干缀饰，摇曳生姿（图 6-2-6-10）。

① 石谷风，马人权.合肥西郊南唐墓清理简报［J］.文物参考资料,1958，（03）.

七 梳篦

梳篦本为梳理头发的工具，上有背，下有齿。先秦时统称为栉，其中齿疏者称梳，齿密者称篦，唐颜师古注《急就篇》曰："栉之大而粗，所以理鬓者谓梳，言其齿稀疏也；小而细，所以去虮虱者谓之比，言其齿比密也。"唐时梳字取代了栉作为通用词，如《俗务要民林》中列有"梳、枇"，枇字下小注"密梳"。

作为日常实用具的梳篦，男女通用，人人必备。材质以木、骨、角为最多，造型简单，纹饰很少。如西安曲江晚唐博陵夫人崔氏墓出土的骨梳（图6-2-7-1），均光素无纹。在新疆吐鲁番阿斯塔那（图6-2-7-2）、巴达木墓地中曾出土上百件梳子，多为木梳、骨角梳，随葬衣物疏中也有"木梳、象牙梳、黄杨梳"等名目，应多是实用梳。

梳理之余，也可直接插在发髻上露出梳背为饰，逐渐演变成女性一类重要的首饰，在隋唐五代时期尤为流行，盛极一时，成为当时女性头上最常见的发饰之一。作为首饰的梳篦，不管是材质和形态、工艺，都要丰富精致得多，金、银、玉、象牙、犀角、水晶、琥珀、玳瑁均有。有些贵重材料不适合做梳齿，则使用组合式梳篦，即装饰重点梳背用昂贵华美的材料，插入发中的梳齿多用木、骨等材质，出土时往往残余不全。装饰纹样题材极其丰富。出土实物中，从凤鸟类的鸾凤、仙鹤、鹓鶵、鹦鹉、鸿雁、野鸭，到牡丹、海棠等花卉，以及迦陵频伽、飞天、婴戏、蜂蝶、龟、狮，人物走兽，几乎囊括了唐代的一切装饰图案题材。

图6-2-7-1　**骨梳**
陕西西安博陵崔氏墓出土。

图6-2-7-2　**角梳**
新疆阿斯塔那104号墓出土。

图 6-2-7-3
一对金框宝钿联珠鹦鹉戏莲梳背
陕西咸阳贺若氏墓出土。

图 6-2-7-4
银梳
湖南保靖四方城唐墓出土。

图 6-2-7-5
鎏金透雕卷花蛾纹银梳
梦蝶轩收藏。

　　唐代梳形的一大特点是梳背与梳齿的分界线以直线为主。梳背的造型则有很多种，最基本为半月弧形（图 6-2-7-2）。《杂集时用要字·花钗部》中有"月掌"，"掌"指梳背似掌的部分，又叫"梳掌"，"月掌"便是形容半月形的梳背。其他还有方形、梯形、箕形，以及发展而出的三出云头型等。梯形梳背较少，实例如陕西咸阳贺若氏墓出土的一对金框宝钿联珠鹦鹉戏莲梳背[1]（图 6-2-7-3）。箕形相对常见，两端圆角（图 6-2-7-1），装饰面积也得以扩大；晚唐还有少数花型梳背，如湖南保靖四方城唐墓出土的银梳、梦蝶轩收藏的鎏金透雕卷花蛾纹银梳，均为三弧花型（图 6-2-7-4、5）。

　　根据材质不同，梳背上使用不同的装饰工艺。金银梳背多用掐丝、錾刻、焊珠、锤鍱、镶嵌等技法。西安何家村窖藏出土的一件长半月形金梳背，顶端用金丝掐编成卷草纹，两面

① 负安志.陕西长安县南里王村与咸阳飞机场出土大量隋唐珍贵文物 [J].考古与文物.1993，（06）.

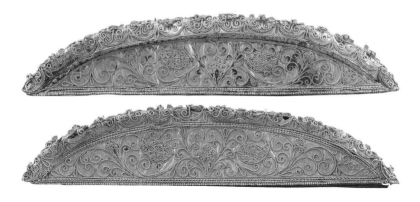

图 6-2-7-6　陕西西安何家村窖藏金梳背

图 6-2-7-7　陕西西安雁塔区三兆镇村出土梳背

掐丝做成缠枝花果纹，花果内填以金粟珠[①]（图 6-2-7-6）；或用花钿镶嵌，被称为"钿掌"，如白居易"钿头云篦击节碎，血色罗裙翻酒污""梳掌金筐蹙"，温庭筠"宝梳金钿筐"。陕西西安雁塔区三兆镇村（图 6-2-7-7）、韩森寨唐墓等地有出土相似的弧形钿掌，在金粟地上盘出花鸟钿筐，有些镶嵌物仍在（图 6-2-7-8），纽约大都会美术馆藏有一件图案相似的梳背，但上下方向相反（图 6-2-7-9），可见当时插戴有不同方向；装饰面积较大的箕形梳背，多采用锤鍱、錾刻技法，如湖南长沙岳麓山中南工业大学唐墓出土的金莲花纹梳、安徽六安唐卢公夫人墓出土银梳、洛阳博物馆藏鎏金花鸟纹梳，以及大英博物馆所藏一件晚唐银鎏金梳，主体图案之外还有一层或多层边饰图案（图 6-2-7-10~13），此类梳篦虽然梳背和梳齿

① 齐东方，申秦雁主编；陕西历史博物馆等编著. 花舞大唐春 何家村遗宝精粹 [M]. 北京：文物出版社，2003.

图 6-2-7-8　**唐代金框宝钿梳背**
私人收藏。

图 6-2-7-9　**金梳背**
纽约大都会博物馆藏。

图 6-2-7-10　**金莲花梳**
湖南长沙岳麓山中南工业大学唐墓出土。

图 6-2-7-11　**银梳**
安徽六安唐卢公夫人墓出土。

图 6-2-7-13　**鎏金银梳**
大英博物馆藏。

图 6-2-7-12　**鎏金花鸟纹梳背**
洛阳博物馆藏。

图 6-2-7-14　**银鎏金双凤纹梳背**
河南三门峡唐墓出土。

图 6-2-7-15
金梳篦
扬州三元路出土。

分界线依然为直线，但梳齿内部多刻意做出半圆轮廓，已经开始往宋式梳形过渡。

更繁复者还结合和花簪钗一样的镂空技法，河南三门峡唐墓所出的一件银鎏金双凤纹梳背，箕形梳背以镂空球路纹为底，中有双凤，边缘也作出镂空花饰（图 6-2-7-14）。最精美的一例为扬州三元路出土的金梳篦，先把金片剪制出梳的轮廓，再剪出梳齿。然后在梳背上镂刻出繁密精细的花纹，包括一圈缠枝梅花与蝴蝶相间纹样、一圈鱼鳞纹等等，中央的主纹则是一对吹乐的伎乐飞天包围在缠枝卷叶纹当中。整个梳背的花纹全部镂空，效果仿佛剪纸纹样纤巧轻盈，随颤动闪光[①]（图 6-2-7-15），如温庭筠词中所描绘"战篦金凤斜"一样。

"镂玉梳斜云鬓腻"，玉石、骨类梳背则通常采用浮雕、线刻技法。西安、洛阳、杭州临安等地曾出土了数十件唐代玉梳背，形态类似，厚 1.5 至 2.5 毫米，多呈箕形，梳背下方平直有榫，用来插嵌其他质地的梳齿。

① 徐良玉，李久海，张容生．扬州发现一批唐代金首饰［J］．文物，1986，（05）．

图 6-2-7-16
花叶纹玉梳背
国家博物馆藏西安出土。

图 6-2-7-17
花叶纹玉梳背，下接骨梳齿
浙江临安钱宽夫人水邱氏墓出土。

图 6-2-7-18
对凤鸟纹玉梳背
浙江临安康陵出土。

图 6-2-7-19
鸿雁流云纹玉梳背
国家博物馆藏，西安出土。

图 6-2-7-20　**蚌壳质花鸟纹梳背**
纽约大都会博物馆藏。

图 6-2-7-21　**角梳**
陕西长安风雷仪表厂出土。

梳背两面均用减地隐起的手法雕琢图案，以花叶纹为多，或一朵阔叶花卉纹，或两三朵海棠花叶，此外还有荷花鸳鸯纹、鸿雁流云纹、双龟衔枝纹、迦陵频加纹、童子蹴鞠纹、摩羯纹等等（图 6-2-7-16~20）。唐段公路《北户录》"通犀"："以铁夹夹定，药水煮而拍之，胶为一体，制为梳掌，多做禽鱼随意"，记载的是犀角类梳背的一种做法（图 6-2-7-21）。

图 6-2-7-22　**贴金骨梳**
陕西长安区乾符三年赵氏墓出土。

图 6-2-7-23　**嵌宝钿骨梳**
甘肃武威南营青嘴湾唐墓出土。

图 6-2-7-24
初唐高髻女俑在髻座后插梳

图 6-2-7-25
永泰公主墓石椁线刻仕女插小梳

　　玉、骨、木质的梳背可以粘贴、镶嵌其他材料。或贴金箔,西安乾符三年赵氏墓出土的贴金骨梳,浮雕卷草三鸿雁纹,表面贴金(图 6-2-7-22)。西安莲湖区出土的一件梳背,则在木质梳背上贴饰花叶纹金箔。或胶粘钿花,即诗文描绘"玉梳钿朵香胶解"。甘肃武威南营青嘴湾唐墓出土的嵌螺钿绿松石花果纹骨梳,梳背为细长圆弧形骨质,两面以绿松石、螺钿镶嵌出联珠、石榴、桃、梅花、蜂蝶纹[1](图 6-2-7-23)。

　　在流行变化上,隋唐五代插梳大体和其他首饰一样呈现体量由小至大,数量由少至多的趋势。从出土壁画、陶俑中看,隋初、初唐妇女插梳尚不多见。有的也只是在鬓侧、髻底插一两枚尺寸极小的梳篦,露出小小的梳背,主要起固发功能(图 6-2-7-24)。如陕西礼泉神龙二年(706)永泰公主墓石椁线刻,虽然描绘均为宫廷贵妇,但只能在鬓侧看到一枚指头大小的梳背(图 6-2-7-25)。这种情况维持到盛唐,头上所插梳篦的

---

[1] 甘肃省文物局编.甘肃文物菁华[M].北京:文物出版社,2006.

图 6-2-7-26
李宪墓线刻仕女髻后侧插珠背小梳

图 6-2-7-27
敦煌 130 窟供养人鬓上、两侧插梳

尺寸略有增大，但数量依然很少，如陕西蒲城天宝元年（742）李宪墓石椁线刻，上面的贵妇人多在鬓发后侧插一枚小梳，有的梳背上还可见花纹或珠背装饰（图 6-2-7-26）。

盛唐后期，在鬓上前侧插多枚小梳开始流行，如敦煌 130 窟都督夫人礼佛图中的几位夫人（图 6-2-7-27）。中唐时，发髻变大，有时在髻座单插一只大梳，有时成排成行地插大小梳篦，出现元稹《恨妆成》"满头行小梳"的状态，如台北故宫《宫乐图》（图 6-2-7-28），以及河南安阳太和三年（829）赵逸公墓壁画所绘（图 6-2-7-29）。晚唐五代插梳之风越演越烈，不仅数目变多，梳篦尺寸也变大，通常在发髻正中单插或上下对插一对大梳，两鬓也各插一组或若干小梳，脑后鬓尾还会插梳，如大量敦煌壁画中的供养人所绘（图 6-2-7-30）。王建《宫词一百首》"舞处春风吹落地，归来别赐一头梳"所言不虚。

图 6-2-7-28 《宫乐图》仕女在额鬓上、侧以及脑后插梳

图 6-2-7-29 赵逸公墓仕女鬟上成排插梳

图 6-2-7-30 敦煌五代供养人对插梳

第三节 | 隋唐五代的手饰、臂饰

隋唐五代用于手、臂的首饰主要包括手镯类的钏、环和戒指类的指环。最常用的腕臂饰称钏或环，其中柳叶形可开合钏是习见的典型样式，另外还有一种多段金玉衔接而成的环，则较少见而华丽；手指上所用的戒指称指环，使用较少，通常为素面圆环，嵌宝戒指则多为异域传入。尤其是玉指环，在隋唐人观念中，还有定情信物的意思；贵族女性还偶用义甲保护指甲，同时也是乐伎弹筝时常用的工具。

一 手镯

隋唐时的手镯类首饰多称为"钏"，或臂钏、腕钏，有时也称环。钏、环原指一物，《说文解字》谓"钏，臂环也"。汉晋常用环，南北朝后常用钏，初唐虞世南所编类书《北堂书钞》服饰部中，列有"钏"条，称"为环约腕"，并将前代各种金环、腕环类典故也归于此条下。敦煌唐《俗务要名林·女服部》中关于手部首饰部分，也只写有"钏"字。唐五代诗中常有"金钏越溪女""银钏金钗来负水""臂钏透红纱"等句，可见此称呼为唐人所习用。

常用材质除了金银外，也可用玉石琥珀，如唐朱揆《钗小志》"李昏侯为潘妃作一只琥珀钏，直七十万"。后来唐代很可能逐渐将最主流的不闭合手镯称作钏，环则多用于指代金玉制成的圆环式或多节式手镯。

唐时也偶见古名"条脱""跳脱"。条脱一词汉时已有，繁钦《定情诗》"绕臂双跳脱"，牛峤《应天长·玉楼春望晴烟灭》也有"舞衫斜卷金条脱"。《太平广记》记载，唐文宗某日"问宰臣，'古诗轻衫稳跳脱，金跳脱是何物？'宰臣未对，上曰：'即今之腕钏也。《真诰》言安妃有斫粟金跳脱，是臂饰。'"

隋唐五代手镯除了普通的圆环型、缺口型，主要流行缺口型发展而来的柳叶式钏、多圈缠钏，以及可以开合的多节式环。还有一种臂镯，圆环闭合无缺口，其上錾刻有金刚杵之类纹样，镯面或装有团形饰件（图6-3-1-1），在法门寺地宫衣物帐中被称为"随求"，随求即密宗崇拜的大随求菩萨，法器为五股金刚杵，所以此类镯应属于一种特别的宗教供养法器。

图 6-3-1-1　**鎏金三钻杵纹银臂钏**
陕西扶风法门寺地宫出土。

图 6-3-1-2　**素面金钏**
陕西西安何家村唐代窖藏。

图 6-3-1-3　**三棱金钏**
湖北武汉红光村唐墓出土。

① 齐东方，申秦雁主编；
陕西历史博物馆等编著.
花舞大唐春 何家村遗宝精
粹［M］. 北京：文物出
版社，2003.

② 刘德凯等.武汉市蔡甸
区红光村唐墓发掘简报［J］.
江汉考古,2018,（02）.

（一）柳叶式钏

　　为了便于手臂穿戴，钏多有开口。此时最常见的样式
是一种柳叶式钏，一般由一条中间宽、两端细的金属片弯
折而成，展开时宛如一片柳叶。钏两端收窄后往往拉出细
丝，回弯出小环眼，再往回缠绕。陕西西安何家村唐代窖
藏出有三件金钏（图 6-3-1-2），即此类典型，钏身光素
无纹，正中有一条凸棱，两端捻搓成细丝折回缠绕十四圈。
同出银盒内壁墨书"钗钏十二枚共起两一分"，经清点包
括钗九枚、钏三枚，可知墨书所称"钏"即指此类手饰①。

　　这种素面金属钏在唐墓中出土很多，钏面多做出若干
凸棱为饰，形成几道环，或是模拟多环相叠的状态，形如
"川"字，或即"钏"字的来源。有的在两端相接处还有
一圆环连接。湖北武汉市红光村唐墓出土的一对金钏，钏
面便有三道凸棱（图 6-3-1-3）②。

图 6-3-1-4　**花叶纹金钏**
河南洛阳安乐乡唐墓出土。

图 6-3-1-5　**鸳鸯纹鎏金银钏**
河南洛阳龙康小区唐墓出土。

图 6-3-1-6　**双股花纹银钏**
浙江长兴下莘桥唐代窖藏。

图 6-3-1-7　**缠钏**
江苏扬州唐墓出土。

① 邓本章总主编.中原文化大典 文物典 漆木器 金银器 杂项［M］.郑州：中州古籍出版社，2008.

② 胡小宝等.洛阳龙康小区唐墓（C7M2151）发掘简报［J］.文物，2007，（04）.

　　除了素面出棱，钏面上还可以錾刻、锤鍱出精美的纹饰。河南洛阳安乐乡出土的一对花叶纹金钏镯，两端收窄缠丝，钏面以鱼子纹为地，锤鍱出长枝花叶纹（图 6-3-1-4）①。河南洛阳龙康小区唐墓所出的一对鸳鸯纹鎏金银钏，钏面扩大得更宽，在鱼子地上做出鸳鸯花草纹样②（图 6-3-1-5）。唐诗中的"妻约雕金钏""金钏镂银朵"等句便形容此类花饰钏。浙江长兴下莘桥唐代窖藏出土一种双股银钏，由两股银片弯成，一股素面、一股在鱼子地上錾刻花朵，形如二钏并排（图 6-3-1-6）。

　　还有一种臂钏，则由长长的金银细条缠绕成多圈而成，环数可达八九圈，如多钏在臂，在湖南保靖四方城唐墓、江苏扬州唐墓（图 6-3-1-7）中均

 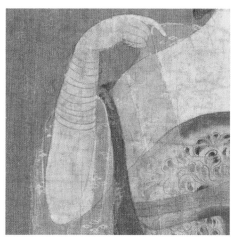

图6-3-1-8　唐《步辇图》中宫女手戴缠钏　　图6-3-1-9　《簪花仕女图》中仕女手戴缠钏

有出土，在《步辇图》（图6-3-1-8）、《簪花仕女图》（图6-3-1-9）中也可看到，后世继续沿用，被称为"缠钏"。

（二）多节式环

柳叶形钏或缠钏为了开口易于开合穿脱，必须由具有一定弹性、较薄的金属片弯制而成，但同时也导致可以施展的装饰技法较少，只能在表面做出花型。所以隋唐时还存在另一种装饰极精致的多节手镯，由具有一定厚度的金、玉制成，或雕镂出复杂立体的纹样，或镶嵌珠宝，由于质地坚硬，只能切分成若干段，再通过合页绞钮连接成环形，也有开口可随意开合方便穿戴。

此类多节式金玉镯或应称为"臂环"。何家村窖藏中，除了三枚墨书为"钏"的柳叶形金钏外，还有两对样式接近的玉臂环，出土时装在莲瓣纹银罐中，器盖墨书"玉臂环四"，可知当时准确称呼。两对臂环均由三段弧形白玉衔接而成。白玉内壁平整，外弧壁琢出三道凸棱。一对每节两端均包以金质虎头形合页，以两枚金钉从内外铆固，虎头间以铰链合页轴

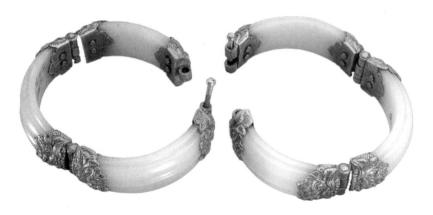

图 6-3-1-10　西安何家村窖藏玉臂环之一，以金虎头形合页轴连接

① 齐东方，申秦雁主编；
陕西历史博物馆等编著.
花舞大唐春 何家村遗宝精
粹［M］. 北京：文物出
版社，2003.

② 负安志. 陕西长安县南
里王村与咸阳飞机场出土
大量隋唐珍贵文物［J］.
考古与文物. 1993,（06）.

相连，其销钉轴可以灵活插入或拔出，便于启闭（图6-3-1-10、11）。另一对也有三节弧玉，两节以不能打开的花朵形鎏金铜片连接，中部花蕾高凸，内嵌浅紫色宝石，另外两处相接处以虎头形鎏金铜合页连接，眼嵌料珠，顶嵌宝石，其中一节合页轴可以抽出启闭（图6-3-1-12）①。

西安隋李静训墓中出土一对嵌珠金臂环（图6-3-1-13），分成四节，每节两端宽圆，上嵌圆珠，各节以方形嵌青绿色玻璃珠的小节相连，开口处设一钮，一端为花瓣型扣环，上嵌六个小珠，另一端为一小钩，均由活轴固定，可自由开合。陕西咸阳初唐贺若氏墓中的四龙戏珠金臂环（图6-3-1-14），则分为两节铸造而成，每节各有立体双龙雕饰，节间置轴，轴上有珠，双龙吻部正好汇于轴珠，开口处则有挂扣连接②。

宋沈括《梦溪笔谈》中说"予又尝过金陵，以后人发六朝陵寝，得古物甚多。予曾见一玉臂钗，两头施转关，可以曲伸，合之令圆，仅于无缝，为

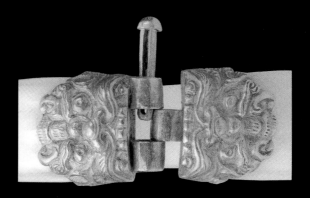

图 6-3-1-11　可以抽出钉轴便于臂环启闭

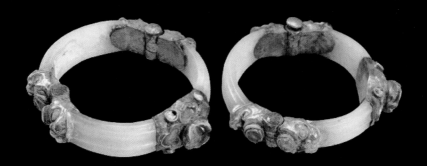

图 6-3-1-12　西安何家村窖藏玉臂环之二，以錾金虎头、花形轴连接，嵌有宝石

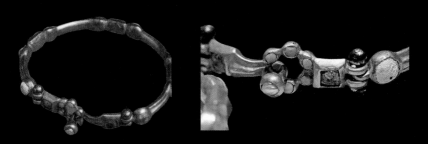

图 6-3-1-13　陕西西安隋李静训墓嵌珠金臂环

九龙绕之，功侔鬼神。"沈括所见古墓中的"玉臂钗"，有可以开合的转关轴，
即何家村窖藏之玉臂环一类。

　　唐代文献中又有玉支、扼臂之称，也指此类玉环。有一个著名的故事出自
杨贵妃的"红粟玉臂支"，唐郑处诲《明皇杂录》："我祖破高丽，获紫金带、
红玉支二宝……红玉支赐妃子，后以赐阿蛮"，此玉支被赐给杨贵妃，当时宫
中贵妇时兴向贵妃学琵琶曲，并赠以珍宝酬谢，贵妃注意到有一位舞女阿蛮无
宝可献，于是"命侍儿桃红娘取红粟玉臂支赐阿蛮"。《杨太真外传》中也讲
了这段故事，安史之乱以后，有一次"舞罢，阿蛮因进金粟装臂环，曰：'此
贵妃所赐。'上持之，凄然垂涕曰：'此我祖大帝破高丽，获二宝：一紫金带，
一红玉支。朕以岐王所进《龙池篇》，赐之金带。红玉支赐妃子。后高丽知此
宝归我，乃上言：本国因失此宝，风雨愆时，民离兵弱。朕以为得此不足为责，
乃命还其紫金带。唯此不还。汝既得之于妃子，朕今再睹之，但兴悲念耳。'
言讫，又涕零。"玄宗看到当年赐给贵妃的红玉支，睹物思人，涕零不已。

　　故事中所提的"红粟玉臂支"又称"金粟装臂环"，可见应当就是一只用
多节玉制成，装饰以金粟合页的玉臂环。这个故事在唐宋流传甚广，唐罗虬在
《比红儿诗》中称之"金粟妆成扼臂环"，可见当时"臂环"和"扼臂"可共
指一物，又如和凝《山花子》"玉腕重金扼臂，淡梳妆"，应均指此类装饰华
丽的臂环。

图 6-3-2-1
西安隋李静训墓玉指环

二 指环

　　隋唐五代称戒指为指环，有时直接略称为"环""环子"，敦煌唐《俗务要名林·女服部》中列有"镮"，其下小字标注"指镮"。从"環"和"镮"两种写法也可以看出，指环的主要材质为玉和金银。

　　指环在隋唐时不是普通人的日常装饰物，壁画、陶俑形象中几不可见，考古发现的也不多。其中玉指环通常做成简单的圆环形，环壁多内平外弧，如陕西西安隋李静训墓中的一对白玉指环，直径 2.2 厘米，厚 0.4 厘米，光素无纹，环内平外圆，横剖面近似半圆形（图 6-3-2-1）[1]，出土时两枚戒指分别位于墓主左、右两手指。陕西耀县寺坪隋墓、山东嘉祥英山隋墓也有出土，后者环壁更加宽厚。金属指环也可做成简单的环形，如李静训出土的两件金指环。

　　还有一类嵌宝指环，如今日之戒指，在环身朝外一侧做出一个扩大环面，镶嵌珠宝。宁夏固原隋史射勿墓中出土一件嵌宝指环，以纯金打制，环面为圆形，内有一直径 1.9 厘米的凹槽，镶嵌物已经脱落。甘肃榆中县唐代慕容仪墓出土的一枚嵌宝石金指环，椭圆形环面上镶嵌一颗红宝石，两边嵌紫宝石两颗，还有四个小凹坑嵌宝已缺失（图 6-3-2-3）[2]。江苏扬州三元路窖藏出土三枚指环，均有环面，其中两枚为普通的六边形或椭圆嵌宝，另有一枚极精致的嵌宝镶珠镂空錾花金指环（图 6-3-2-4）[3]，环身两边缘各錾刻两道连珠纹，中间镂空连续纹饰带，两端与环面连接处各錾刻一组凸出的三角形与连珠纹的组合图案；环面装饰部分较大，呈微椭圆形，宽 2.3 厘米，中央嵌宝石一粒，嵌巢内径达 1.1 厘米，四周镶嵌十粒珍珠，使环面呈花形，汇集了錾刻、镂空、镶嵌工艺，

① 中国社会科学院考古研究所编著. 唐长安城郊隋唐墓[M]. 北京: 文物出版社, 1980.

② 甘肃省文物局编. 甘肃文物菁华[M]. 北京: 文物出版社, 2006.

③ 徐良玉，李久海，张容生. 扬州发现一批唐代金首饰[J]. 文物, 1986, (05).

图 6-3-2-2 **嵌宝指环**
河南偃师杏园唐墓出土。

图 6-3-2-3 **嵌宝指环**
甘肃榆中慕容仪墓出土。

图 6-3-2-4
嵌珠宝金指环
扬州三元路出土。

颇具西域风格，也是唐代出土指环中最华丽的一例。

此类金指环的异域文化色彩较浓，出土者不少为舶来品或者为胡族墓葬。如河南偃师杏园盛唐墓出土的金指环（图6-3-2-2），上嵌椭圆形紫色水晶，水晶浅刻文字为中古时期的巴列维语，当为传入之物。辽宁朝阳双塔区唐墓出土有金、铜戒指若干，同时还出有东罗马帝国的金币，可知墓主或受外来文化影响。在西方观念里，金戒指除了荣耀外，还和婚姻关系很大，有"同心"的意思，是婚礼中新婚夫妇佩戴的装饰。此观念也很早为中国人所知，《晋书·大宛国传》"其俗娶妇先以金同心指环为聘"，唐《北堂书钞》引《胡俗传》："始结婚姻，相然许，便下金同心指环"称之为"金同心指环"。

在中国指环也与爱情有关。"环"谐音"还"，又寓"循环无终极"，故通过指环定情的做法很早就被普遍接受。尤其是玉石做成的小指环，常被唐人视为定情信物。《太平广记》收录的唐人故事中，有大量男女用指环作为信物相赠，传达情意，相约婚期的情节。《李章武传》写唐贞元三年李章武游华州，与一妇人相悦而私，"子妇答白玉指环一"为信物，并作诗："捻指环相思，见环重相忆。愿君永持玩，循环无终极。"将指环的含义讲得很明白。

晚唐范摅《云溪友议》"玉箫化"条，记唐时韦皋与寓所婢女玉箫相爱，相约数年后来娶她，"因留玉指环一枚，并诗一首"，后来韦皋违约不至，玉箫绝食而死，入殓时那枚玉指环还戴在中指上。敦煌文书中也有女子取中指指环赠男子，打喜鼓成亲的描述。可见此时对于唐人来说，以指环定情、订婚，是很普遍的做法，这与同时期西方人婚礼戴戒指祝愿永结同心恰有共通之处。

三 义甲

古时贵族妇女有蓄甲的习惯，为了保护指甲，有时也用金银玉石制作指套，可称为护甲或义甲。隋唐贵族女性蓄甲之风不太盛行，从图像上看长度也不长，长不过寸，所以日常使用护甲的情况也较少。陕西西安隋李静训墓中出土有10枚护指，以白银制成，在指环的一端接出一段银制的甲形饰，长1.8~2.4厘米，装在一个铜钵中（图6-3-3-1）[1]。墓主是皇族女孩，当为其本人平时所用护甲。

此外弹奏乐器的乐伎也常需使用义甲，尤其是筝，也以银质为多，诗词中称为"银甲"，李商隐《无题二首》诗"十二学弹筝，银甲不曾卸"，杜甫《游何将军山林》"银甲弹筝用"，说的都是弹筝时用的银质义甲。也有使用玻

① 中国社会科学院考古研究所编著. 唐长安城郊隋唐墓［M］. 北京：文物出版社，1980.

图 6-3-3-1　**银护指**
陕西西安隋李静训墓出土。10枚。

璃的，如唐刘言史《乐府杂诗》"月光如雪金阶上，进却颇梨义甲声"中提到的"颇梨义甲"。

第四节 | 隋唐五代的耳饰

隋唐的各类首饰中，耳饰是最少见的一种。甚至可以在说相当长的阶段里，汉人地区穿耳被视为胡俗。

隋唐各种文献中，几乎不见对当时汉人使用耳饰的记录。各种类书中的耳饰部分仅为唐以前的"珰"和"珥"，如虞世南所编类书《北堂书钞·衣冠部》、白居易《白氏六帖事类集》以及收录宋以前文献的北宋初类书《太平御览》中，耳饰部分只有"珰珥"。欧阳询所撰《艺文类聚·服饰部·头饰》中则没有提及耳饰，敦煌文献中反映世俗用语词汇的通俗辞典如《俗务要名林》《杂集时用要字》等，也完全不见耳饰的踪影。《孝经》开篇即说："身体发肤，受之父母，不敢毁伤，孝之始也。"唐以孝治国，玄宗曾亲自为《孝经》作注，颁布全国。"穿耳"与儒家的理念相悖，自然也难被接受。

而当时文献里偶见关于耳环、穿耳的记载，则多为形容外国风俗，因为与唐人习惯不同被特别记录下来。如《通典》记载"林邑"国"男女皆穿耳贯小镮"，"天竺"国"丈夫剪发，穿耳垂珰"。《旧唐书·南蛮传》"婆利国"条记其国人"皆穿耳附珰"。"婆利国"人是"昆仑"人之一种，"昆仑"人大都戴耳环。唐代诗人张籍在《昆仑儿》中就形容其"金环欲落曾穿耳，螺髻长拳不裹头"。张籍《蛮中》"玉镮穿耳谁家女，自抱琵琶迎海神"，敦煌文书《玄宗题梵书》"支那弟子无言语，穿耳胡僧笑点头"，都用穿耳形容胡人。可见在唐人观念中，穿戴耳环被视为一种胡俗。

这在隋唐的文物形象中也可以得到印证。隋唐壁画陶俑中数以万计的汉人女性形象中，耳环、耳坠出现极少，偶见者多为少数民族或异国人。陕西礼泉昭陵贞观十七年（643）长乐公主墓壁画中的汉装仕女皆无耳饰，但有一螺发者，穿耳坠环，应就是唐诗中的"昆仑奴"（图6-4-1-1）。又如敦煌壁画胡汉人物共处的场面，如敦煌莫高窟61窟主室东壁的曹氏家族女眷供养像，其中的

图6-4-1-1　陕西礼泉昭陵长乐
公主墓壁画中，汉装仕女皆无耳
饰，但有一螺发者穿耳坠环

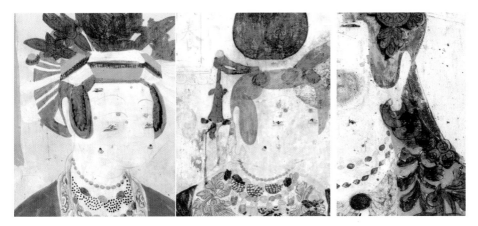

图6-4-1-2　敦煌莫高窟61窟五代曹氏家族女眷供养人中，着汉装的汉人女性均无耳饰（左），着回鹘装者
耳部均有穿环（中、右）

着汉装的汉人女性均无耳环，而作回鹘妆扮的曹议金夫人、回鹘公主等人，耳
中均穿环垂饰，有单环、双环和串饰等繁简不一的几种样式（图6-4-1-2）。
此外在唐代佛教壁画、塑像中，传统意味较浓的左右护卫二天王像，通常不带
耳环；而异国意味更强的四天王像，如毗沙门天王以及各种菩萨像，基本都
戴耳环，或留有耳洞（图6-4-1-3），也反映了这一胡汉区别的观念。

图 6-4-1-3　敦煌莫高窟唐代绢画中无耳饰的天王像与耳中穿环的菩萨像

图 6-4-1-4
各式金、银、铜耳环，包括单环、双环、挂坠几种
渤海墓葬出土。

① 郭文魁.和龙渤海古墓出土的几件金饰 [J].文物,1973,(08).中国社会科学院考古研究所编著.六顶山与渤海镇 唐代渤海国的贵族墓地与都城遗址 [M].北京:中国大百科全书出版社,1997.

　　隋唐五代考古出土的耳饰不多，也多属受西域影响较大的或周边少数民族墓葬。如黑龙江、吉林的渤海古墓中便常有耳饰出土，也有单环、双环相套，以及环下挂坠几种（图 6-4-1-4）①，是魏晋时东北高句丽、扶余、鲜卑所流行耳坠的遗风。陕西咸阳武德四年贺若氏墓中出土一对宝钿金饰，坠子橄榄型，中饰一圈联珠，上下花饰，嵌满各色宝石，底部有一小环，可能还挂有其他饰物。上有弯钩，弯钩上也饰有成串的联珠。此对金饰出土位置不明，一般推测为耳饰，同时期同类品仅见此一例，贺若氏为鲜卑人，也不排除为传入品的可能。

图 6-4-1-5　**耳坠**
江苏扬州三元路唐代窖藏出土。

　　江苏扬州三元路唐代窖藏出土耳坠5件，均有多串坠饰。其中一对金镶宝耳坠，上部为一个可以活动开启的圆钩，下部为一个金丝编制焊接成的嵌宝金花球，并垂有七根相同的宝石坠，每根坠饰在簧式金丝上坠有珍珠、琉璃、红宝珠，其中六根穿系在金珠腰间的小金圈上，一根穿在金珠的下端，行走时摇动琳琅，是最华丽的一对（图6-4-1-5）[1]。类似的耳饰仅在此处出土，同窖藏还有若干西域风格指环出土，不能确定原主人族属。唐代的扬州是胡商聚集的港口城市，此类耳坠的出现也并不奇怪。

　　五代、辽至宋初，穿耳之风逐渐兴起。当时的契丹人本即有穿耳之俗，《旧五代史·晋书》记载开运三年，张彦泽"破蕃贼于定州界……生擒蕃将四人，摘得金耳环二副进呈"，《资治通鉴》同条记"蕃贼"为"契丹"。但汉人女性似也开始有穿环的情况，五代后蜀欧阳炯《南乡子》"耳坠金环穿瑟瑟，霞衣窄，笑倚江头招远客"，描述一位二八少女，耳中金环垂着瑟瑟宝石。大英博物

① 徐良玉，李久海，张容生.扬州发现一批唐代金首饰[J].文物，1986，(05).

图 6-4-1-6　敦煌绢画《引路菩萨图》供养人耳穿金环
大英博物馆藏。

图 6-5-1-1　女乐俑
湖南岳阳桃花扇初唐墓出土。

图 6-5-1-2　唐代女俑
美国印第安纳波利斯艺术博物馆藏。

馆藏敦煌绢画中有一幅大约为五代至宋初的《引路菩萨图》，图中的盛装供养人耳中也穿有金环（图 6-4-1-6）。到了北宋，耳坠、耳环逐渐成为盛行的首饰，则是后话了。

第五节 ｜ 隋唐五代的颈饰

隋唐前期颈饰的使用相对较少，并非必备首饰，在唐五代也经历过一个由少而多，由简而繁的过程。早期多为简单的串珠型项链，材质主要为各种珠宝制成的圆珠。盛唐开始在此基础上流行带坠饰型项链。晚唐、五代颈饰使用增多，除了珠串、吊坠项链，受佛教或异域影响，盛装时往往还戴大型多层璎珞，另一种金属项圈也开始出现。

材质上项链较少使用金银，多为各种宝石、玉石、珍珠、琥珀由丝线、丝带串系而成，其上的坠饰有时会通过金属件缀挂，项圈则一般为金属制成。

一 珠串

隋至唐前期陶俑、壁画线刻中的女性形象大多颈中无饰，偶见者多为简单的串珠型项链，由多颗有孔的圆珠串成，也是自古以来最常见的一种颈饰类型。其中又以武周前后略多见，如湖南岳阳桃花扇唐墓出土乐舞俑（图 6-5-1-1），河南孟津大足元年（701）岑平等墓出土女俑，以及美国印第安纳波利斯艺术博物馆（图 6-5-1-2）和王己千旧藏

正面 背面

图 6-5-1-3　王己千旧藏武周三彩女坐俑，颈部有珠串

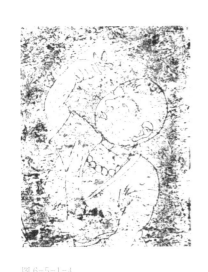

图 6-5-1-4
陕西西安唐韦顼墓石椁线刻幼童

时代约在武周的三彩女坐俑（图 6-5-1-3）等等，均身着袒胸短衫，胸前所戴即一串简单的圆珠项链，后者颈后还可清晰看到丝线结带。陕西西安神龙三年（707）韦顼墓石椁线刻中有一位幼童，胸前也挂着一串圆珠（图 6-5-1-4）。

敦煌文书清单中可见"真珠廿壹线""小杂珠子四索""石珠子五索子""玛瑙珠子"等名目，以线、索为量词，可见当为串珠类饰品。《旧唐书·北狄传》有"其家富者项着五色杂珠"，说明项上可装饰杂珠，材质各种珍珠、玉石、琉璃均可，但在盛唐以前并未普遍使用。

由于珍珠不易保存，串连的丝线易断又导致圆珠散落，所以考古发现的完整串珠不多，但墓葬中有时可见零散珠饰，中有穿孔。陕西蒲城李宪夫妇墓惠陵一壁龛中出土大量绿色、半透明琉璃料珠、玻璃串珠，总数达 1300 余颗，玻璃珠最多，直径在 0.25~0.35 厘米，均有穿孔，应

图 6-5-1-5
陕西蒲城李宪夫妇墓惠陵石椁线刻仕女

图 6-5-1-6
陕西西安南郊墓葬出土水晶珠串，出土时位于墓主颈部

① 陕西省考古研究所编著. 唐李宪墓发掘报告 [M]. 北京: 科学出版社, 2005.

② 李明，刘呆运. 唐朝美女的化妆术 [J]. 文明, 2004, (04).

为串饰，旁有朽坏漆盒一具，当为装盛珠饰的奁盒。由于同时未有玉佩构件出土，此类珠饰原本当为多串颈饰，同墓石椁线刻中的一位仕女，也正好戴有串珠项链，恰可对照（图 6-5-1-5）①。陕西西安南郊高阳原中晚唐墓地曾出土由 43 颗水晶珠组成的珠串，水晶珠大小不一，直径 0.8~1 厘米，出土时依然完整地位于墓主人颈部（图 6-5-1-6）②。

二 吊坠项链

盛唐的项链在串珠链索的基础上，逐渐添加吊坠装饰。可在中央垂坠一枚或者若干坠饰、牌饰，如陕西西安韦顼墓石椁线刻中刻画的两位贵妇，袒露的胸前各戴着一串圆珠项链，下系一枚牌状坠饰，

图 6-5-2-1　陕西西安韦顼墓石椁线刻贵妇，圆珠项链下系一枚牌状坠饰

图 6-5-2-2　山西万荣薛儆墓石椁线刻仕女，项链缀一排垂饰

图 6-5-2-3　敦煌莫高窟107女供养人水滴形项链

① 山西省考古研究所编著.唐代薛儆墓发掘报告[M].北京:科学出版社，2000.

② 张正岭.西安韩森寨唐墓清理记[J].考古通讯,1957,（05）.

中央镶嵌宝石（图6-5-2-1）；山西万荣开元九年（721）薛儆墓石椁线刻中有一位拱手仕女，颈中圆珠项链下端则缀有一排垂饰①（图6-5-2-2）。除了简单的圆珠，还常有椭圆、橄榄形、水滴形饰，如莫高窟144、107、159窟的中唐女供养人所戴均为水滴形项链（图6-5-2-3）。

从已出土的少数几例实物来看，链索圆珠的材料以水晶为多，坠饰则为各种彩色的金玉宝石，如紫水晶、玛瑙、绿松石、玉、琉璃、木质等。如陕西西安韩森寨天宝四载（745）雷府君妻宋氏墓实例，墓中出土114颗珠饰，其中水晶珠93颗，玉珠19颗，料珠1颗，玛瑙珠1颗，均有穿孔，5颗玉珠为五棱椭圆形，这些珠子出土时大多位于胸前围颈一圈，当为一串水晶项链，前缀玉石、玛瑙、料珠等组成的坠饰②。又如陕西西安天宝十四载（755）辅君夫人米氏墓出土一件水晶项链，丝线虽朽断，但珠子和吊坠均保存完整。水晶珠有92颗，穿孔中部分还残留丝线。坠饰部分则由3颗蓝色料珠、4枚金托、2颗紫水晶吊坠和

图 6-5-2-4 **水晶项链，中有绿松石、蓝料珠、紫水晶等坠饰**
陕西西安唐辅君夫人米氏墓出土。

图 6-5-2-5 **项链**
陕西西安隋代李静训墓出土。

2 颗绿松石吊坠组成，吊坠为水滴形，小端嵌入金托缀挂，更加精致（图 6-5-2-4）[1]。前文所提李宪夫妇墓壁龛中也有少量尺寸略大的花形料饰、葫芦坠形琉璃料饰，以及中空残留朽木的残饰，中部或顶部均有穿孔，当为琉璃、木质项链吊坠。

最豪华的项链出自陕西西安隋大业四年（608 年）李静训墓，由三部分组成，链索为 28 颗多面金珠，每颗金珠均由 12 个细小的金环焊接而成，金环外焊小珠一圈大珠 5 颗，镶嵌珍珠，并以金丝编成的金链连接。开合部分为嵌宝饰件。坠饰则由水滴状镶金青金石以及圆形大红宝石、珍珠、金饰而成，用材和工艺极其奢华精细（图 6-5-2-5）[2]。墓主李静训出身皇族，从小为外祖母周太后养育，随葬物中或有西域贡赋品。此种项链在其他隋唐墓葬中尚无相似实例发现，中亚风格明显，似有舶来可能，并未普遍流行。

① 张小丽等．唐代辅君夫人米氏墓清理简报［J］．文博，2015，（04）.

② 中国社会科学院考古研究所编著．唐长安城郊隋唐墓［M］．北京：文物出版社，1980.

三 璎珞

　　璎珞在中原的使用和佛教传入关系很大。其原是南亚居民佩戴的贵州珠宝链饰品，梵文本意即"珍珠、宝石串成的饰品"。佛教菩萨服饰元素多吸收自印度贵族风尚，璎珞便是其中的重要组件，经典里多有珍珠璎珞、珍宝璎珞、七宝璎珞的记载，是珍贵的供养物。《妙法莲华经·观世音菩萨普门品》："我今当供养观世音菩萨，即解颈众宝珠璎珞，价值百千两金，而以与之。"从早期到贵霜犍陀罗、笈多时期的菩萨造像一直可看到大量璎珞使用，多组珠宝串或并行排列成宽带状，或用大块宝石间隔成多段连接，长短组合佩戴、垂挂。

　　汉以后开始用"璎珞"或"缨络"来描述佛教经典中以及南亚、西域各国所用的华丽颈饰，《大唐西域记》卷二"衣饰"条记载印度无论男女皆"身佩璎珞"，传入的佛教造像中也披挂各式璎珞装饰。但很长一段时间里并未成为中原世俗日常颈饰。敦煌变文常见的"璎珞珊瑚，头冠耀耀""雾湿胸前璎珞重，风摇顶上玉冠斜"之句，基本为描述菩萨装扮。有时也见于舞乐性质装扮描述，唐郑嵎自注《津门阳诗》："上始以圣诞日为千秋街……又令宫妓梳九骑仙髻，衣孔雀翠衣，佩七宝璎珞，为霓裳羽衣之类"是视觉效果华丽的表演服饰。

　　晚唐时，复杂的璎珞开始出现在世俗女性形象中，尤其是敦煌晚唐五代壁画女供养人，几乎人人颈中都装饰有各种繁简不等的璎珞，尤其是多串圆珠由大颗宝石分隔成多段的构成方式，和造像中的璎珞明显同出一源。或为佛教长期盛行各种造像形象深入人心后，对于妇女装饰，尤其是礼佛盛装的影响。在敦煌唐代俗语词汇集《俗务要名林》中，也将"璎珞"一词列入女服部，与钗子、篦子等并列，可见璎珞此时作为一种女装首饰，已进入世俗生活。

　　壁画实例中，璎珞项链的组合很有规律，一般由三层构成。最上层为一到两圈圆珠，中层则为多串红珠，由大颗饰件间隔成一圈花瓣形璎珞，下层为橄榄形珠或圆珠串，每珠之间垂缀一枚带托水滴状宝石坠饰，豪华者坠饰可达四五圈，从脖颈一直围绕蔓延至肩胸，极其华丽（图6-5-3-1、2）。通常还有红色系带在颈后打结，两条系带往往加长为飘带，末端缀三粒珍珠，披挂在后背为饰，有时甚至长至腰间，如陕西彬县后周显德五年（958）冯晖墓中的伎乐砖雕所描绘者。

图 6-5-3-1　敦煌莫高窟 98 窟东壁五代曹议金家族供养人壁画，均戴多层璎珞

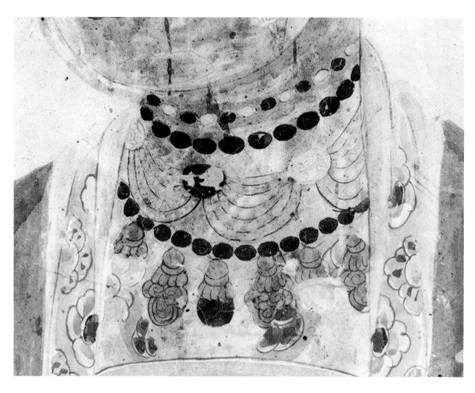

图 6-5-3-2　敦煌莫高窟 61 窟五代供养人璎珞

图 6-5-4-1
浙江长兴下莘桥窖藏花鸟纹银项圈

图 6-5-4-2
《簪花仕女图》中的戴项圈仕女

① 毛波. 长兴下莘桥出土的唐代银器及相关问题 [J]. 东方博物, 2012, (03).

从颜色上看, 上层圆珠串以白、蓝为多, 似为珍珠、玉石、水晶之类, 瓣型璎珞串均为红色, 应为琥珀或珊瑚珠, 下层缀饰则绿、蓝、红、黄各色均有, 应是各种杂宝石、绿松石, 由金银缀挂。此类璎珞项链在晚唐五代考古中尚未发现, 但与五代同时期的辽代墓葬多有出土, 如内蒙古通辽吐尔基山辽初墓墓主人颈上便戴有十分类似的琥珀璎珞, 可为旁例。

四 项圈

晚唐五代时, 另一种由金属片弯制而成的项圈偶有出现。唐代浙江长兴下莘桥晚唐窖藏中有一件花鸟纹银项圈, 由双股柳叶形银片弯成, 一股素面, 一股正面鎏金錾刻纹饰, 外侧为鱼子地花鸟纹, 内侧为叶纹。两端尖细的部分缠银丝, 并绕出环眼[①]（图 6-5-4-1）。陕西耀县柳林唐代窖藏中也有出土一件银圈, 由单股银片弯成, 或可能为同类装饰。

传为周昉所绘的《簪花仕女图》中, 有一位仕女颈上戴有一件金项圈, 大体呈中大端细的形态, 前中还有四瓣弧形, 并可见錾刻纹样的痕迹, 是绘画形象中较早的例子（6-5-4-2）。从服饰装扮上看, 该图应为五代时期作品, 同时期的辽墓中有出土类似项圈, 前缘亦做成花型, 并一直延续至宋金以后。

附 | 唐代代表性墓葬出土首饰插戴

一 隋唐五代首饰搭配的流行变化

隋至初唐日常首饰插戴整体较简洁朴素，尺寸小、装饰部分少，多仅在发髻基部插一至数枚素面折股钗，辅助以簪，偶尔插戴一两枚体量极小的梳篦。

盛唐以后逐渐往华美繁复演变，首饰尺寸普遍加大，装饰面积扩展，组合方式如在髻座横插较长的折股钗、前后插长簪，髻上插钿花，髻后侧插步摇簪钗，并搭配若干尺寸略大的梳篦，颈部戴珠串或者项链。

晚唐五代的贵妇首饰继续延续奢靡烦琐之风，以各种花簪钗、步摇为多，颈饰也开始增多，典型插戴如围绕头顶插戴半圈花钗，两两相对，数目多达十余个；两侧插戴一两对折股钗、簪辅助固定，鬓前两侧、中央、鬓后插戴尺寸很大的梳篦，正中插戴三角形钗，颈部戴华丽的璎珞项链。

二 陕西西安南郊高阳原唐代墓地出土首饰

① 李明，刘呆运. 唐朝美女的化妆术 [J].文明，2004，（04）；出土簪钗资料及图像见李明，刘呆运《西安南郊唐代花钗花簪的出土与初步研究》（上海博物馆编.周秦汉唐文明研究论集 [M].上海：上海古籍出版社，2008.）

陕西西安南郊长安区郭杜镇唐朝时属于长安城西南郊，距离长安城南安化门仅 4 公里左右，南靠终南山，北望长安城，唐人称之为"高阳原"，是居住在长安城内的普通官吏和平民的葬区。2002 年至 2004 年，陕西省考古研究所长安考古队在西安南郊紫薇田园都市工地发掘唐代墓葬 480 余座，出土了大量首饰，包括各式簪、钗、梳篦、项珠、镯等，材质有银鎏金、银、铜、玉、水晶、骨等。其中四座出土了完整的首饰组合数十件，是陕西在考古发掘中花钗、花簪出土数量最多的，排列位置准确，种类较多，对还原唐代妇女首饰有很大的参考意义[①]。

这四座墓葬无随葬墓志，墓主均为女性，年龄在 18~40 岁之间，推测为当时长安城中富裕人家未出嫁的女儿以及普通官吏的妻妾。其中 M16 出土有"乾元重宝"，墓葬年代的上限为唐肃宗乾元元年（758）。各墓形制、规格非常接近，都具有中晚唐墓葬的特点。

墓中出土的首饰以银质鎏金簪、钗为多，其中花头 31 件，素面 8 件，包括单头素面簪、双头素面簪、花头簪、素面单头钗、花头钗、双头花钗几种，是中晚唐常见的样式，出土时基本均位于墓主人头部周围，两两成对，和晚唐壁画所反映的情况正好相符。各墓所出首饰数量多寡不一，M16 出土 10 件，包括花簪 6 件，素面簪 4 件；M133 出土 8 件，花簪 2 件、花钗 4 件、素面钗 2 件；M412 出土 5 件，花钗 3 件、素面钗 2 件；四座墓葬中，以 M326 出土的首饰最多，包括 14 支花簪钗、2 把骨篦、1 件三角钗残片、项珠等。我们以其中首饰数量组多的 M326 为例复原示意。

326 号墓首饰出土分布及人物形象还原

326 号墓墓主为女性，年龄 18~20 岁。出土随葬物品 26 件。14 件花钗呈扇形整齐地插在墓主人头上，上有云母片若干，发型正面有三角形钗残片。另有两件鎏金银柄骨篦。颈部有料珠。

鎏金银钗共有 7 组 14 件，每组一对，造型和图案相同，方向相反，银质，锤鲽成形后，钗头镂空并錾刻出团花纹饰，正面主题纹饰和花朵部分鎏金。

摩羯鱼牡丹纹鎏金银钗 4 件。钗头主题纹饰为摩羯鱼，龙首鱼身，底衬缠绕蔓草，中部上下各有一朵牡丹，一片羽状叶挑出钗头，花萼形钗托，双股钗柄扁平细长，通长 33.3 厘米（图 6- 附 -2-1）。

鸳鸯牡丹纹鎏金银钗 4 件。钗头主题纹饰为两只飞舞的鸳鸯，前者回望，中下部饰牡丹，单叶挑出钗头，花萼形钗托（图 6- 附 -2-2）。

镂空草叶鸳鸯纹鎏金银钗 2 件。钗头主题纹饰为展翅鸳鸯，底衬蔓草，三片镂空树叶挑出钗头（图 6- 附 -2-3）。

蔓草纹钗 4 件。为双头钗，形制相同，两件略大，两件略小。双股圭形钗头，扁平细长，钗头两面錾刻蔓草文、团花纹。花萼形钗托，钗托上部饰有花结，钗股扁平细长，残长 18 至 25.8 厘米（图 6- 附 -2-4）。

菊花纹鎏金银柄骨篦 2 件。均残，骨篦素面，宽 12.5 厘米，高 10.5 厘米。外有勾形银柄固定篦子，饰菊花形装饰。

图 6- 附 -2-1　摩羯鱼牡丹纹鎏金银钗

图 6- 附 -2-2　鸳鸯牡丹纹鎏金银钗

图 6- 附 -2-3　镂空草叶鸳鸯纹鎏金银钗

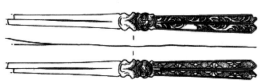

图 6- 附 -2-4　蔓草纹钗

　　鎏金银三角钗一件。已残。以 M412 所出土的同类双凤莲花纹鎏金银三角钗为参考（图 6- 附 -2-5）。

　　插戴时，先用 4 支蔓草纹钗左右相对将头发固定，再环绕发髻上半圈插戴10 支摩羯鱼牡丹纹钗、鸳鸯牡丹纹钗、草叶鸳鸯纹钗，鬓发两侧插菊花纹鎏金银柄骨篦子，正面插戴三角形钗。颈挂珠串或更华丽的璎珞装饰（图 6- 附 -2-7）。服装参考敦煌莫高窟 9 窟唐末女供养人服饰（图 6- 附 -2-6），上身着粉色绣花大袖衫子，系高腰大红绣花长裙，披挂长帔子。

图 6- 附 -2-5　双凤莲花纹鎏金银三角钗

图 6- 附 -2-6　敦煌莫高窟 9 窟唐末女供养人壁画

图6- 附 -2-7 **西安南郊高阳原 M326 出土首饰插戴复原**
（张晓妍绘）

第七章

中国宋代的首饰

陈诗宇

随着两宋时代商品经济的发展、细金工艺技术的提升，以及高艺术品位文人士大夫和世俗地主、富庶市民阶层的活跃，高雅与通俗审美交融，新风俗不断产生，宋代首饰呈现出与唐五代截然不同的面貌。出现大量新品种、新样式，不少品种为元代和明初继承，加工工艺和装饰趣味也有所转变，是古代首饰发展重要的承前启后阶段。

其品类依然包括正式礼服所用礼服首饰，以及日常、盛装首饰两大类：后妃命妇礼服所用首饰，在唐制花树博鬓的基础上添加了更多的高等级装饰，演变成盛大复杂的龙凤花钗冠，奠定后世明代礼服冠模式；其余日常首饰则包括一些前代已有的传统品种，如冠子、簪、钗、梳等头饰，镯、缠钏等手饰，项珠、项牌等颈饰，还有一些属于新盛行的部分，比如唐代汉人不流行的耳环、耳坠，用于霞帔的帔坠等等。

其中女性大量戴冠成为两宋时代显著的新特色，成为头部首饰的视觉重点，其余头饰则多围绕冠子插戴，出现不少新样式和新装饰手法，比如竹节、缠丝、花筒、连二连三、桥梁式簪钗。除了金银外，非金属类的许多动物材质、翠毛、牙角，以及玻璃也在此时被广泛使用，追逐新奇奢靡昂贵的新材质成为此时的风尚。

宋代首饰实物，尤其是金银首饰的发现量很大，比隋唐时大为增加。其中又以窖藏为多，特别南方四川、湖南、江苏、浙江等地，出土了大批宋代金银器窖藏，首饰部分动辄数十件，主要为南宋后期物，应是当时长期对峙战乱下仓促埋藏的产物。还有一些元代窖藏中也保留了不少典型宋代样式实物。墓葬首饰则出土相对较少，多是墓主实际簪戴之物，尤其北宋墓葬中的首饰，往往只有数件而已，但展现了当时实际的搭配情况。部分首饰为珠翠、角牙、木等材质则不易保存，只能通过绘画、文献描述大体窥之。

从这些实物中看，两宋首饰整体风格呈现从晚唐五代、北宋前期的夸张大尺寸、装饰较简，往南宋尺寸缩小、装饰精致化、样式繁多发展的趋向；从满头簪钗大片花枝招展，演变为精巧细工、含蓄的整体形象，这与宋代女性服饰崇尚紧窄修身、身形喜好纤细窄瘦的大审美取向，以及南宋社会风气的收敛、程朱理学对于妇女的约束是一致的。

在工艺造型上，则从唐五代偏向平面錾刻、镂空而发展出各种空心立体锤鍱、高浮雕造型，多组簪钗首并联成为晚期代表性样式之一。宋代写实工笔花鸟画、界画以及婴戏图题材兴起，在精致的院体画风影响下，自然趣味的象生瓜果花草和楼阁、人物也成为此时首饰的新题材，具有浓郁的生活气息。

虽然种类和样式较隋唐大大丰富，但具体的首饰称谓，在两宋文献中尚未留下太多如元明清相当细致的称呼。《宋会要·舆服》中记录北宋仁宗景祐三年诏令，"凡命妇许以金为首饰及为小儿铃铤，余以为钗篸、钏缠、珥环者，听之。仍毋得为牙鱼、飞鱼奇巧飞动若龙形者。其用银仍毋得镀金。非命妇之家毋得以真珠装缀首饰、衣服及项珠、璎络、耳坠、头须、抹子之类。"里面提及钗、篸（簪）、铃铤（钳镯）、钏缠、珥环、耳坠、项珠、璎络（珞）等，大多属于当时的首饰通名，并说到金银、镀金、珍珠装缀等做法。重要的日常用语词典《碎金》南宋刊本中，罗列出来的首饰名称，除了"冠梳"条下的种类相当细致，其他首饰则仅列出"挟鬓、看钗、裹钗、金钗、指铤、钳铤、缠钏、犀梳、环子"等几种。诗词笔记中提及的首饰，也多使用材质、题材性描述。不过许多在宋代已经出现的样式，在稍迟的元本、明初本《碎金》中可以找到同类称呼[1]，元明词曲小说里还可发现若干相似线索，可为我们对宋代首饰形式的梳理提供辅助。

宋代首饰对元代影响很深，尤其是南宋兴起的许多新样式、新工艺，大多都被元代南方所继承和延续，成为所谓的"南样"，和元代新样式并行，在南方墓葬和窖藏中大量发现。一些品种甚至延续到明前期的命妇首饰。明初洪武五年制定命妇冠服，其礼服、常服首饰中的"金云头连三钗、金压鬓双头钗、珠帘梳"等等，还维持典型的宋式规模。明《海盐县图经》引朱祚家传，记录家族中明初老夫人收藏的前代首饰，"戴氏姑亦尝出首饰熔销为用，长脚大花有所谓连二头、连三、连五头、交股钗、竹节钗、暖筒、凉筒、飞凤压鬓、大耳环等类，每事题工匠名花银造等字，云当时女子初笄时，人家多有此物"，里面提到的"连二头、连三、连五头、竹节钗、暖筒、飞凤压鬓"等，均为宋代兴起的新样式，明初还可以见到。直到明中期以后，才被更新的首饰时尚所取代，逐渐消退。

---

① 扬之水.中国古代金银首饰［M］.北京：故宫出版社，2001.

第一节 │ 宋代后妃命妇的礼服首饰

宋代最高级别的女性首饰，在唐代花树冠的基础上，不断叠加新的元素，最终形成九龙四凤十二株花钗冠等华丽冠饰。中国的礼服制度有着极其强大的历史惯性，国家颁布的礼、令条文往往能因袭上千年，一般轻易不受朝代更替影响，后世更多是在如何释读和实际操作细节上做文章，或在不更动基础构成的情况下调整、补充新构件。宋代礼服首饰的发展也是如此。

北宋初沿袭唐五代花钗冠之制，中期随着章献太后政治地位的提高，在礼服冠上添加龙饰，甚至一度仿造帝冕加以珠翠旒；北宋后期政和年间，由议礼局议定后妃命妇首饰制度，形成宋代定制延续至宋亡，其最大的改变就是在最高等级的太后、皇后、妃等礼服首饰上添加了龙、凤饰，并且增添了王母仙人队、各种鸟雀装饰。皇太子妃以下命妇则依然以花钗、博鬓为主要冠饰，并以花钗数区分等级。在工艺方面，珍珠装和铺翠的大量使用是这一阶段礼服首饰的一大新特色，并延续至明代。

一 文献制度

北宋初期，后妃礼服制度承袭唐制，不同等级使用相应数目的花钗冠，相关礼、令条文与唐代相同。宋太祖开宝六年（973）初次颁布国家礼典《开宝通礼》[1]；宋太宗淳化三年（992）颁布《淳化令》[2]，二者均以唐开元时颁布的礼、令为蓝本，制定了礼服条文。其中的皇后首饰制度"花十二株，小花如

①《开宝通礼》今已不存，皇后首饰礼文可见《宋会要辑稿·舆服四·皇后服》所引。

②《淳化令》今已不存，皇后首饰令文可见《太常因革礼·卷八十二之八》所引。

①《太常因革礼·卷二十五·舆服五·后妃之制》引礼阁新编:"建隆元年八月二十六日,太常礼院状准敕制造皇太后册宝法物等,谨具条例如左:……袆衣一副,十二株花钗……。诏可。"

② 此事件在《太常因革礼·卷二十五·舆服五·后妃之制》《宋会要辑稿·舆服四·皇后服》,以及《续资治通鉴长编·卷一百十一·明道元年》中的礼官详定皇太后谒庙仪注讨论中均有记载。

大花之数,并两博鬓"和唐制无异,基本组成部分为花和博鬓。虽残存条文不全,但可以大体推知其余命妇首饰也依然维持唐制。如皇太后首饰也使用十二株花钗冠,建隆元年(960)敕造皇太后册宝法物等,便包括"袆衣一副,十二株花钗"①。

北宋中期,后妃首饰在唐制基础上出现了一个重大变化,最高等级的后妃花钗冠上添加龙饰,出现了"九龙花钗冠"。宋仁宗年幼继位,章献明肃皇太后刘娥代为秉国,军国大事均由其处置,年号天圣,隐含"二人为圣"之意。皇太后地位提升,相应的冠服制度也随之改变。天圣元年议皇太后冠服制度,虽然礼官提出皇太后按礼制其冠服应与皇后相同,首饰均为"十二株花钗",但此后的记载中,章献太后所用冠则加以龙饰。明道二年(1033)皇太后赴太庙途中身穿袆衣,头上所戴为"九龙花钗冠","皇太后赴太庙,乘玉辂,服袆衣、九龙花钗冠"②;与此同时,皇后、皇太妃所戴则依然是旧制"十二株花钗冠","皇太妃、皇后乘重翟车,服钿钗,礼衣以绯罗为之,具蔽膝、革带、佩、绶、履,其冠用十二株花钗"。章献皇太后是北宋第一位摄政太后,是当时实际上的统治者,在其花钗冠上添加"九龙",应是为了有别于皇后、皇太妃,显示皇太后独一无二的崇高地位。

更有甚者,章献太后还比照皇帝十二旒衮冕(平天冠),在九龙花钗冠前后垂十二珠翠旒,使用一种新创更加隆重的"仪天冠"。天圣二年(1024)十一月,举行隆重的上皇太后尊号受册礼,章献太后并没有用皇太后礼服制度的花钗冠、袆衣,而使用了"仪天冠、衮衣"。仪天冠的具体配置在另一次大礼中有更加详细的记录。明道元年(1032)十二月,朝廷议定皇太后恭谢宗庙大典所用冠服,章献太后本意欲穿着天子衮冕行礼,但遭到大臣们反对,最后只能依照太常礼院礼官所提出的折中方案,在衮

① 《续资治通鉴长编·卷一百十一·明道元年》："始，太后欲纯被帝者之服，参知政事晏殊以周官王后之服为对，失太后旨，辅臣皆依违不决。薛奎独争曰：'太后必御此见祖宗，若何而拜？'固执不可。虽终不纳，犹少杀其礼焉。"

② 仪天冠具体花数、旒数，宋代不同记载稍有差异，《太常因革礼·卷二十五·舆服五》引《国朝会要》"九龙十二株花钗冠，前后垂珠翠各十二旒"；《宋会要辑稿·舆服四》"九龙十六株花，前后垂珠翠各二十旒"；《续资治通鉴长编·卷一百十一·明道元年》"龙花十六株，前后垂珠翠各十二旒"。此处选择编于距明道年间最近的《太常因革礼》所记载的版本。

③ 随后颁布的《政和六年令》中衣服令相关条文应与《政和五礼新仪》所载情况相同。

服基础上稍作减杀①，"准皇帝衮服减二章，衣去宗彝，裳去藻，不佩剑"，首饰则综合了太后的九龙花钗冠及皇帝衮冕上的十二珠旒，"九龙十二株花，前后垂珠翠各十二旒"②，并"诏冠名仪天"，或有"母仪天下"之意。次年二月，章献太后便服九龙花钗冠、袆衣赴太庙，随后更换仪天冠、衮衣完成谒庙典礼。

十二珠翠旒仪天冠仅为满足皇太后披帝王衮冕之愿而临时配套设置，并非常制。但在后冠上添饰九龙的制度被保留下来，还添以凤鸟饰，成为"九龙四凤花钗冠"。改动范围扩大至妃，也正式补充入相应的礼、令条文中。《政和五礼新仪·卷十二序例冠服》中完整记录了宋徽宗政和三年（1113）由议礼局议定的后妃、命妇冠服制度③：

皇后冠服（妃冠服附），首饰花一十二株，小花如大花之数，并两博鬓，冠饰以九龙、四凤。袆衣之衣……受册、朝谒景灵宫服之。鞠衣……亲蚕服之。

妃首饰，花九株，小花如大花之数，并两博鬓，冠饰以九翚、四凤。褕翟……受册服之。

皇太子妃冠服，首饰花九株，小花如大花之数，并两博鬓。褕翟……受册、朝会服之。鞠衣……从蚕服之。

命妇冠服，花钗皆施两博鬓，宝钿饰……第一品，花钗九株，宝钿准花数，以下准此。翟九等。第二品，花钗八株，翟八等。第三品，花钗七株，翟七等。第四品，花钗六株，翟六等。第五品，花钗五株，翟五等……受册、从蚕服之。

从中可以看到，最高等级的皇后首饰，在唐制皇后冠服"首饰花一十二株，小花如大花之数，并两博鬓"后，补充了一句"冠饰以九龙、四凤"；妃制将龙降为翚（五色雉），"冠饰以九翚、四凤"。

其下的皇太子妃和命妇礼服首饰，则依然保持唐制花钗、宝钿、两博鬓的模式，以花钗、宝钿数区分品级，花钗数从一品至五品依次由九株递降为五株[1]（表7-1）。

身份	冠	花　钗	龙、凤、翚	博鬓	使用场合
皇后	龙凤花钗冠	十二株（小花如大花之数，下同）	九龙、四凤		受册、朝谒景灵宫、朝会、亲蚕等
妃	翚凤花钗冠	九株	九翚、四凤		受册
皇太子妃		九株			受册、朝会、从蚕
一品命妇	花钗冠	九株（宝钿准花数）	无	两博鬓	受册、从蚕
二品命妇		八株			
三品命妇		七株			
四品命妇		六株			
五品命妇		五株			

龙凤花钗冠之制自政和年间成为宋代定制，并一直沿用至宋亡。《宋史·志第一百四·舆服三》中所记录的后妃服制与政和制基本相同，并提及"中兴，仍旧制"。此外南宋元初周密所著《武林旧事·卷之二·公主下降》中，还提及了公主礼服首饰，为与妃制相同的"九翚四凤冠"，"南渡以来……公主房奁：真珠九翚四凤冠、褕翟衣一副、真珠玉佩一副、金革带一条……"，可做制度补充。摘《宋史·志第一百四·舆服三》后妃、命妇礼服首饰制度全文如下：

后妃之服……皇后首饰花一十二株，小花如大花之数，并两博鬓。冠饰以九龙四凤。袆之衣……受册、朝谒景灵宫服之。鞠衣……亲蚕服之。

妃首饰花九株，小花同，并两博鬓，冠饰以九翚、四凤。褕翟……受册服之。

皇太子妃首饰花九株，小花同，并两博鬓。褕翟……受册、朝会服之。鞠

---

[1] 政和七年命妇服制有进一步详定，但具体制度已失。《宋史·志第一百四·舆服三》"七年，臣僚言：'今……命妇已厘八等之号，而服制未有名称。诏有司视其夫之品秩，而定其服饰。'诏送礼制局定之。其仪阙焉。"

衣……从蚕服之。

中兴，仍旧制。其龙凤花钗冠，大小花二十四株，应乘舆冠梁之数，博鬓、冠饰同皇太后，皇后服之，绍兴九年所定也。

花钗冠，小大花十八株，应皇太子冠梁之数，施两博鬓，去龙凤，皇太子妃服之，乾道七年所定也。……命妇服。政和议礼局上：花钗冠，皆施两博鬓，宝钿饰。翟衣，青罗绣为翟，编次于衣及裳。第一品，花钗九株，宝钿准花数，翟九等；第二品，花钗八株，翟八等；第三品，花钗七株，翟七等；第四品，花钗六株，翟六等；第五品，花钗五株，翟五等。……受册、从蚕服之。七年，臣僚言："今文臣九品，殊以三品之服，至于命妇，已厘八等之号，而服制未有名称。诏有司视其夫之品秩，而定其服饰。"诏送礼制局定之。其仪阙焉。

其中对于唐制中皇后"小花如大花之数"的理解，明确释读为"大小花二十四株，应乘舆冠梁之数"，即皇后首饰大花十二株、小花十二株，前后共二十四株，与皇帝通天冠梁数目相对应，皇太子妃首饰大小花十八株也与皇太子冠梁数相应，与前章所分析唐初实际情况已有不同。另外还提及政和七年曾对命妇服制有进一步详定，但具体制度已失。

北宋开封陷落后，帝后宗室以及全副冠服卤簿被掳至金国，冠服制度被金人很大程度上照搬，在《大金集礼·卷二九·舆服上》中我们反而可以看到对宋制皇后礼冠极其翔实的描述，细节比宋代礼、令条文中更加丰富。

皇后冠服：花株冠，用盛子一，青罗表、青绢衬金红罗托里，用九龙、四凤，前面大龙衔穗球一朵，前后有花株各十有二，及鸂鶒、孔雀、云鹤、王母仙人队浮动插瓣等，后有纳言，上有金蝉鑻金两博鬓，以上并用铺翠滴粉缕金装珍珠结制，下有金圈口，上用七宝钿窠，后有金钿窠二，穿红罗铺金款幔带一。

除了具体的材质细节外，从中还可以看到若干宋代制度原文中未详细提及的部分，如"穗球""鸂鶒、孔雀、云鹤、王母仙人队""纳言""金圈口""钿窠"等。

二 形制分析

宋代后妃礼服首饰虽无传世和出土，但从传世两宋皇后画像中可以观察到

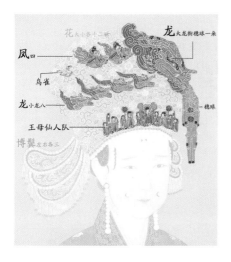

图 7-1-2-1　北宋皇后礼服冠上添加的各种装饰示意图，此为侧视，仅可见五龙二凤（以宋钦宗皇后像为例）

实际的使用情况。现存 12 位宋代皇后的半身像 12 帧、全身像 10 轴，其中真宗后至宁宗后有 10 位皇后身着礼服袆衣，头戴礼冠描绘细致，时代从北宋中期跨越至南宋中期，为我们了解宋代后妃礼服首饰的具体形制和演变提供了重要的直观依据（图 7-1-2-2、3、4）。

　　画像所体现的礼服首饰，与文献描述大体吻合，也有少数出入，可见实际操作中还形成了更丰富但不载于礼法的添加惯例，可以总结出一些大致规律。除了基础的大小花株满布全冠，博鬓也增加为左右各三扇，饰以珠翠龙纹，垂珠结；冠顶所添加的九龙，包括左右八条小龙和中央一条大龙，大龙口衔穗球；四凤有时背骑仙女，有时数目还增到九只；唐代花树间偶见的小人与鸟雀，则发展为浩浩荡荡的"王母仙人队"以及各种云鹤、鸂鶒、鹭鸶、孔雀等，场面更加盛大和具体（图 7-1-2-1）。

图 7-1-2-2　宋真宗皇后半身像

图 7-1-2-3　宋英宗皇后半身像

图 7-1-2-4　宋高宗皇后半身像

相比于唐代，宋代冠体加大，装饰增多，整体效果更加璀璨多彩。工艺均以铺翠（即点翠）、滴粉（即沥粉）、缕金（金丝）制作，即《大金集礼》所称"并用铺翠滴粉缕金装珍珠结制"。大量使用珍珠、点翠是宋代后妃冠饰的一大特点，所有构件轮廓均饰以大小珍珠，如宋史所言"头冠用珠数多"。此外还在额间、两靥、鬓前贴饰珠翠花子，也是沿袭自唐五代的妆面装饰。耳部则饰以珠翠花、垂以珠串。

我们参照文献中的宋制及金礼描述原文，对画像宋代后妃礼服首饰构件逐一进行分析。

（一）花

"花一十二株，小花如大花之数"，花（或花钗）本为后妃礼服首饰中最核心的构件，宋代改量词树为株，文献中还具体补充"大小花二十四株""前后有花株各十有二"，即大花和小花各有一套。但与唐代后妃礼服首饰花树占主体地位不同，北宋中期以后的礼冠，花已经退居极其次要的地位，不仔细观察已经难以识别，成为一种补充填补元素。其分布位置相当随意，甚至数目也含糊不清。

具体形态均为五瓣花，颜色以粉、黄交替出现，花朵四周伸出若干叶片，以蓝、绿色铺翠（即点翠）制成，花瓣、叶片边缘均连缀米珠。位置多散布全冠安插，或集中于顶，或沿冠体口圈前后插设。其余冠体底部则填以珠翠卷草饰或云饰（图7-1-2-5、6）。

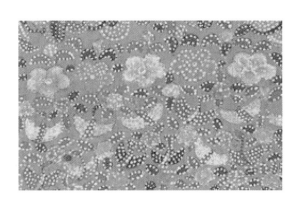

图7-1-2-5　**南宋高宗皇后像中的花**　　图7-1-2-6　**宋英宗皇后像中的花**

（二）博鬓

"并两博鬓""皆施两博鬓"，宋代后妃命妇礼服冠均配有"两博鬓"。博鬓为垂挂在后两侧的弯长条饰，如前章所述源自绑扎冠饰的结带，唐代博鬓为左右各一，垂于两鬓侧。

宋代博鬓虽然制度不变，但从画像上看，有了两个变化。一是垂挂位置，由鬓侧移动至冠两侧或者两后侧；二是数量改为左右两侧各三扇。每扇均以珍珠、铺翠制成，扇面多饰以行龙一或卷草，周沿绕以珠络，垂有翠滴，整体效果更佳隆重华丽（图7-1-2-7）。有的博鬓与冠体相接处可见金饰，如宋神宗皇后像（图7-1-2-8），或即《大金集礼》所描述"后有纳言，上有金蝉鑻金两博鬓"。

图7-1-2-7　南宋高宗皇后半身像中的博鬓　　　　图7-1-2-8　北宋神宗皇后半身像中的博鬓

（三）龙饰

"冠饰以九龙"，龙饰为宋代后冠中最重要的增添部分，仅有最高等级的皇太后、皇后可以使用。多以珍珠、铺翠、滴粉、缕金、各色宝石制成龙形，璀璨夺目，各代细节不尽相同，尤其在北宋中期形成之初，几乎每代形态都不一致，北宋末定制以后，形制和排列方式才趋于稳定。

北宋中期仁宗朝章献明肃太后（宋真宗皇后）首次出现"九龙花钗冠"，

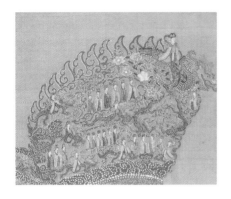

图 7-1-2-9　宋真宗皇后像中的龙饰布局

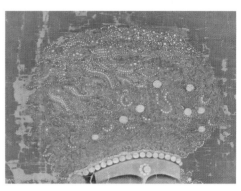

图 7-1-2-10　宋仁宗皇后像中的龙饰布局

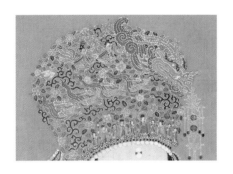

图 7-1-2-11　宋钦宗皇后像中的龙饰布局，
一大龙，八小龙，为标准模式

而真宗皇后画像中也确实在冠上添以龙饰，此时尚无凤鸟饰。起初龙饰的排列方式、数目尚未固定，如真宗皇后冠顶前中有大龙一只，两侧散布小龙各六，龙上还有骑跨女仙，大小共十三龙，或为一时特别拔高之制（图 7-1-2-9）；仁宗皇后冠前中龙一，左右各有龙四，共九龙，每龙口衔大珠一（图 7-1-2-10）[①]；英宗、神宗两代九龙之制开始初步定型，冠前正中大龙一，大龙身后冠顶跟随小龙二，冠两侧小龙各三，九龙满布冠顶，唯独大龙口衔珍珠花结穗球，即《大金集礼》所描述"九龙……前面大龙衔穗球一朵"；随着徽宗朝《政和五礼新仪》的议定，自徽宗皇后起，九龙制也正式定型，正中大龙龙头加大，龙髯加长，口衔珠穗，但龙身隐去不见，小龙头改为左右各四排列（图 7-1-2-11）。此制一直沿用至南宋不变。

① 此为仁宗皇后坐像中的冠龙饰排列，仁宗皇后半身像冠饰稍有不同，龙数似为七。

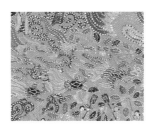

图7-1-2-12
宋高宗皇后像中的凤鸟位于龙之下

图7-1-2-13
宋钦宗皇后像中的鸾凤位于龙之上

图7-1-2-14
北宋《营造法式》彩画作制度中的"骑跨仙真"

（四）凤鸟饰

凤鸟饰为太后、皇后、妃、公主等礼服冠所使用，皇太子妃以下命妇则"去龙凤"，材质工艺和花、龙相似，也均以珍珠、铺翠、滴粉、缕金制成。政和定制初次记录，皇后冠"饰以九龙、四凤"，妃冠"饰以九翚、四凤"。从画像上看，凤鸟饰的出现也比龙饰略迟，仁宗曹皇后冠中开始出现凤鸟饰，但具体形态数目漫漶不清。英宗后冠上在九龙之间夹杂凤鸟，背骑仙人，总数似可达十余只。此外还可见若干仙鹤、鸂鶒等杂鸟雀，应沿袭唐代礼服首饰中飞舞的鸟雀发展而来，即大金集礼所描述"及鸂鶒、孔雀、云鹤"。

此后历代后冠凤鸟饰或多或少，位置或在九龙之上，或在九龙下层（图7-1-2-12），或上下均有，如宋神宗、高宗后像中，四只凤鸟位于九龙之下，符合"九龙四凤"之制。宋钦宗后像中，两侧九龙之上则各有一对凤鸟，一为卷草尾、一为飘带尾，共四只（图7-1-2-13），应为鸾凤纹，形态和当时颁布的《营造法式》彩画中的"凤凰"也很接近。

凤鸟背上多有骑跨仙人，为标准的女仙打扮，头梳双环望仙髻，身穿大袖仙衣，手持玉圭，与《营造法式》彩画中的骑跨玉女、骑跨女贞相似（图7-1-2-14）。

（五）王母仙人队

"王母仙人队"虽在宋制原文未提及，仅出现在《大金集礼》的补充描述中，但从宋代画像上看，也是贯穿两宋始终的一种重要装饰。

唐代花树冠中便已有仙人、童子装饰出现，北宋皇后画像中第一例真宗皇后，其冠上除了骑有女仙的十三龙外，最引人注目的便是夹杂浮动其间的大队仙人，或头戴宝冠、或头梳双鬟，总数达三十余位；自英宗后开始，形成"王母仙人队"的定式，冠底口圈之上，正中为戴冠、穿大袖礼衣、执圭的王母，身侧各有一位仙侍，有时执以扇翣仪仗等；两侧有若干组仙人跟随，也各有仙侍，三位一组，排列满整个口圈。口圈下沿则垂珠滴（图 7-1-2-15）。

仙人队在宋元宗教壁画中的后妃冠饰也可见到，如山西稷山县青龙寺腰殿元代壁画往古后妃宫女众，可见冠前正中的成队仙人。三人一组的王母仙人队，其位置、组合轮廓或与唐代冠口圈上的钿饰有关。尤其神宗皇后坐像所绘之冠，仙人队各自置于水滴型的轮廓之中，与水滴钿饰极为接近（图 7-1-2-16）。由于钿饰在礼制中无文，所以实际操作中相对自由。《大金集礼》中还特别描述有"上用七宝钿窠，后有金钿窠二"，但具体形态不明。

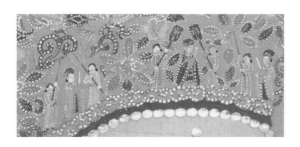

图 7-1-2-15　**宋高宗皇后像中的王母仙人队**

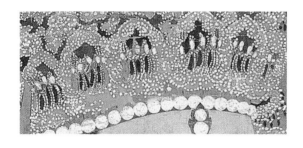

图 7-1-2-16　**宋神宗皇后像中的王母仙人队**

第二节 | 宋代的头饰

宋代平常头饰包括各式冠子以及簪、钗、梳篦等，文献中常"冠梳""簪钗"并提。其中冠子的使用相比唐代更为广泛而普遍，材质、形态也很多。簪、钗、梳篦依然是主要的大类。

金、银、铜等金属材质是最常见的质地，珠翠盛行，点翠所用翠鸟羽毛时称翡翠，是很受喜爱的装饰材料，也屡屡被禁；琉璃（玻璃）材质成为此时的新风尚，如《宋史·舆服志》中记录的"绍熙元年（1190），里巷妇女以琉璃为首饰"，"咸淳五年（1269），都人以碾玉为首饰。有诗云：'京师禁珠翠，天下尽琉璃。'"

工艺造型上宋代头饰比唐代变得更为立体、写实，充分使用铺翠、缕金、錾刻、锤鍱等工艺。新样式层出不穷，中后期出现花筒、连二连三、桥梁式等新式簪钗，尤其是多股并联式的簪钗极具时代特色，博鬓式钗也成为一种独立样式。装饰题材更加丰富，除了传统的花卉、凤鸟，昆虫、瓜果、楼阁等也成为常见主题。

相比于晚唐五代花枝招展的大型簪钗头饰，宋代头饰风格整体呈现自盛大而渐细小的发展趋向。北宋前期一度流行巨大夸张的首饰冠梳，而后在禁令及整体风气的改变下，渐为收敛。尤其南宋，冠梳尺寸大为缩小，簪钗也普遍更短，但装饰做法精致。

如南宋周辉在《清波杂志》中所感慨："辉自孩提，见妇女装束数岁即一变，况乎数十百年前，样制自应不同。如高冠长梳，犹及见之。当时名'大梳裹'，非盛礼不用。若施于今日，未必不夸为新奇，但非时所尚而不售。大抵前辈治器物、盖屋宇，皆务高大，后渐从狭小，首饰亦然。"周辉虽生活在南宋前中期，但此描述中的从"高大"到"渐从狭小"作为两宋时代头饰的整体概括也大体不差。

一 冠

两宋女性日常戴冠之风尤盛。日常头饰所用冠，由于体量和地位都比礼服冠小而低，所以有时称为"冠子""冠儿"。宋词里常有各种对女性打扮如小冠儿、铺翠冠儿、水晶冠子、新样冠儿的描述。《东京梦华录》记录北宋东京相国寺每月五次的"万姓交易"罗列有冠子一项，《梦粱录》里也回忆南宋临安的各种"冠子行""俞家冠子铺"以及补洗冠子的业务。

从宋代墓葬壁画、陶俑，以及传世绘画看，当时女性戴冠极为普遍，可以说是宋代头饰最主体的部分。其他梳、簪钗、花朵、巾则多辅助、围绕冠子插戴。宋代许多笔记提及当时女性打扮的等级，戴冠子、穿裙褙者往往是位居中等的打扮。如《东京梦华录》"媒人有数等……中等戴冠子"，《都城纪胜》"妓弟乘骑作三等装束……二等冠子裙褙者"，《梦粱录》"官私妓女择为三等……次择秀丽有名者，带珠翠朵玉冠儿，销金衫儿、裙儿"。南宋淳熙中（1174—1189）朱熹定冠服之制，"女子在室者冠子、褙子"，也把戴冠子定为妇女日常标准的头饰打扮。

北宋前期，冠尚属于相对身份尊贵的女性所戴首饰，但很快就成为全社会追逐的风尚。北宋《孔氏谈苑》里记载："（李昭遘）母夫人年八十矣，事姑二十年，唯梳发髻，姑亡始戴冠。今士大夫家子妇三日已冠，而与姑宴饮矣。"可见原本戴冠应当是家中地位较高的象征，到了北宋后期，已婚妇女戴冠则成为普遍现象，上自后妃、下至百姓民妇，平常多戴冠子，且追逐昂贵奢靡的材质工艺。《西湖游览志余》记载了南宋宰相韩侂胄家十婢与四妾争戴北珠冠，最后赵师"亟出十万缗市北珠冠十枚"而赐十婢才平息了这件事，也可见当时高级女冠价值之贵。

宋代冠子的材质工艺很多，宋初用唐已流行的漆纱、冒纱、金银、编竹等做胎，装饰金银、珠宝、铺翠、花朵，王栐撰《燕翼诒谋录》"妇人冠梳：旧制，妇人冠以漆纱为之，而加以饰，金银珠翠，采色装花，初无定制。"后来鹿胎、玳瑁、白角、鱼枕等各种高级动物皮、角质材料使用日益增多。此类材料由于需要捕杀生灵，多次被下诏禁用，但终两宋之世一直难以彻底禁断，鹿胎冠、角冠等也成为具有代表性的特殊宋代冠子品种。

冠子造型十分多样，并且随时代迅速改变。有自宫中传出的"内样""宫样"，以及各种流行"时样""新样"。大体流行趋势是从北宋前中期的各种高大、夸张型往北宋后期的团圆型发展，南宋则体量进一步缩小成兰苞形或扁圆形，并转移至脑后。见诸各种诗词、史料的冠子名目相当丰富，如花冠、垂

图 7-2-1-1
抱婴仕女俑,头戴斑点纹冠子(宋)
山东淄博古窑址出土。

肩冠、等肩冠、觯肩冠、团冠、山口冠、长冠、短冠、云月冠、四直冠、如意冠、朵云冠、高冠等,不少宋人笔记中,都花费大段篇幅描述当时冠饰名目和变迁,可见其眼花缭乱的样式给时人留下印象之深。其中有些种类与文物参照比对可知大致形制,比较常见有垂肩冠、团冠、山口冠等。

(一)鹿胎·白角·鱼枕冠

鹿胎冠是以鹿胎皮制成的冠子,因上面斑驳的花纹而受到喜爱,"俗贵其皮,用诸首饰,竟刳胎而是取",山东淄博古窑址中曾发现若干宋代仕女俑,头戴团冠上有斑驳的纹样,有可能即鹿胎一类冠子(图 7-2-1-1)[①]。自五代便已出现,宋初盛行,士庶人家妇女竞相戴之,导致山民大量采捕胎鹿取皮。性情宽仁恭俭的宋仁宗亲政以后,对此风极为反感,景祐三年(1036),仁宗对近臣说:"圣人治世,有一物不得其所,若己推而置诸死地。……比闻臣僚士庶人家多以鹿胎制造冠子,及有命妇亦戴鹿胎冠子入内者,以致诸处采捕,杀害生牲。宜严行禁绝。"当年连下两道禁鹿胎诏,"冠服有制,必戒于侈心","应臣僚士庶之家,禁戴鹿胎冠子,及无得辄采捕制造",希望平息捕杀胎鹿制冠的风气。

从文献中看,鹿胎冠子并未断绝,甚至在南宋又再度兴盛。高宗绍兴二十九年(1159)知枢密院事陈诚之进言:"窃见民间轻用物命以供玩好,有甚于翠毛者,如龟筒、玳瑁、鹿胎是也。……残二物之命以为一冠之饰,其用至微,其害甚酷。望今后不得用龟筒、玳瑁为器用,鹿胎为冠。"高宗再度下诏"应臣僚士庶之家,不得戴鹿胎冠子。及今后诸色人,不得

① 章光明,魏洪昌.淄博宋代彩瓷的发现与研究[J].故宫文物月刊,1996,(05).

采捕鹿胎并制造冠子。如有违犯，并许诸色人陈告。"不过《梦粱录》追忆南宋末临安有走街串巷专事"修洗鹿胎冠子"者，可见终两宋之世，鹿胎冠一直没能完全禁断，民间用者依然甚多。

除了鹿胎外，宋代冠子还使用玳瑁、白角、鱼枕等动物材质。玳瑁和白角的加工工艺并非直接雕琢成形，而是经过水煮加热变软，将其通过模具撑固成所需的薄片冠体，薄者可接近半透明，其上还可以制出花纹。玳瑁本有花斑、白角半透明而坚固，制成薄冠壳美观轻盈，所以成为除金银外一大类首饰材料，甚至民间村妇也会使用，如毛诩《吾竹小稿·吴门田家十咏》"田家少妇最风流，白角冠儿皂盖头"。宋代壁画、绘画中有不少女性头戴半透明冠子，透出其内发髻，而且没有其他支撑框架痕迹，如北宋高平开化寺壁画（图7-2-1-2）、宋《招凉仕女图》所绘（图7-2-1-3），很可能即为白角冠。由于角质类有机物不易长存，所以考古尚未发现此类冠饰，清代工艺中有以角制成的透明薄壳明角灯（图7-2-1-4），可以大体推知其质地效果。

北宋皇祐元年（1049），仁宗曾诏"禁中外不得以角为冠、梳"，一如其他禁奢令难以执行的情况，其后侈靡之风并未停息，除了白角外，还出现了另一种

图7-2-1-2
山西高平开化寺北宋壁画中的透明冠子

图7-2-1-3
钱选《招凉仕女图》中的透明冠子

图 7-2-1-4
故宫收藏清代半透明角灯

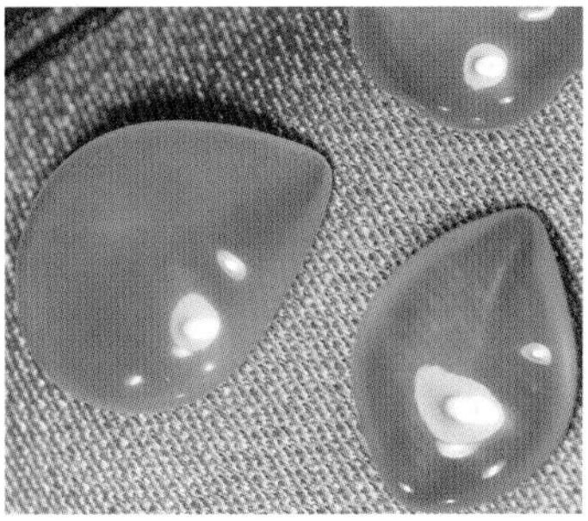

图 7-2-1-5
青鱼石

鱼枕冠，“冠不特白角，又易以鱼枕”，《碎金》中也列有“魫冠”。鱼枕骨亦作“鱼魫”，是某些鱼类如青鱼喉部辅助咀嚼的角质增生，质地晶莹如琥珀（图 7-2-1-5），但大多体量较小，有推测可能为打磨后再编织成冠形。南宋《百宝总珍集》中有一则“鱼魫”，称“鱼魫多出襄阳府，汉阳军、鄂者皆有。大者当三钱大，……碎块儿每斤直钱四五贯，如有冠子铺投卖。每斤有十六七个，若是七八十个者、四百个五百个者，多着主造冠子。大者十六七个，器物之用。”用一斤上百数百的小鱼枕石制冠子，可能即为此法。

苏轼《鱼枕冠颂》：“莹净鱼枕冠，细观初何物。形气偶相值，忽然而为鱼。不幸遭纲罟，剖鱼而得枕。方其得枕时，是枕非复鱼。汤火就模范，巉然冠五岳。方其为冠时，是冠非复枕。”明《宋氏家规部》提到鱼枕“火钳之连为全幅，制花灯叶，色明于羊角”，从“汤火就模范”“火钳之连为全幅”的描述中看，似也有通过加热软化以模定型成冠的可能。《东京梦华录》里有专门修“魫角冠子”的买卖，“魫角”并提，或即因其工艺相似。

图 7-2-1-6
山西高平开化寺北宋壁画中的供养人

图 7-2-1-7 **女俑**
山东淄博窑出土。

① 据《宋会要辑稿·舆服四·臣庶服》为至道元年（995）诏，《宋史·舆服五》此条被归于端拱二年（989）诏中。

（二）垂肩·等肩·内样冠

北宋初期延续五代高髻之风，依然流行高髻、高冠，形态自由，装饰复杂，"初无定制""或缀彩罗，为攒云、五岳之类"。北宋至道元年（995）太宗曾下诏"妇人假髻并宜禁断，仍不得作高髻及高冠"①，禁断过于奢僭的头饰，但只有一时之效。

数十年后仁宗即位初期，宫中流行一种夸张的垂肩冠，以白角材质制成，四角向两侧伸长，进而下弯垂肩，"复以长者屈四角而下至于肩"，被称为"垂肩""等肩"或"嚲肩"，长度可达二三尺，以至于"登车檐皆侧首而入"。这种夸张的冠很快自宫内传播至民间，成为北宋中期的流行冠式，"人争效之，号'内样冠'"，或与当时地位崇高的秉国听政刘太后有一定关系。但"议者以为妖，仁宗亦恶其侈"，仁宗亲政以后，为肃清奢靡之风，在皇祐元年（1049）下诏，妇人冠"广不得过一尺，长不得过四寸"，"终仁宗之世无敢犯者"，尺寸得以有所收敛。"又以嚲肩直其角而短，谓之短冠"，垂肩冠四角收短平直，则称为"短冠"或"四直"。

由于流行时间不长，长至三尺、下垂至肩的垂肩冠图像一直以来极少发现。山西高平开化寺绍圣三年（1096）壁画下方的女供养人中，有多位头上的冠子横长达二尺余，两侧四角下弯成长弧形（图 7-2-1-6），有向两肩弯曲的趋势。山东淄博古窑址中还发现一批仕女俑，其中便有若干例所戴冠子沿头顶往两侧下弯，几乎垂至肩膀，并且两侧端各有两角（图 7-2-1-7），符合文献中"屈四角而下至于肩"的描述，应即垂肩冠。

沈括在几乎同时代（1086—1093）撰写的《梦溪笔谈》中记录发现汉代朱鲔墓线刻人物，"妇人亦有如今之垂肩冠者，如近年所服角冠，两翼抱面下垂及肩，略无小异"，认为线刻中妇女头饰如垂肩冠，朱鲔线刻至今尚存，对照其描绘形制，头顶发髻沿两侧下弯（图7-2-1-8），与前例相近，可知当时垂肩冠即为此式。

图7-2-1-8　汉代朱鲔墓线刻人物

（三）团冠·山口

团冠是另一种北宋中后期流行的主要冠式，以各种材质如编竹、白角，甚至硬如金属软如织物制成团形冠，扣在髻上，即北宋王得臣《麈史》所描述："俄又编竹而为团者，涂之以绿，浸变而以角为之，谓之团冠"，李廌《师友谈记》记录元祐八年（1093）的一次御宴，高太后和向太后也"皆白角团冠"。

团形冠在北宋中后期中原墓葬壁画中相当常见，如河南登封箭沟村壁画墓、河南登封黑山沟李守贵墓（1097）[1]（图7-2-1-9）、河南禹县白沙赵大翁墓（1099）[2]（图7-2-1-10）、陕西韩城盘乐北宋壁画墓等等，所描绘妇女大多在头顶圆髻外罩大小不一的团冠，顶部有弧形开口，以长簪前后固定。由于竹、角、织物等材质不易保存，所以出土很少，湖北英山茅竹湾北宋政和四年胡氏墓出土一件"银髻罩"，为半椭球形，高5厘米，左右宽9厘米，

图7-2-1-9
河南登封黑山沟李守贵墓壁画的团冠

图7-2-1-10
河南禹县白沙赵大翁墓壁画

① 张松林主编；郑州市文物考古研究所编著．郑州宋金壁画墓［M］．北京：科学出版社，2005.
② 宿白著．白沙宋墓［M］．北京：文物出版社，1957.

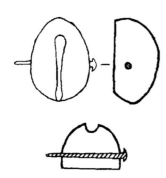

图 7-2-1-11　**银髻罩**
湖北英山茅竹湾北宋政和四年
胡氏墓出土。

图 7-2-1-12
山东济源东石露头村宋壁画墓

① 吴晓松，胡佑成，刘瑜. 英山
县茅竹湾宋墓发掘 [J]. 江汉考
古，1988，（01）.

② 奚明. 安徽舒城县三里村宋墓的
清理 [J]. 考古，2005，（01）.

前后宽 6.4 厘米，顶部有一条弧形开口，前后
有银簪贯穿固定①，便是一件尺寸较小的银团
冠子，由于是金属质地而难得地被保存下来（图
7-2-1-11）。

若将团冠顶部开口进一步向两侧下挖，
前后加高，则可称为"山口"，是北宋末期
较常见的样式，"又以团冠少裁其两边，而
高其前后，谓之山口"。山口冠外形比例比
团冠更高长，呈长椭圆形，两侧缺口很深，
在河南新密平陌北宋壁画墓（1108）、河南
安阳小南海宋壁画墓、山东济源东石露头村
宋壁画墓等（图 7-2-1-12）、河南新安石寺
李村宋四郎墓（图 7-2-1-13）中可以见到，
宋《招凉仕女图》左侧仕女头戴也为此式。
安徽舒城三里村宋墓中出土一件椭球形银
冠②，底部开口以容纳发髻，两侧自上而下裁
去一部分为山口，前后高起，冠缘内折，前
后两部分以齿形焊接而成，高 12.8 厘米，应
即尺寸较小的山口冠（图 7-2-1-14）。

南宋冠子延续北宋末山口冠的基本造型，
但整体尺寸进一步缩小，位置也从头顶转移
至偏脑后，形如玉兰花苞。南宋画中仕女头
上多半戴此式冠子，如南宋陈清波《瑶台步
月图》中所绘（图 7-2-1-15）。

（四）如意冠·朵云冠

南宋另有一类小冠，也为前后两片组成，
但整体较扁矮，上缘、两侧做出卷曲造型，
或为文献所称"如意冠""朵云冠"一类的

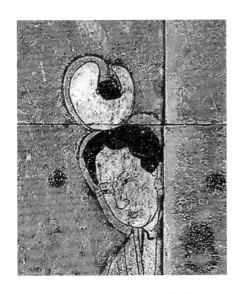

图 7-2-1-13　河南新安石寺李村宋四郎墓壁画

图 7-2-1-14　**椭球形银冠**
安徽舒城三里村宋墓中出土。

图 7-2-1-15　**南宋陈清波《瑶台步月图》**

冠子。江苏常州从春江镇宋墓所出土一例，冠体两侧做出内卷造型似如意状，底座还插有一枚小簪左右贯穿（图 7-2-1-16）；江西德安南宋咸淳十年周氏墓中，周氏发髻上罩有一"金丝彩冠"，以织物缝制而成，大体呈半圆形，上缘以金线缝出若干双弧形边如云形[1]，或即朵云一类小冠。南宋《蕉阴击球图》

---

① 周迪人等.德安南宋周氏墓［M］.南昌：江西人民出版社，1999.

图 7-2-1-16 **小冠**
江苏常州从春江镇宋墓出土。

图 7-2-1-17 **金冠**
安徽安庆范文虎太夫人陈氏墓出土。

图 7-2-1-18
南宋《蕉阴击球图》仕女戴冠

图 7-2-1-19
《荷亭奕钓仕女图》仕女戴冠

（图 7-2-1-18）、《荷亭奕钓仕女图》所绘仕女（图 7-2-1-19），头戴冠子二种均有。

此类冠还延续至元代汉人女性，著名的一例为安徽安庆范文虎太夫人陈氏墓所出的金冠，高 5 厘米、长 12 厘米、宽 9 厘米，底有大孔以套发髻，前后两片如意云形薄金片扣合，有穿眼供插簪固定，顶部开口中央有云形薄片，周身錾刻缠枝花纹，花内填鱼子地，并嵌有珠宝为花蕊（图 7-2-1-17）[①]。陈氏生于南宋后入元，其首饰冠子依然维持了南宋样式。

在贵州遵义南宋末年的播州土司杨价夫人田氏墓中，还发现一件华丽的大型金冠，冠前正中插有一只尾羽上扬的金鸾凤，两侧插有四枝长花簪，两扇金鬓髻，垂有两只类似博鬓的金饰。但冠体本身却是南宋式的如意形小冠（图7-2-1-20）[②]。此冠虽为金凤冠，应为土司夫人礼服使用，但和前节所述的中原宋式礼服使用的龙凤花株冠分属不同系统，是在宋式日常冠子的基础上，踵事增华，添加凤、簪及古老的鬓髻型饰而成的特殊礼冠。与北宋同期的《西夏译经图》中描绘有西夏惠宗之母汉族皇太后梁氏，头戴也是类似的冠式（图 7-2-1-21）。

[①] 白冠西.安庆市棋盘山发现的元墓介绍 [J].文物参考资料,1957,（05）.
[②] 周必素，彭万.遵义新蒲村杨氏"土司"墓地 [J].南方文物,2015,（01）.金冠由中国社会科学院考古研究所进行提取，正式报告尚未发表，图像取自纪录片《土司遗城——海龙屯》。

图 7-2-1-20　**金冠**
贵州遵义南宋末年的播州土司杨价夫人田氏墓出土。

二 簪

图 7-2-1-21
《西夏译经图》梁氏皇太后头冠

　　两宋时代的簪依然是常见的一类男女首饰，承担了固冠、绾发、装饰的功能。簪几乎是男性唯一使用的首饰，和前代一样基本仅用于固冠；女簪本用于绾发，由于宋代女性戴冠之风大为兴盛，所以还形成了一些专门用于固冠的女用长簪，是宋簪中的新品种。除固定的实用功能外，女簪更有装饰的重要用途，簪首露出部分有各种装饰手法，也形成样式繁多的各式花簪。

　　相比于唐代，宋代花簪的立体造型更加丰富，从前代以平面錾刻、镂鍱为主发展出各种精巧的空心锤鍱立体造型。尤其还有将多首装饰集中在同一簪上的做法也逐渐兴起，装饰性强，和当时的多首钗属同类趣味。

在材质方面，金属类簪最多见，如金簪、鎏金银簪、银簪、铜簪、铁簪等，以金簪、鎏金银簪样式最繁复华丽，银簪装饰稍简但出土比例高。还有玉簪、琉璃簪、骨簪等，样式更为简单。

宋代文献中关于各种簪式的特定名记录不多，或冠以材质直接称呼如金簪，或以题材称呼如凤簪，或尚未形成详细的形态称谓，难以具体分类称呼。所以我们根据外形的不同，分为普通的直簪、戴帽的帽头簪、加以各种花式造型的花头簪、簪首多头并联的多首簪、龙凤主题的龙凤簪及簪首一束象生花叶的花枝簪等几类分别介绍，并推测可能的称呼。此外，还有一些特殊簪式，在簪首部分模仿钗形或直接装梳，插戴后露出部分与钗、梳无异，为便于描述，归在钗、梳部分详述。

（一）直簪

直簪是最简单的一种簪式，簪挺笔直，簪首略粗，有时稍作折曲；簪脚尖细或圆钝，少有装饰。可用金银、玉、骨、琉璃等制成，尤其是铜、玉、玻璃、水晶、玛瑙类簪，大多是样式简洁无装饰的直簪。浙江杭州玉皇山南宋墓出土的一件湖蓝色玻璃簪，长14.5厘米，簪首平头圆形，簪身至簪脚渐细，剖面转为三角（图7-2-2-1）[1]，此簪为蓝色玻璃制成，即宋人所说的药玉。浙江诸暨陶朱山南宋武氏墓出土的水晶簪，长18.3厘米，整体呈尖锥形（图7-2-2-2）。浙江衢州史绳祖墓出土两件直金簪，以及一件玻璃簪，均为简单的直簪[2]。

图 7-2-2-1　**湖蓝色玻璃簪**
浙江杭州玉皇山南宋墓出土。

图 7-2-2-2　**水晶簪**
浙江诸暨陶朱山南宋武氏墓出土。

① 蔡玫芬主编.文艺绍兴 南宋艺术与文化 器物卷［M］.台北：台北故宫博物院，2010.
② 崔成实.浙江衢州市南宋墓出土器物［J］.考古，1983，（11）.

图 7-2-2-3
宋哲宗皇后像，玉直簪由后往前贯穿插戴

图 7-2-2-4
江苏吴县金山天平出土碧玉簪，出土时直接插在白玉发冠上

图 7-2-2-5
宋宣祖像，冠上横贯方头直玉簪

直簪可用于固冠，男女通用。插戴方式多为从冠孔自后向前插入。如宋哲宗皇后像，头戴黑色冠子，玉直簪由后往前贯穿插戴，簪脚露在冠子前中（图 7-2-2-3）。河南登封唐宋庄北宋墓壁画中，有一位头戴白冠的女性，直簪也从后往前贯穿白冠，冠前的圆孔露出尖尖的簪脚。江苏吴县金山天平出土的一件碧玉簪，簪体圆锥状，簪首稍作弯曲，出土时便直接插在白玉发冠上[1]（图 7-2-2-4）。若直接插戴在髻上，多为横向或斜向插戴，即扬无咎词中的"初睡起，横斜簪玉"。

（二）帽头簪

在长簪的簪首加装帽头，有方头和圆头两种。方头簪即男性礼服冠如衮冕、通天冠、进贤冠等所用的固冠之簪，形态、材质和隋唐制度大体类似，详制于前文隋唐章已说明，不再赘述。其以玉为最高级，皇帝大裘、衮冕用玉或"金饰玉簪"，皇太子衮冕、远游冠用犀簪，群臣用犀玳瑁、犀角簪，左右"横贯于冠"，南熏殿旧藏宋代诸帝像中的宋宣祖像，身穿绛纱袍，头戴通天冠，冠上便横贯一支直玉簪，由右至左插戴，冠右侧可见方帽头（图 7-2-2-5）。

图 7-2-2-6
赵鼎朝服像，冠上横贯方头犀角簪

---

① 杨伯达主编. 中国玉器全集 5 隋·唐—明［M］. 石家庄：河北美术出版社，1993.

639

另有一种长脚圆头簪，簪首一般为一个带插孔的圆球，簪身一般为一根细圆形的长杆，通长至少十五六厘米，甚至可达 30 厘米以上，属于女用固冠簪，是很具有代表性的宋式新簪式。圆首长脚簪在北宋女性墓葬中很常见，合肥北宋马邵庭夫妇合葬墓、安徽南陵铁拐徐绩母管氏墓、江西永新北宋刘沆墓、江苏常州红梅新村宋墓、江苏无锡市郊北宋墓、安徽舒城县三里村宋墓等地都有发现。安徽南陵管氏墓约葬于北宋元符间，簪脚细长，簪首以莲瓣托起一圆球[①]；常州北环工地出土的一件，通长 18.2 厘米，球形下部为莲瓣纹，中部为两只飞凤，飞凤周围为云气纹，金球中空，内为木质蕊（图 7-2-2-7）[②]；合肥马邵庭夫妇墓中出土的鎏金银簪，簪首也为一枚莲瓣扁球，还錾刻有凤鸟纹，长达 30 厘米[③]，是相当长的一例。

　　长脚圆头簪在北宋墓葬中的大量发现，与女冠在当时的流行有关，细长的簪脚能贯穿团冠前后，探出的簪首圆球既有装饰功能，又防止簪子滑落。在北宋墓葬壁画和传世绘画中，举凡戴冠的女性几乎都可以看到冠前中央露出的一截带圆头的簪首，冠后往往还露出簪脚，整体呈首尾下垂的半弧状，贯穿冠体前后。如河南登封大金店乡箭沟村北宋晚期墓壁画所绘（图 7-2-2-8）。有时也单插在头顶团髻中，如河南登封唐宋庄宋墓所绘（图 7-2-2-9）。安徽舒城县三里村宋墓出土团冠，同时出有一支通长 26.5 厘米的长脚圆球簪，恰好说明其用途。

图 7-2-2-7　**圆头簪**
江苏常州北环工地出土。

图 7-2-2-8
河南登封大金店乡箭沟村北宋晚期墓壁画，长簪插冠

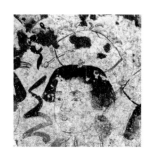

图 7-2-2-9
河南登封唐宋庄宋墓壁画，直接插髻

① 郝胜利等.安徽南陵铁拐宋墓发掘简报［J］.文物,2016,（12）.
② 陈丽华主编.常州博物馆 50 周年典藏丛书 漆木・金银器［M］.北京:文物出版社,2008.
③ 彭国维.合肥北宋马绍庭夫妻合葬墓［J］.文物,1991,（03）.

图 7-2-2-10　**扁金簪**
四川彭州南宋窖藏。

图 7-2-2-11　**并蒂瓜头簪**
浙江德清武康银子山出土。

（三）花头簪

　　将簪首做成各种造型的簪式，我们不妨泛称其为花头簪。簪体形态有好几种，包括扁簪型、花筒型、锥脚型，簪首花头题材则包括各种花朵、瓜果、花瓶、禽鸟，甚至手、如意等特殊造型，主要流行于南宋。

　　一类为扁簪，将簪首装饰面扁平化扩大，增加装饰面积，其上锤鍱、錾刻、镂空出各种纹样，下为扁平收尖簪脚，是唐代已出现的一种造型方法[1]。扩大的簪首面可为拨形，簪顶略平弧，上宽下窄，此类在宋代使用不多，四川彭州南宋窖藏一例金簪，簪首联珠框内锤錾鱼子地花草纹（图7-2-2-10）[2]。浙江德清武康银子山出土的一组并蒂瓜头簪，簪首为片状大体呈长三角拨形，镂空并蒂瓜实，花叶繁茂，簪身錾刻卷草纹（图7-2-2-11），类似构图的瓜果头花簪在浦江、临安、临海、德清等地也有发现，是颇具南宋趣味的时兴样式。

① 扬之水将此种簪式称之为"搔头式"，详见《中国古代金银首饰·一·第三章》。

② 成都市文物考古研究所，彭州市博物馆编著. 四川彭州宋代金银器窖藏[M]. 北京: 科学出版社，2003.

图 7-2-2-12　**麒麟凤纹金簪**
南京幕府山宋墓出土。

① 朱兰霞.南京幕府山宋墓清理简报[J].文物,1982,（03）.

② 崔成实.浙江衢州市南宋墓出土器物[J].考古,1983,（11）.

③ 石超主编.错彩镂金浙江出土金银器[M].杭州:浙江人民美术出版社,2016.

簪首也可扩大为梭状或长叶状，略微凸起，其上装饰华丽复杂的纹样，如南京幕府山宋墓出土的麒麟凤纹金簪，上半部锤打出麒麟、凤、灵芝以及如意祥云（图 7-2-2-12）①，浦江白马高圩窖藏的银鎏金簪，簪首双凤穿梭于牡丹丛中，更加立体（图 7-2-2-13）。更精巧者，锤鍱立体花型结合镂空衬底制作成玲珑繁复的图案，同出另一例的凤鸟穿花鎏金银簪，衬底为镂空纹（图 7-2-2-14）；浙江龙游出土的镂空人物鎏金银簪，甚至做成一幅树下仙人童子场景，再衬以镂空流云花卉底，四周还有一圈镂空花饰（图 7-2-2-15）。从图案方向上看，此类簪应是横向插戴。

扁簪簪首还可以做出伸出翘起的小装饰。有的做成小如意状，为"如意簪"，是宋代新样式。衢州史绳祖墓所出的一件金簪便是此样式，簪首略宽，顶端做出起翘的小如意头，簪身有卷云和缠枝花纹（图 7-2-2-16）②。福建邵武故县窖藏的另一例，簪形做细长柳叶型，上半段锤鍱出立体的荔枝等瓜果花卉，簪顶也有一上翘的小如意；还有的簪首伸出一截小耳挖，浙江浦江白马高圩窖藏的一件银鎏金簪，簪身錾刻莲花纹，簪首为耳挖形（图 7-2-2-17）③，浙江临

图 7-2-2-13　**凤穿牡丹纹簪**
浙江浦江白马高爿南宋窖藏出土。

图 7-2-2-14　**镂空凤鸟穿牡丹纹簪**
浙江浦江白马高爿南宋窖藏出土。

图 7-2-2-15　**镂空人物鎏金银簪**
浙江龙游出土。

图 7-2-2-16　**如意头金簪**
浙江衢州史绳祖墓出土。

图 7-2-2-17　**耳挖头银鎏金莲花纹簪**
浙江浦江白马高爿南宋窖藏出土。

图 7-2-2-18　**凤戏牡丹鎏金银簪**
浙江临安杨岭宋墓出土。

图 7-2-2-19　**花筒簪**
江苏金坛尧塘西榭村银器窖藏。

图 7-2-2-20　**花筒簪**
浙江东阳金交椅山出土。

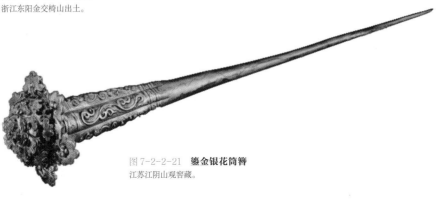

图 7-2-2-21　**鎏金银花筒簪**
江苏江阴山观窖藏。

　　安杨岭南宋墓出土的凤穿牡丹鎏金银簪，簪身扩大为上大下小的扁拨形，打造出牡丹、凤鸟纹样，簪首也是一支小巧的耳挖（图 7-2-2-18）。

　　另一类新样式为花筒簪，先在金银薄片上锤镂、錾刻出细密纹样图形，再卷成头大脚细的锥形花筒，再另外打造一片花帽头扣在筒顶，制成空心的花筒簪。《碎金·服饰篇》中有"花筒"，筒型切面或圆如江西临川南宋朱济南墓（图 7-2-2-19）以及浙江东阳金交椅山出土的花筒簪（图 7-2-2-20），或四棱方形、或多边形、或瓜棱形（图 7-2-2-21）。有的在将薄片做成镂空花形，

图 7-2-2-22　**金镂空龙纹花筒簪**
江苏南京幕府山宋墓出土。

图 7-2-2-23　**花筒簪**
江苏金坛尧塘西榭村银器窖藏。

图 7-2-2-24　**花瓶簪**
湖南临澧柏枝乡南宋窖藏。

① 朱兰霞. 南京幕府山宋墓清理简报［J］. 文物,1982, （03）.

② 石超主编. 错彩镂金浙江出土金银器［M］. 杭州：浙江人民美术出版社，2016.

③ 湖南省博物馆编著. 湖南宋元窖藏金银器的发现与研究［M］. 北京：文物出版社，2009.

如江苏南京幕府山宋墓出土的一件金镂空龙纹花筒簪（图 7-2-2-22）①、江苏金坛尧塘西榭村窖藏及浙江永嘉南宋窖藏出土的银镂空四方花筒簪（图 7-2-2-23）②，镂空透气，应当是明初记载里提到的"凉筒"，或者《碎金》所列的"虚头"。

还有一类长脚簪，簪脚为圆锥、圆杵、细杆或扁细杆状，簪首装饰各式各样的单独立体装饰，以写实题材为多，比如牡丹、菊花、荷花等四季花朵，荔枝、葫芦等瓜果，还有花瓶、云月、禽鸟等，千变万化。湖南临澧柏枝乡南宋窖藏（图 7-2-2-24）③、江西德安周氏墓出土的银簪，簪首均为花瓶状。高邮窖藏一批长脚簪，

图 7-2-2-25　**云月簪**
浙江浦江白马窖藏。

图 7-2-2-26　**莲花长脚金簪**
江阴夏港宋墓出土。

① 龚良主编. 金色江南
江苏古代金器 [M]. 南京:
江苏美术出版社，2008.

均为成对出土，包括花朵、云托日月（图 7-2-2-25）、
凤鸟等。长脚簪簪首也有打作更复杂花型的，如江
阴夏港宋墓出土的莲花长脚金簪，细长的簪脚长达
36.1 厘米，顶端做九重莲瓣，花芯伸出一根莲蓬，
周围装饰细小慈姑叶、莲叶（图 7-2-2-26）①。

　　花头簪的装饰面积较大，有些样式比如扁簪、花
筒簪，花饰部分甚至达到全长的一半以上，所以此
类簪主要应是插在髻上作为装饰使用。锥脚簪仅在
簪顶做花头，簪身细长，有些可达 30 厘米，其功能
可能与帽头簪类似，可作为贯穿冠子、发髻的固冠簪。

（四）多首簪

　　将两支、三支甚至更多花头簪并联，共用一个
簪脚，则成为一类多首簪，插好以后形如同时插戴
了多支簪，方便使用，又能保持相互之间形态固定。
各式花头簪比如扁簪、花筒簪都可以做成多首簪。

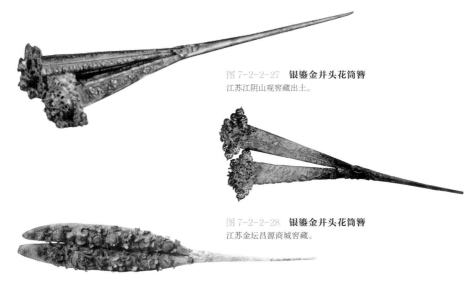

图 7-2-2-27　**银鎏金并头花筒簪**
江苏江阴山观窖藏出土。

图 7-2-2-28　**银鎏金并头花筒簪**
江苏金坛昌源商城窖藏。

图 7-2-2-29
银鎏金龙凤花卉纹并头簪
江苏金坛尧塘西榭村银器窖藏。

① 唐汉章主编.江阴文物精华 馆藏版［M］.北京：文物出版社，2009.

　　江苏江阴山观窖藏出土的一例银鎏金并头花筒簪，两个花筒一为瓜棱形、一为四棱形，顶端所扣的花帽样式也不同，插在发髻上有如两支花筒簪一样（图 7-2-2-27）①，江苏金坛窖藏银鎏金并头花筒簪，两只花筒一高一低，顶端花帽斜扣（图 7-2-2-28）。江苏金坛尧塘西榭村银器窖藏的银鎏金龙凤花卉纹并头簪，簪首则是两片长叶形扁簪（图 7-2-2-29）。

　　如果要安置更多的花头，还会在簪首上安置一根弧形的横枝、横梁，梁上可以焊接二、三、五、七个甚至更多的簪首花。此类多首簪若参照永乐本《碎金·服饰篇》所开列的名目，可称为"桥梁"簪。

　　桥梁式簪在南方尤其是南宋墓、窖藏中大量发现，簪首花头形态各异，形成了若干流行的款式，有花朵形、花筒形、如意头形、扇面形、锥棱形等等，除了花朵形外，其他大多都是从模仿折股钗首造型演变而来，也是模拟多钗并排的效果，是宋代簪式里很有特色的一类。出土时往

图7-2-2-30 **三头簪**
江苏江阴山观窖藏。

往多款同出，比如江苏江阴山观窖藏、江苏金坛尧塘西榭村窖藏、浙江浦江高爿窖藏、浙江永嘉下嵊南宋窖藏、湖北黄石西塞山南宋墓等等。由于多首簪横梁较宽，插戴时有时很可能为正面插于髻中，露出簪首一排花饰。

花朵造型是其中主要的一类，可用金银片锤鍱出立体的绽放花朵，或形如花苞的椭圆球形空心花头，表面锤鏨或镂雕花卉图案。江苏江阴山观窖藏出土一批多首簪，簪首为立体花朵（图7-2-2-30、31）或椭圆球形花头（图7-2-2-32），簪首数目从二至七不等[1]。相同的样式在江浙各地多处

① 唐汉章主编. 江阴文物精华 馆藏版 [M]. 北京：文物出版社，2009.

图7-2-2-31a **桥梁簪**
江苏江阴山观窖藏。

图7-2-2-31b **桥梁簪细节**
江苏江阴山观窖藏。

图7-2-2-32 **花头簪**
江苏江阴山观窖藏。

图 7-2-2-33　**银鎏金二头簪**
浙江浦江白马高圩窖藏。

图 7-2-2-34　**银鎏金三花头簪**
浙江浦江白马高圩窖藏。

图 7-2-2-35　**双花头镂空花卉簪**
浙江长兴泗安镇初康村出土。

图 7-2-2-36　**三花头鎏金银桥梁簪**
浙江长兴泗安镇初康村出土。

图 7-2-2-37　**三头簪**
江苏南京幕府山宋墓。
钗首仿膨大回绕的 U 形。

均有发现，浦江白马高圩窖藏的银鎏金二头、三花头簪，由两片锤鍱牡丹纹银片合成椭圆球，顶饰菊花（图 7-2-2-33、34）。浙江长兴泗安镇初康村也有出土椭圆球式花头，但表面做镂空缠枝花卉纹（图 7-2-2-35），同出的另一款三花头鎏金银桥梁簪，簪梁装的三只鎏金绽放花朵，花瓣上也有各种镂空图案（图 7-2-2-36）。

另一类簪头造型由折股钗首发展而来。江苏南京幕府山宋墓出土的三头花果金簪[1]，簪头用细金丝做成复杂细腻的镂空花果图案（图 7-2-2-37），但整体观之可见 U 状回绕的形态，其实便是模仿折股钗而膨大装饰化。由 U 型折股基本型，进而演变出好几种更加复杂的花簪头样式流行一时。常见一式为扇面，簪首为上大下小的空心扇面

① 朱兰霞. 南京幕府山宋墓清理简报［J］. 文物,1982,（03）.

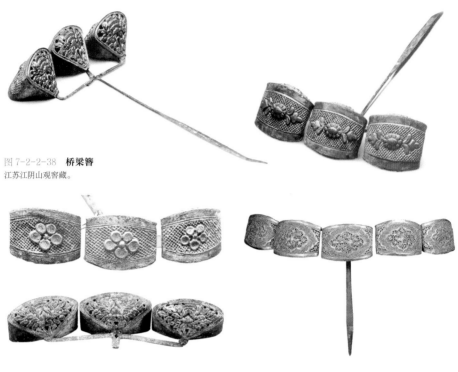

图 7-2-2-38　**桥梁簪**
江苏江阴山观窖藏。

图 7-2-2-39
双花头鎏金银簪顶面斜格地花朵与侧面花卉纹
浙江永嘉下嵊山下村。

图 7-2-2-40　**五头花簪**
江苏江阴夏港宋墓。

体，两侧为扇形框，框内填以大朵花卉等图案，中心偏下依然做出一条尖角缺口象征折股，顶端为一弧形面，通常以网格铺地，中有纹饰或开光图案（图7-2-2-38、39）。江苏江阴夏港宋墓出土的五头花簪，为并列的五枚扇形簪首，顶端菱花开光内装饰的是凤凰孔雀穿花题材（图7-2-2-40）。这种钗首形桥梁花头还有做出更精细画面的，江苏金坛西榭村窖藏的一例甚至在顶端菱花式开光里镂雕出各不相同的五幅人物故事图景（图7-2-2-41）。

扇面形也可改为如意云头形，见于浙江永嘉下嵊窖藏的如意双头鎏金银钗，两面做如意云头形，下有长条缺口，顶端为球路花卉纹（图7-2-2-42）。还有一种多面体锥棱形，同出于下嵊窖藏的另几例双花头鎏金银钗，横枝两端嵌置两颗锥棱形镂空饰，各面镂刻斜方格、球路纹、草花纹宛如槅扇窗，两面的缺口形如小门，顶端饰三重菊花，钗杆錾刻"京溪供铺功夫"，属于锥棱型加顶花式（图7-2-2-43）。

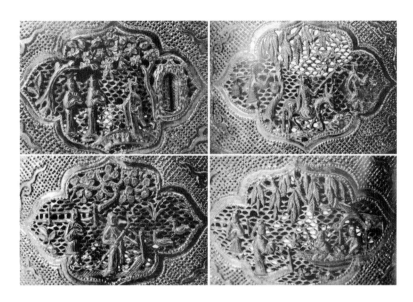

图 7-2-2-41
人物故事扇面形钗首顶部开光内人物故事图细节
江苏金坛西榭村窖藏。

图 7-2-2-42
如意双花头鎏金银钗
浙江永嘉下嵊山下村。

图 7-2-2-43a
双锥棱花头鎏金银钗
浙江永嘉下嵊山下村。

图 7-2-2-43b
双锥棱花头鎏金银钗顶端三层菊花纹局部
浙江永嘉下嵊山下村。

（五）龙凤首簪

龙凤首簪在唐时已有，宋代龙凤簪首进一步做成立体的凤首或龙首形，并横接簪柄。相较于其他簪式，工艺和造型都更加精细繁复，使用掐丝、锤鍱、镶嵌、錾刻等细金工艺。

江苏涟水妙通塔北宋地宫出土一件金凤簪首，凤颈弯曲横接簪身，并有一对小翅膀[1]（图7-2-2-44）。上海宝山月浦南宋嘉定十七年（1224）谭思通夫人邹氏墓中，出土一件凤首金簪，簪首镂刻凤首，喙顶焊接一束莲花。颈焊圆管与簪身套接，簪身扁平背部锤錾梅花纹，中部渐宽，尾部收尖，弯弧舒展如虹。全长17.5厘米，凤首向前探出。由于簪身扁平，似为挽发簪而非插入冠孔的固冠簪（图7-2-2-45）[2]。

上海宝山谭伯龙夫妇墓出土的另一件龙首金簪则采用了花丝工艺，以金丝编成龙首、龙角，用小金片铺叠鳞片，簪脚用金丝掐成海棠形镂空框架，玲珑剔透，与后世所说可通气的"通簪"接近（图7-2-2-46）[3]。其龙首略下倾，也属于横插挽发簪。山东栖霞慕家店出土的一件龙凤簪，制作更加精细，龙凤结合，并且玉、鎏金铜、银几种材质组合，簪首为白玉雕刻并涂朱的凤首，簪脚为银质，簪身中段套接铜鎏金缠枝花铜管，其上饰有一鎏金铜龙。还有一类凤形簪，则属于前举长脚簪类，通常成对制作，一鸾一凤安置在簪首（图7-2-2-47），可能是明初记载里提到的"飞凤压鬓"一类。

从龙凤首簪首的方向看，此类簪应当都是横插簪。可左右横插在髻上为挽发簪，也可自前往后插戴作为固冠簪。南宋《招凉仕女图》中右侧戴高花

① 张学明等.江苏涟水妙通塔宋代地宫[J].文物,2008,（08）.

② 上海市文化广播影视管理局,上海市文物局编.文化上海·典藏 上海出土文物精品选[M].上海：上海古籍出版社,2015.

③ 同②。

图 7-2-2-44 **金凤簪首**
江苏涟水妙通塔北宋地宫出土。

图 7-2-2-45 **凤首金簪**
上海宝山月浦南宋谭思通夫人邹氏墓出土。

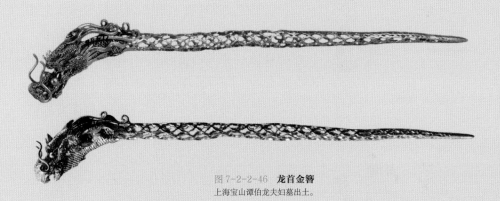

图 7-2-2-46 **龙首金簪**
上海宝山谭伯龙夫妇墓出土。

图 7-2-2-47 **鸾凤簪**
浙江浦江白马高兵窖藏。

图 7-2-2-48
南宋《招凉仕女图》戴高花冠仕女，冠前正中插戴凤首簪

图 7-2-2-49 **金簪**
湖南临湘陆城南宋墓出土。

图 7-2-2-50 **银鎏金簪**
安徽南陵铁拐北宋墓出土。

① 周世荣.湖南临湘陆城宋元墓清理简报［J］.考古,1988（01）；扬之水.中国古代金银首饰［M］.北京：故宫出版社,2014.

② 郝胜利,程京安,杨小宝,张辉,李新民,孙茂梅.安徽南陵铁拐宋墓发掘简报［J］.文物,2016,（12）.

冠仕女，冠前正中插戴的便是一支凤首簪（图7-2-2-48），与涟水妙通塔出土者庶几无差，属于高级的女用固冠簪。江西波阳宋熊本妻墓出土的长脚金簪，长35厘米，簪首打作龙头，簪柄上部打作龙身，应都是作固冠之用，露出簪首及簪柄上部装饰，如河南登封唐庄宋代壁画墓M2墓室东北壁壁画女子所用固冠之簪与江阴夏港莲花金簪十分相似。

（六）花枝簪

宋代有一类花簪，簪首为一束多枝象生花叶。湖南临湘陆城南宋墓出土的一支金簪，簪首接出一束六枝金水仙花和若干长叶（图7-2-2-49）①；安徽南陵铁拐北宋墓出土的一支银鎏金簪，扁条形簪首缠绕八枝螺旋细丝，枝头缀四花四叶（图7-2-2-50）②。

这种可随步摇颤的花枝簪，在宋代或被称为"步摇"，与唐以前的传统步摇形态相似。宋无名氏《采兰杂志》："人谓步摇为女髻，非也。盖以银丝宛转，屈曲作花枝，插髻后随步辄摇，以增媚娟，故曰步摇。"宋代词人谢逸有词《蝶恋花》"拢鬓步摇青玉碾。缺样花枝，叶叶蜂儿颤"，特别描绘了步摇上颤动的花枝和蜂蝶。

宋代步摇插戴应更为随意自由，与宋代盛行的簪花风俗有一定关系，可在冠子、发髻旁侧插一两枝。山西繁峙下永兴北宋墓壁画中的妇人，头戴团冠，冠左右侧各插戴大朵花，或为鲜花，或为象生花、首饰花。江西赣州慈云塔所出的北宋画中，有一高髻老妇，髻后一侧插有一支金簪

图 7-2-2-51　**高髻老妇**
江西赣州慈云塔所出的北宋画。

图 7-2-2-52　**妇人冠侧花簪**
河南登封李守贵墓壁画。

钗，上有舒展的花朵、花叶（图 7-2-2-51）。河南登封李守贵墓壁画的妇人冠侧，也可以看到缀有花叶的首饰（图 7-2-2-52），当为此类步摇花枝簪。

三 钗

　　两股钗是女性专用首饰，用于固定发髻和装饰，是宋代女性首饰中着墨最多、形式最繁、装饰性最强的一类头饰。虽然尺寸在缩小，但两宋时代钗的整体发展为由简至繁，并且大多形式都被元代继承。

　　宋代钗基本形式有折股钗、花头钗、多首钗等。其中折股钗根据其上纹样装饰不同，又有素面、錾花、缠丝、竹节、钑花等几种；更繁则还有立体的花筒钗和各式精致的花头钗；在此基础上，数股钗首并联共用一对钗脚成为多头钗，又形成"连二、连三头"钗，甚至十几、数十股钗首连成弧形梁的"桥梁式"钗，是宋式钗的一大特色样式，并延续至元。此外还有若干特殊形式，如一般搭配冠子插戴在后侧的"博鬓式"钗等等。南宋本《碎金》在"钗钏"条中罗列了"挟鬓、看钗、裹钗、金钗"四词，其中"挟鬓"有可能指简单折股钗，"看钗"可能指装饰性较强的花头钗，"裹钗"指代不明，若从南宋主流钗式来看，有可能指成排钗首的桥梁式，取其裹于发髻之上意。

　　钗的材质与簪情况类似，金属类钗数量大、形态多、装饰手法复杂，玉石、玻璃、骨牙类则稍简，多为基础造型。

因钗是双股，当时也取其"成双"的含义作为婚姻的重要信物，并形成一些相关风俗。比如相亲时以插钗作为定亲信物，《东京梦华录》"娶妇"条："若相媳妇，即男家亲人或婆往女家看中，即以钗子插冠中，谓之'插钗子'；或不入意，即留一两端彩缎，与之压惊，则此亲不谐矣。"《梦粱录》卷二十"嫁娶"条中也有"如新人中意，即以金钗插于冠髻中，名曰插钗"。若是离婚，女子则要"分钗"，贺铸《绿头鸭》词中说的"翠钗分，银筏封泪，舞鞋从此封尘。"

作为贵重之物，金银钗在当时也可作为财富象征，以及一些祝福仪式道具。宋代在满月仪式时，还会举行"洗儿会"，在银盆中"煎香汤"，将各色洗儿果子彩钱葱蒜投入其中，再由长辈用金银钗搅动银盆之水，称为"搅盆钗"，希望孩子未来能大富大贵。

（一）折股钗

简单实用的折股钗使用最多。常用金、银鎏金、银、铜等金属实心质地，以银为多。一般用一根长金属条对折而成，往往钗首尾稍粗，而中段细圆；股距很窄几乎贴合，便于固发。为便于绾发，钗首有时做出弯折造型。

钗身可为素面，钗首、钗身或钗尾有时有铭文记录作坊名号、时间等信息。此类是最基本的款式，出土很多，长度较长，多在十几甚至超过二十厘米，可以贯穿全髻，作为日常功能性插戴，如江西彭泽北宋易氏墓出土的银钗，长达24厘米（图7-2-3-1），湖南临澧柏枝南宋窖藏的银钗，钗首有铭文记号（图7-2-3-2）[①]。

① 彭适凡，唐昌朴.江西发现几座北宋纪年墓［J］.文物,1980,（05）.

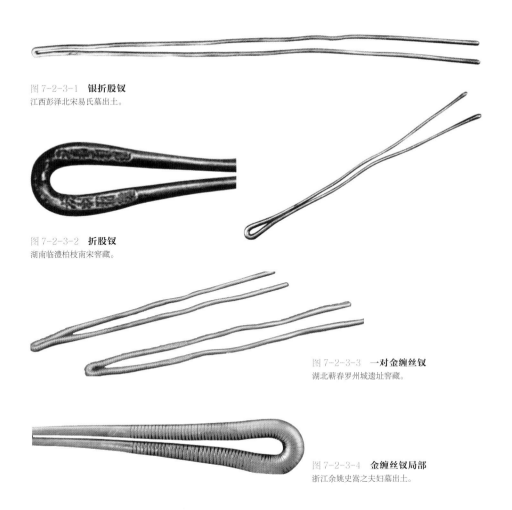

图 7-2-3-1　**银折股钗**
江西彭泽北宋易氏墓出土。

图 7-2-3-2　**折股钗**
湖南临澧柏枝南宋窖藏。

图 7-2-3-3　**一对金缠丝钗**
湖北蕲春罗州城遗址窖藏。

图 7-2-3-4　**金缠丝钗局部**
浙江余姚史嵩之夫妇墓出土。

① 扬之水对此几种装饰手法曾有详细论述，详见《中国古代金银首饰·一》第三章宋元"折股钗"节。

② 段涛涛，王宏彬，田广生，张辉国，聂爱华．湖北省蕲春县博物馆馆藏宋代金器［J］．江汉考古，2010，（02）．

　　除了素面外，也可在钗首部分錾刻、钑打出纹样。钗首为插戴后露出的主要部分，是装饰重点，有几种当时流行的做法①。一是"缠丝"，即密集缠绕的弦纹，是宋式折股钗里较普遍的一种装饰法，其名见于反应宋元做法的明初本《碎金·服饰篇》。实例如湖北蕲春罗州城遗址窖藏出土的两对金缠丝钗，长 18 厘米左右，钗首缠丝疏密不同，钗脚压印戳记（图 7-2-3-3）②。浙江宁波余姚开庆元年（1259）史嵩之夫人赵氏墓出土的缠丝折股金钗，长 8.1 厘米，是南宋末较短的一例（图 7-2-3-4）。

① 王振铺等.邵武故县发现一批宋代银器[J].考古,1982,（01）.蔡玫芬主编.文艺绍兴 南宋艺术与文化 器物卷[M].台北故宫博物院,2010.

② 王振铺等.邵武故县发现一批宋代银器[J].考古,1982,（01）.

③ 郭俊峰,何利,王兴华,李铭,郝素梅,常祥,刘秀玲,吴萍萍,郝颖.济南老城区卫巷遗址出土的宋代金银器窖藏[J].中国国家博物馆馆刊,2016,（06）:41-53.

另一种可称"竹节"，也是宋代新出现的流行做法，在钗首部相隔一定距离装饰一圈凸起圆轮，似竹节状。《碎金》列有"竹节钗"，即指此式。如福建邵武故城南宋窖藏出土一例，节间距比前举缠丝更宽而接近竹节造型，似可认为即"竹节"（图7-2-3-5）①。济南卫巷遗址窖藏两件银折股钗，长19厘米，钗首装饰的弦纹也属相似的做法（图7-2-3-6）。

还有的在钗首錾刻几何、花纹，或锤鍱出更为立体的细小花饰，可称为"鍱花"。福建邵武故县窖藏（图7-2-3-7）②、江西安义李硕人墓（图7-2-3-8）、四川彭州窖藏等各地出土了多种花样折股钗，其中常见有小花朵、竹叶（图7-2-3-9）等形态。山东济南卫巷遗址宋金窖藏所出的折股钗中，还有在钗首錾出球路纹的实例（图7-2-3-10）③。

以上几种折股钗均是宋代墓葬、窖藏中的常见样式，也往往一处数种同时出土，使用时可组合插戴。插戴方法视发髻不同而异。若是成年妇女最常见的头顶团髻，一般左右横插一长钗，贯穿发髻中部或者偏底部，钗首和钗脚各露出一截在两侧，并且如长簪一样多半两头或钗首向下弯曲。在北宋后期，用一支长钗固髻是非常普遍的做法，从传世绘画、墓葬壁画、石刻中看普通妇人多如此打扮。一般墓葬也常见仅出土一支长钗的实例，如河南白沙2号北宋末墓，仅出土长为16厘米的银钗一支，恰好横置于女墓主头顶，并且此类折股钗出土时往往也是弯曲的状态。宋代话本小说《京本通俗小说·西山一窟鬼》写道："金莲着弓弓扣绣鞋儿，螺髻插短短紫金钗子。"陆游所撰《入蜀记》"有妇人负酒卖，未嫁者率为同心髻，高二尺、插银钗至六支。"都是直接插钗于髻。

图 7-2-3-5 **竹节钗**
福建邵武故城南宋窖藏。

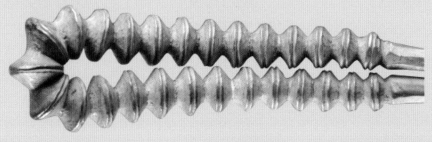

图 7-2-3-6 **弦纹钗局部**
济南卫巷窖藏出土。

图 7-2-3-7 **锞花钗局部**
福建邵武故县窖藏。

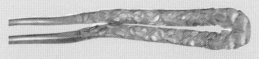

图 7-2-3-8 **锞花钗局部**
江西安义李硕人墓出土。

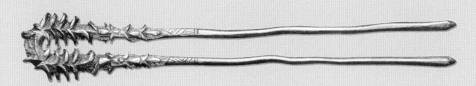

图 7-2-3-9 **竹叶纹折股钗**
浙江兰溪游埠镇出土。

图 7-2-3-10 **球路纹折股钗局部**
济南卫巷窖藏出土。

若是偏垂一侧而挽的偏髻，则自上而下斜插一两支长钗，此类钗则笔直不弯。如山西稷山马村一号墓启门妇人、李嵩《骷髅幻戏图》中所描绘。而少女、幼童所梳的双垂髻、三小髻等发式，则在各髻挽束处自上而下各直插一支钗。苏汉臣《冬日婴戏图》中的白衣幼童，李嵩《货郎图》中的双髻幼女均为此种插戴，前者所插三支钗还隐约可见钗首缠丝纹。

折股钗也有玻璃、玉石、骨角等材质，如浙江杭州文三街出土的南宋蓝色玻璃钗。由于此类材质坚硬不如金属易弯曲，所以有时特地提前制成钗首弯折的造型，便于挽发插戴，如北京房山长沟峪宋墓出土的一件玉钗，钗首向一侧屈曲。南宋绍兴元年赵翁墓出土的捧奁侍女，头上横插冠子的折股钗，钗首即呈向下弯折状。

（二）花头钗

宋代钗首还有一些更繁复的装饰方法，形态比基本的折股钗更立体复杂，在南宋时有可能称为"看钗"，可以都将其归入"花头钗"类一并介绍。

一种属于折股钗首的夸张装饰化，还维持了折股的形态，将钗首做成膨大空心的倒三角钗状，表面锤鍱出花卉造型，两脚尖脚焊接在一起，再往下接出两根细长的扁平簪脚。如浙江德清武康银子山"赵八郎"款银鎏金花头钗（图 7-2-3-11）[1]和临安杨岭宋墓出土银鎏金牡丹花头钗（图 7-2-3-12），由两枚银片锤鍱出牡丹等大小花卉纹饰，扣合成空心大钗首，下置两扁平分叉钗脚。有的还在钗梁顶端打造出更立体的花卉来，比如江苏金坛尧塘西榭村银器窖藏出土的一支银鎏金花头钗，钗首宽达 3.7 厘米，钗顶打造一簇花叶，其下两股膨大的钗身各有一只凤鸟，下接细小的钗脚（图 7-2-3-13）。此类钗首也被花簪大量借用，如前节所述。

一种是《碎金》中提到的"花筒钗"，单股做法和前面提到的花筒簪类似，也是在金银薄片上打造、锤鍱出纹样，再卷成锥形空心筒，两支花筒在合口处并联对接，顶端加装花帽封顶，尾端做出两支钗脚，钗脚或空心、或实心。花

---

① 石超主编. 错彩镂金 浙江出土金银器［M］. 杭州：浙江人民美术出版社，2016.

图 7-2-3-11　**鎏金花头钗**
浙江德清武康银子山出土。

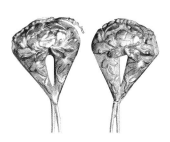

图 7-2-3-12　**银鎏金牡丹花头钗**
浙江临安杨岭宋墓出土。

图 7-2-3-13　**银鎏金花头钗**
江苏金坛尧塘西榭村银器窖藏。

图 7-2-3-14　**银花筒钗**
湖南临澧柏枝南宋窖藏。

图 7-2-3-15　**金花筒钗**
江西安义石鼻李硕人墓出土。

① 湖南省博物馆编著. 湖南宋元窖藏金银器的发现与研究［M］. 北京：文物出版社，2009.

② 刘品三. 安义县发现一座宋墓［J］. 文物工作资料，1977，（06）；扬之水. 南方宋墓出土金银首饰的类型与样式［J］. 考古与文物，2008，（04）.

筒钗在南方各地都有出土不少样式相当接近的实例，如湖南临澧柏枝南宋窖藏出土的 22 支银花筒钗，长度在 15 到 20 厘米间（图 7-2-3-14）①，还有江苏镇江四摆渡工地、江西安义石鼻李硕人墓②、浙江温州下嵊窖藏出土的花筒钗（图 7-2-3-15），钗首锤鍱出的多是四季花卉纹样。

（三）多首钗

还可以将多个钗首并联集合于同一钗脚上，我们统称其为多首钗，以上提到的各式折股钗、花头钗、花筒钗，几乎所有的钗式都可以做成多首钗。

若二首、三首并联，可称为"并头"或"连二、连三头"钗。江西德安南宋咸淳十年（1274年）周氏墓中出土金钗五支，其中三支为连二式钗，钗首呈"丫"字形，弯出两支并头竹叶钗（图7-2-3-16）[1]。

并联方法有几种，如果是折股钗类，最简单的便是将一根长金银条折出若干连续的折股钗形，两端的钗脚加长即可，脚距较宽。若是复杂花头的也可以安装在钗梁上。

大量钗首在弧形钗梁上排列成扇形，若桥状，在《碎金》中称之为"桥梁钗"，钗首数目多寡不一。较早的一例出自江苏南京太平门外王家湾宋墓，钗梁上有13对并头花筒[2]；浙江永嘉下嵊窖藏的一例为五头花钗，顶饰两重菊花（图7-2-3-17）；江西李硕人墓出土的桥梁钗为六对花筒式（图7-2-3-18）；浙江东阳金交椅山南宋墓出土的三件桥梁式金钗，其中两件为9股钑花式（图7-2-3-19），一件钗头做15股，宽11.6厘米（图7-2-3-20）[3]；江苏武进村前5号南宋墓出土的另一例银钗，用银条盘出30枝折股钗，宽16.5厘米[4]；江苏江阴长泾镇梁武堰出土的一支鎏金银钗，钗头并列更是多达33组（图7-2-3-21）[5]。

并联多首钗的设计，当是为模拟头上同时插戴多支钗，又方便插戴，以一支钗完成多钗成组成排的效果。"头上金钗十二行"，多钗成排的插法在

① 周迪人等.德安南宋周氏墓[M].南昌：江西人民出版社,1999.

② 金琦.南京太平门外王家湾发现北宋墓[J].考古,1961,（02）.

③ 吕海萍.东阳金交椅山宋墓出土文物[J].东方博物,2011,（02）.

④ 陈晶,陈丽华.江苏武进村前南宋墓清理纪要[J].考古,1986,（03）.

⑤ 刁文伟,翁雪花.江苏江阴长泾镇宋墓[J].文物,2004,（08）；唐汉章主编.江阴文物精华 馆藏版[M].北京：文物出版社,2009.

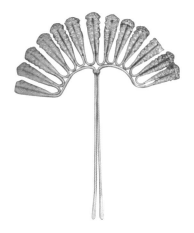

图 7-2-3-16　**金钗，为连二式**
江西德安南宋周氏墓出土。

图 7-2-3-17　**五头花钗**
浙江永嘉下嵊窖藏。

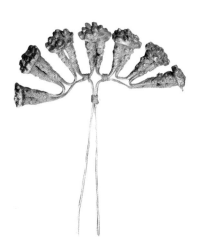

图 7-2-3-18　**六头花筒桥梁钗**
江西安义李硕人墓出土。

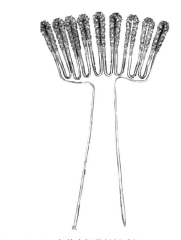

图 7-2-3-19　**九首金钑花桥梁式钗**
浙江东阳金交椅山南宋墓出土。

图 7-2-3-20　**十五首金竹叶桥梁式钗**
浙江东阳金交椅山南宋墓出土。

图 7-2-3-21　**鎏金银钗**
江苏江阴长泾镇梁武堰出土。

图 7-2-3-22
明初《新编对相四言》中
的"钗"

① 扬之水《中国古代金银
首饰·一》中便将此类钗
称为"步摇钗"。

② 杨伯达主编；中国金银
玻璃珐琅器全集编辑委员
会编.中国金银玻璃珐琅
器全集 金银器［M］.石
家庄：河北美术出版社，
2004.

③ 彭适凡，程应麟，秦
光杰.江西永新北宋刘
沆墓发掘报告［J］.考
古,1964,（11）.

④ 段涛涛，王宏彬，田
广生，张辉国，聂爱华.
湖北省蕲春县博物馆藏
宋代金器［J］.江汉考
古,2010,（02）.

汉晋时就已经流行，直到晚唐五代，还是一种重要
的插戴模式。多首钗盛行于南宋，并延及元至明初，
在明初字书中仍可看到（图 7-2-3-22）。南宋贵妇
形象发现较少，已发现写实壁画、绘画上尚没有看
到接近例子。但在两宋、辽金元宗教题材绘画中的
仙女、女神形象里可以看到不少。比如山西太原晋
祠圣母殿迎风壁上绘制的众多女仙，头顶发髻上都
露出成排的钗首如扇形，很有可能即此类多首钗；
此外还有山西高平开化寺北宋壁画中的妇人，头上
也有多支金钗，大体可以了解插戴效果。

（四）博鬓形钗

宋代还有一种长钗，钗首为上翘的弯弧形，下缘
挂有垂饰，形态和插戴位置与礼服冠后所挂的博鬓
很相似，暂以"博鬓形钗"指代之（有垂饰者或可
称为"步摇钗"①）。

典型实例如四川阆中双龙镇宋墓出土两件金钗，长
22.2 厘米，钗首为整体下垂、尾部上收尖的 S 弧形两片
镂空金片合成，内饰牡丹花、葵花、芙蓉花等花叶，边
为一周细金丝。上缘饰瓜果、荷叶，下缘吊饰六枚带叶
桃形饰（图 7-2-3-23）②。此对金钗的插戴方法也当如
博鬓，插于脑后两侧左右垂挂。江西永新北宋刘沆墓
所出的一例，则是银镶水晶簪首（图 7-2-3-24）③。

又如湖北蕲春罗州城遗址出土的南宋龙凤瓜果
钗，钗首有一龙头，吐出一支舞凤，凤口又衔了一
长串花叶瓜果，枝条顺风回飘至龙口，整个钗首恰
呈斜垂的勾状，成为托起凤凰的一朵云。鲜桃、石
榴、荔枝、甜瓜和橘子，依次缀满柔条。钗脚铭曰"十
赤金"，标明成色。也属此类钗（图 7-2-3-25）④。

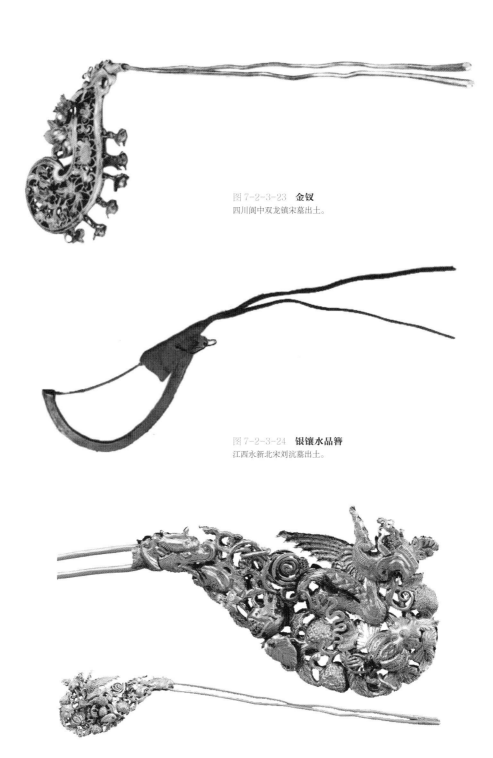

图 7-2-3-23　**金钗**
四川阆中双龙镇宋墓出土。

图 7-2-3-24　**银镶水晶簪**
江西永新北宋刘沆墓出土。

图 7-2-3-25　**南宋龙凤瓜果钗**
湖北蕲春罗州城遗址出土。

图 7-2-3-26
北宋宣祖皇后像双凤花叶珠翠金钗

图 7-2-3-27
河南登封城南庄北宋墓西壁壁画

　　此类钗虽与礼服冠博鬓相似，但并非用于正式的礼服，而搭配于常服盛装冠饰。南熏殿旧藏北宋宣祖皇后像，头戴珠翠莲形冠，侧后便插有斜向下的双凤花叶珠翠金钗，钗首下垂四挂珠串，身着便是常服大袖衫、霞帔，而非袆衣礼服（图 7-2-3-26）。河南登封城南庄北宋墓西壁壁画有一贵妇人，头戴莲花冠，冠后侧也插有一只缘挂垂饰的弯首簪钗（图 7-2-3-27）。

四 梳篦

　　宋代延续晚唐五代大插梳的风尚，流行在头上插戴各种花背梳为饰，是古代插梳之风特别盛行的时期，梳背制作也讲究精美。但梳背、梳齿形态和前代相比有了明显转变。

　　唐代多为半月"梳掌"式梳背，梳背和梳齿之间的分界多为直线，即梳子的上半部全为梳背，装饰面积较大；宋代则转变为"虹桥"式梳背，即梳背装饰为拱形，包接半月形梳齿，增大梳齿面积比例，利于插戴。这种梳形也被元明清所继承。

　　其中又可以分为直接在梳背上雕饰纹样的一体打造梳，在原梳背上包镶金银珠宝装饰的包背梳，在梳背垂挂帘饰的帘梳等几种样式。以包镶包背式最为常见，是最典型的宋式梳。

　　梳子的材质较多，宋吕胜己的《鹧鸪天》"垒金梳子双双耍，铺翠花儿袅袅垂""象牙白齿双梳子，驼骨红纹小棹篦"；毛熙震《浣溪沙》词："慵整落钗金翡翠，象梳欹鬓月生云"；"访闻市肆以缕金为妇人首饰冠子及梳"。提及多种质地，有以各种细金工艺如缕金、垒金打造的梳子、梳背，也有玉石类、竹木类、骨牙角等材质和珍珠、翠羽装饰。梳齿以木齿为多。

其中牙角类质地坚硬、光洁滑润，是很适合制作梳篦的天然材料，白角、犀角、象牙、玳瑁等都是受宋人喜爱追捧的梳篦材质，《燕翼诒谋录》"其后侈靡之风盛行，……梳不特白角，又易以象牙、玳瑁矣"，《百宝总珍集》中也有"玳瑁梳儿"，在当时史料、诗词中很常见。尤其牙梳，是各种牙角中质地最上乘的。在宋代甚至还出现牙梳专卖商铺，吴自牧《梦粱录》中介绍南宋临安行业和著名店铺，除了一般"梳行"，还特别有"官巷内飞家牙梳铺"，专营牙梳。

和宋代其他头饰的流行一样，两宋时期的梳子尺寸也经历过由大而小的变化。由于虹桥式梳背三面均有装饰，所以若要取得足够的装饰面积，梳子的宽度往往需要加大。北宋前中期，梳子的尺寸便一度大到惊人的地步，《宋会要辑稿·舆服四·臣庶服》"皇祐元年（1049），诏妇人冠高毋得逾四寸，广毋得逾尺，梳长毋得逾四寸，仍禁以角为之。先是，宫中尚白角冠梳，人争仿之，至谓之内样。……梳长亦逾尺。议者以为服妖，遂禁止之。"

苏轼在《于潜女》诗中也描述了一种称作"蓬沓"的巨大银梳："青裙缟袂于潜女，两足如霜不穿履。觭沙鬓发丝穿柠，蓬沓障前走风雨。"自注云："於潜女皆插大银栉，长尺许，谓之蓬沓。"当时梳长甚至超过 30 厘米，是相当夸张巨大的尺度。在几番禁止下，梳子尺寸有所收敛，"梳长毋得逾四寸"，基本控制十几厘米以内，南宋梳尺寸甚至相对更小。

宋代梳子的插戴方式，可以插在发髻前后，即苏轼《蝶恋花》所描述的"碧琼梳拥青螺髻"。陆游《入蜀记》描写了少数民族女子佩戴象牙梳子的情景："蜀中女子未嫁者，率为同心髻，高二尺，插银钗至六只，后插大象牙梳，如手大。"便是在发髻后插一枚大牙梳，这在宋代壁画、陶俑形象中也不鲜见。山西高平开化寺北宋壁画中，有一背面妇人，头顶髻后便插戴一支大梳。尺寸相对小的梳子，则可以插戴在两鬓前后、额顶作为压鬓梳，可以插戴三枚、四枚乃至更多。

篦在宋代出土很少，多为双面型，篦齿细密，分布在两侧，是男女梳理发须所用。江苏武进村前南宋墓、江西德州周氏墓出土有实例。

图 7-2-4-1　**角梳**
福建福州南宋黄升墓出土。

（一）一体梳

基本梳型是用同一材质一体打造的梳篦，通常为木梳或玉石、骨牙角类梳，少数为金银片打造。

一种形态较简，为半圆形或箕形，梳背光素无装饰，是最普通的类型。比如江苏泰州北宋墓、江苏无锡市郊北宋墓、福建黄涣墓出土的木梳；以及福建福州南宋黄升墓、安徽六安花石咀宋墓、江苏江宁建中村南宋墓等地出土的角梳。其中黄升墓出土五件角梳篦，均为半月形，一件角梳尺寸稍大，长 14.5 厘米，置于漆奁内（图 7-2-4-1）；另外四件尺寸稍小，长约 10 厘米，均插在墓主发髻的前后左右四周[1]。

此类木、牙角类梳还可染成彩色，《梦粱录》和《武林旧事》都提到当时有"染红绿牙梳""染梳儿"的小经纪。江西德安周氏墓所出土的四枚木梳，大者髹黑漆，小者便染成红、灰绿色（图 7-2-4-2）[2]。宋人陶谷《清异录》"绿牙五色梳"条记载："洛阳少年崔瑜卿，多贵，喜游冶，尝为娼女玉润子造绿象牙五色梳，费钱近二十万。"价值二十万钱的

① 福建省博物馆. 福州南宋黄升墓［M］. 北京：文物出版社，1982.

② 周迪人等. 德安南宋周氏墓［M］. 南昌：江西人民出版社，1999.

图7-2-4-2　黑、灰绿、红三色木梳
江西德安周氏墓所出土。

绿牙五色梳，可以说是相当精工细作的昂贵牙梳了。

　　另一种拱形梳背较宽，直接在原梳背加以繁复镂雕，梳背与梳体为同一种质地，此类梳在宋代金银、木、玉质均有发现，但实例不多。最精致而典型的一例，为出自江西彭泽北宋易氏墓的半月形卷草狮子纹浮雕花银梳，长11厘米，宽5.5厘米，梳背、梳齿均由银片打造，纹饰多达六层。梳背镂刻双狮戏球纹和缠枝花卉，主花上下另有繁缛的边饰陪衬，下层由花瓣纹连接成花边，与梳齿相连接，制作精工华丽，并有"江州打作""周小四记"铭记（图7-2-4-3）[①]。易氏葬于北宋元祐五年（1090），此梳也属于北宋前中期保留一定晚唐五代遗风的实例，梳背纹饰部分超过全梳一半高度。

① 彭适凡，唐昌朴．江西发现几座北宋纪年墓［J］．文物，1980，（05）；江西省博物馆．江西宋代纪年墓与纪年青白瓷［M］．北京：文物出版社，2016．

图7-2-4-3　半月形卷草狮子纹浮雕花银梳
江西彭泽北宋易氏墓出土。

图 7-2-4-4 **雕花木梳**
山西太原小井峪宋墓出土。

图 7-2-4-5 **牡丹纹玉梳**
江苏南京江宁建中村南宋墓出土。

还有山西太原小井峪宋墓出土的一件雕花木梳，长 11 厘米，梳背透雕牡丹化生童子纹，梳背、梳齿高度比例几乎相当（图 7-2-4-4）[1]。江苏南京江宁建中村南宋绍兴二十五年（1155）墓出土两件牡丹纹玉梳，也是类似的宽背半月形一体梳，其中一件长 14.7 厘米，梳背透雕折枝牡丹纹（图 7-2-4-5）[2]。

金银薄片制成的梳齿稳定性不强，插戴时容易脱落。为了解决这一问题，北宋又有一种在梳下另接一根长簪的簪式梳，梳子实际上成为簪首，直接插戴在髻上，稳固不脱落。安徽南陵铁拐北宋墓出土的两件，是仅见的实例，拱形梳背有多层镂雕装饰，和易氏墓实例风格类似，但梳齿正中往下接出一根弧形簪脚，方便插戴并展示更多面积的

① 代尊德. 太原小井峪宋墓第二次发掘记［J］. 考古, 1963, （05）.

② 国家文物局主编. 2004 中国重要考古发现中英文本［M］. 北京: 文物出版社, 2005.05; 南京市博物馆编著. 故都神韵 南京市博物馆文物精华［M］. 北京: 文物出版社, 2013.

图 7-2-4-6　**簪式梳**
安徽南陵铁拐北宋墓出土。

梳背（图 7-2-4-6）[①]。有些北宋壁画中，整只梳子露在鬓上，很可能就是采用了这种插戴方法。

（二）包背梳

由于梳齿多为木质，装饰性不强，所以更为精致的做法，则是另外打造制作精致的梳背包镶在原梳背上，我们统称为"包背梳"，是宋代头梳最主要的类型。有金银梳背、珠背几种。

包背可以不做花饰，仅用金箔金片包镶。如福建福州茶园山南宋端平二年（1235）墓出土的包金角梳，长 7.2 厘米，宽 3.8 厘米，梳背包裹金箔（图7-2-4-7）。又如江苏武进礼河宋墓的一件金包背黄杨木梳。出土时往往木质梳子已朽坏，仅存梳背包贴饰片，金华市博物馆所藏月牙形金薄片原本便是梳背装饰（图 7-2-4-8）。

图 7-2-4-8　**宋代金梳背贴片**
金华市博物馆藏。

图 7-2-4-7　**包金角梳**
福建福州茶园山南宋墓出土。

① 郝胜利，程京安，杨小宝，张辉，李新民，孙茂梅 . 安徽南陵铁拐宋墓发掘简报［J］. 文物 ,2016,（12）.

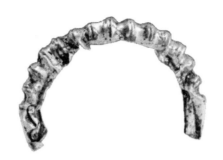

图 7-2-4-9　**金梳脊**
江苏镇江回龙山宋墓出土。

图 7-2-4-10　**金梳背**
河南三门峡宋墓出土。

图 7-2-4-11　**金梳背**
江西安义石鼻李硕人墓出土。

图 7-2-4-12　**金钑花梳背**
江苏高淳下坝宋代窖藏。

图 7-2-4-13　**金梳背**
江苏常州武进村前宋墓出土。

　　更多则是将金银片做成各种花式包背。装饰手法
有很多样式，不少属于当时金银首饰的惯用手法和
图案，比如竹节式、钑花式、镂花式、嵌珠式；图
案则有四季花卉、凤鸟穿花、化生童子、球路等等。
江苏镇江回龙山宋墓出土的金梳脊，长 6.5 厘米，弧
形中空，用金薄片锤鍱成竹节状（图 7-2-4-9）①。

　　若梳背较薄，装饰面主要在侧面，包背则贴在
梳背两侧或单侧，河南三门峡宋墓出土的金梳背，
长 17 厘米，在金薄片上镂空出几层缠枝花卉纹饰，

① 镇江博物馆编著. 镇江
出土金银器 [M]. 北京：
文物出版社，2012.12.

图 7-2-4-14　**黄杨木珠背梳**
江苏常州武进村前南宋墓出土。

图 7-2-4-15
南宋《蕉阴击球图》妇人与少女鬓上所插珠背梳

即属梳背侧饰（图 7-2-4-10），江西安义石鼻李硕人墓出土的若干镂空球路心纹金饰片，也是此类（图 7-2-4-11）；若梳背较厚，梳背顶端成为装饰面，包背则三面包镶或者仅贴在脊背上，江苏高淳下坝宋代窖藏出土的一件金钑花梳背，全长 17.3 厘米，为半弧形薄片，顶端锤鍱出花草纹，就是仅装饰梳脊面的例子（图 7-2-4-12）。江苏武进村前宋墓出土的金梳背，锤鍱錾刻出竹节纹和四季花卉两道纹饰立体的纹饰（图 7-2-4-13）。

梳背可用珍珠做装饰，为珠背梳。南宋本《碎金》中便列有"珠梳"。江苏常州武进村前南宋墓出土的黄杨木梳，宽 9.2 厘米，梳脊上镶了一排细小珍珠（图 7-2-4-14）[1]。南宋《蕉阴击球图》中立于桌后的戴冠妇人与少女，都可以看到鬓上所插梳背的白珠饰（图 7-2-4-15）。

有时也用黄金做成珠状饰梳背。江西南昌宋墓出土的一件金球路纹珠梳背，梳脊上用黄金打造一溜圆珠为饰，属于模仿珠梳的样式。

① 陈晶，陈丽华 . 江苏武进村前南宋墓清理纪要 [J] . 考古 ,1986，（ 03 ）.

（三）帘梳

还有在梳背上做出网帘垂饰，则是帘梳。从图像中看，帘梳应以珠帘为多。但珍珠不易保存，墓葬出土的几例帘梳均为金饰。湖南临湘陆城南宋墓出土金帘梳，宽10.2厘米，金制梳背上镂空雕饰鸾凤飞舞和两只对飞的蜜蜂，外缘以上百枚金花连缀成花网，花网末端系铃形坠角（图7-2-4-16）[①]。插于前额发髻，花网可披垂如帘。江西新余宋墓出土另一例相似的金帘梳，梳背镂雕卷草纹，所系缀的花网除了金花饰外，还有金蝴蝶（图7-2-4-17）[②]。

图 7-2-4-16　**金帘梳**
湖南临湘陆城南宋墓出土。

图 7-2-4-17　**金帘梳**
江西新余宋墓出土。

图 7-2-4-18
陆仲渊《十王图》中妇人额上珠帘梳

图 7-2-4-19
南宋《歌乐图》中的乐女，两鬓、额顶插戴珠帘梳

① 周世荣.湖南临湘陆城宋元墓清理简报[J].考古,1988,（01）；扬之水.中国古代金银首饰[M].北京：故宫出版社,2014.
② 扬之水.中国古代金银首饰[M].北京：故宫出版社,2014.

帘梳的插戴，可正中一枚，或三枚，或四枚组合。南宋《调鹦图》、奈良国立博物馆陆仲渊《十王图》中的妇人（图7-2-4-18）头饰插有珠帘梳；南宋《歌乐图》中的乐女，两鬓、额顶也均插戴了四枚尺寸较小的珠帘梳（图7-2-4-19）。

帘梳一直沿用至元代和明初，明初本《碎金》"首饰·南"中列有"帘梳"，明初洪武五年制里的后妃命妇首饰，也有大量"珠帘梳、小珠帘梳、珠缘翠帘梳"等名目，而且还进而发展出相似装饰功能的"围髻"。

五 节令饰

宋代头饰插戴风俗的一大特色，便是盛行各种节令性的装饰。比如元宵、立春、端午等重要节日，都有大量应景发饰。由于只是应景临时插戴，大多都是随用随做随买，多用织物、硬纸、金银箔、金银薄片、金线、羽毛等材料制作，摇曳、垂挂在簪首、钗头，热闹缤纷，烘托节日气氛。

（一）元宵

比如元宵时，用硬纸、金银箔剪制作飞蛾（闹蛾）、蝴蝶、蚂蚱等草虫，以及白绢、白纸、金丝成玉梅、雪柳，用珍珠或料珠串成灯球等应景物，插戴后走动时蝶舞蜂飞，花叶飘摇。

这在宋人笔记和宋词中有大量描绘，是很兴盛的元宵风俗。《武林旧事·元夕》："元夕节物，妇人皆带珠翠闹蛾、玉梅、雪柳、菩提叶、灯球。"又如宋词里的"灯球儿小，闹蛾儿颤。又何须头面"，"雪柳拈金，玉梅铺粉，妆点春光无价"，说的都是这类装饰。

元宵节物可以插在冠侧，也可以直接插髻上，可插一支，也可满头插戴。如宋词里歌咏的"闹蛾儿满路，成团打块，簇着冠儿斗转""缕金剪彩，茸缩同心带。整整云髻宜簇戴。雪柳闹蛾难赛。"宋代朱玉的《灯戏图》中，就画出了一群头戴花蝶的男子（图7-2-5-1）。故宫博物院收藏一幅宋代《大傩图》，画中起舞的老者们，巾帽上也多插有各种蛾蝶、花枝（图7-2-5-2）。

图 7-2-5-1　宋代朱玉的《灯戏图》局部　　　　　图 7-2-5-2　宋代《大傩图》局部

图 7-2-5-3

一对银鎏金饰
浙江杨岭南宋墓出土。

（二）立春

立春时有春幡饰，将织物、金银制成的小幡挂在钗头做垂饰。即孟元老《东京梦华录》中提及的"春日，宰执、亲王、百官，皆赐金银幡胜"，以及《立春日妆成宜春花》"春幡碧胜缕金文"，还有《立春古律》"罗幡旋剪称联钗"等等。又春燕、春鸡，《事林广记》"立春日，京师皆以羽毛杂绘彩为春鸡、春燕"，是用彩帛、羽毛制成的鸡、燕形饰品。

宋代佛塔地宫有时出土一些金银镂花小春幡，其上錾刻"宜春大吉"等字样，即可簪戴的春幡饰。浙江杨岭南宋墓出土一对银鎏金饰，龙嘴穿孔衔着一枚鎏金薄片做绶带花结状，类似幡胜垂挂的样子（图 7-2-5-3）[①]。

① 石超主编.错彩镂金 浙江出土金银器［M］.杭州：浙江人民美术出版社，2016.11. 扬之水认为此簪为金缕百事吉结子一类。

图7-2-5-4 **端午符袋**
江西德安南宋周氏墓中出土。

（三）端午

端午节则有艾虎、钗符，以艾草编织成虎形，或剪彩帛为虎，插在髻上，或挂符于钗，以辟不祥。宋代陈元靓《岁时广记·钗头符》云："端午剪缯彩作小符儿，争逞精巧，掺于鬟髻之上，都城亦多扑卖。"刘克庄《贺新郎·端午》词："儿女纷纷新结束，时样钗符艾虎。"还可以用绛红纱或者白纱做的小"符袋"，把朱砂写就的篆符或朱砂包装于袋内。端午前宫廷赏颁后妃大臣的节日赐物中即有此物。

江西德安南宋周氏墓中出土了一枚珠袋，袋内有朱砂包，用银丝挂在一支金钗上，就插在墓主周氏的头部，是难得的一件端午符袋（图7-2-5-4）[1]。

第三节 | 宋代的手饰、臂饰

宋代的手饰、臂饰，大体延续唐五代的品种类型，但使用更多更流行，而且也形成一些特别习俗。宋人镯字常写为"钏"[2]，南宋本《碎金》中列有"钳镯、缠钏、指镯"三种手臂饰，即当时最主要的三类。镯、钏的区别尚有争议，大体可包括了套在腕上的镯，为有开口可"钳合"的"钳镯"；以及螺旋圈状缠绕的"缠钏"；以及套在手指上嵌宝的"指镯"（戒指），另外还有缠绕状的缠指。

镯、钏在宋代和帔坠一起，成为聘礼中重要的"三金"[3]，吴自牧《梦粱录》"嫁娶"条中说："且论聘礼，富贵之家当备三金送之，则金钏、金镯、金帔坠者是也。若铺席宅舍或无金器，以银镀代之。否则贫富不同，亦从其便，此无定法耳。"富贵之家以金为之，一般人家若无条件，

① 周迪人等. 德安南宋周氏墓［M］. 南昌：江西人民出版社，1999.

② "镯"本指戴在脚腕的环饰，在宋代似和"镯"通用，如"指镯"，又有欧阳修《欧阳文忠公集》"取我臂上金镯子一支"之语，可见"镯"字也可用于臂腕、手指。

③ 三金"金钏、金镯"具体指哪种首饰，存在不同解释，或认为"钏"为缠绕式缠钏，"镯"特指手指所戴"指镯"。也有认为"钏"和"镯"分别指两种戴在手腕的镯类，即缠钏和钳镯。

也需要用银镀金代之。

此外，传统的"条脱""跳脱"称呼在宋代也继续沿用，宋张元幹《青玉案》"玉人劝客斜凤，条脱擎杯腕嫌重"，宋周邦彦《浣溪沙》"跳脱添金双腕重，琵琶拨尽四弦悲"，说的都是戴在腕部的跳脱，为缠绕式腕饰。

■ 一 手镯

宋代的手镯的样式相比于唐代多了很多，包括环式、开口式、缠绕式三种。材质有金、银、玉等材质，以金银为主。圆环式最少，宽面开口式和缠绕式最常见，两式往往同时出土，墓主双手各戴一两只。

（一）环镯

没有开口的圆环式镯在宋代发现较少，主要为玉镯。河北定州静志寺塔地宫出土的青玉镯，内径6.7厘米，湖北武昌卓刀泉南宋墓出土的玉镯，内圈直径5.5厘米，断面呈椭圆形。与现代玉镯没有太大区别。

（二）钳镯

有开口的条带式手镯在唐代称作"钏"，钏面多做出若干凸棱为饰，即如"川"字纹，展开则成一扁平长条，多为柳叶状，中间宽，两头窄。此式在宋代依然流行，又因为有开口如钳的关系，有时被称为"钳铤（镯）"。

开口钳镯的样式有镯面宽窄、环数多寡、装饰工艺以及收口方式的区别。有的和唐式一样展平为柳条状，中间较宽，两头稍窄或完全收细做小卷回绕；有的两头没有明显宽窄变化，直接做成断口；更多是通过凹线、凸棱将镯面制成多道并列的样式，从两道、三道甚至可到十余道不等，此类或也可称为"钏"。湖南临澧柏枝乡南宋窖藏的五件银镯，便是展平呈长柳叶状放置，中间一道弦纹将其分成两条式，两头做小卷收尾[1]（图7-3-1-1）。浙江湖州三天门南宋墓出土的四件金镯，

① 湖南省博物馆编著.湖南宋元窖藏金银器的发现与研究［M］.北京：文物出版社，2009.

一道凹棱分为两环,两头收尾为平切式(图 7-3-1-2)。浙江永嘉下嵊乡出土的鎏金银镯,虽也是两层,但属于镯面较宽的情况(图 7-3-1-3)。福建邵武故县出土一件银镯,通过五道凹槽将镯面做成六等分,如六环上下并列(图 7-3-1-4)。浙江长兴泗安镇出土银镯,镯面宽 4.3 厘米,环数甚至达到了十层(图 7-3-1-5)。

图 7-3-1-1　**银镯**
展平为柳条状,湖南临澧柏枝乡南宋窖藏。

图 7-3-1-2　**金镯**
浙江湖州三天门南宋墓出土。

图 7-3-1-3　**鎏金银镯**
浙江永嘉下嵊乡出土。

图 7-3-1-4　**六环式银钳镯**
福建邵武故县出土。

图 7-3-1-5　**十环式银钳镯**
浙江长兴泗安镇出土。

图 7-3-1-6　**金花卉纹钳镯**
江苏南京江宁郑氏墓出土。

图 7-3-1-7　**金钳镯**
浙江绍兴桐梧村南宋墓出土。

图 7-3-1-8　**花鸟纹鎏金银镯**
浙江安吉灵芝塔天宫出土。

图 7-3-1-9　**银鎏金花卉纹钳镯**
福建邵武故县窖藏。

　　除了素面外，也有很多在镯面上锤鍱打造、錾刻花样。镯体略厚的，多以錾刻技法在表面錾出花纹。江苏南京江宁秦熺夫人郑氏墓出土的花卉纹金钳镯，镯面等宽，分成上下两道，开口处两端錾刻花叶（图 7-3-1-6）；浙江绍兴桐梧村南宋墓出土的金钳镯，表面錾刻三朵云纹，当中为云托月（图 7-3-1-7）；浙江安吉灵芝塔天宫出土的一副花鸟纹鎏金银镯，镯面两道凸起的弦纹内錾刻花鸟纹，两头锤窄收口（图 7-3-1-8）。

　　若镯面较宽、镯体很薄的类型，一般通过锤鍱的方式打造出浮雕花纹。纹样以四时花卉纹或卷草纹为主，开口处多锤鍱棋格纹，其内錾刻细纹。福建邵武故县窖藏银鎏金花卉纹钳镯（图 7-3-1-9）和湖北蕲春罗州城遗址窖藏出土的缠枝花金钳镯（图 7-3-1-10），均为花卉题材。浙江建德下王村宋墓出土的金镯二者均有，其中一件展开长度 17.6 厘米、

图 7-3-1-10　**缠枝花金钏镯**
湖北蕲春罗州城遗址窖藏。

图 7-3-1-11　**卷草纹金镯**
浙江建德下王村宋墓出土。

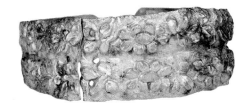

图 7-3-1-12　**四时花纹金镯**
浙江建德下王村宋墓出土。

图 7-3-1-13　**金绞丝式镯**
江阴夏港出土。

图 7-3-1-14
龙首联珠纹银手镯
浙江安吉县灵芝塔天宫出土。

① 石超主编 . 错彩镂金
浙江出土金银器［M］.
杭州：浙江人民美术出版
社，2016.

② 同①。

高 2.2 厘米，中间捶鍱凹线一条，主体部分砂地上捶鍱出上下两层卷草纹，草叶上细施纹路，两端开口处捶鍱棋格纹，棋格内錾刻细线和点纹（图 7-3-1-11）[①]，另一款则锤鍱出桃花、山茶、牡丹、菊花等四时花卉（图 7-3-1-12）。

　　还有一些特殊的样式，如绞丝式镯，多股银金或银丝缠绕顺绞成一大股，可见江阴夏港出土的一例金绞丝镯（图 7-3-1-13）。又有联珠式镯，即《碎金》中所称的"连珠镯"，镯面由大小相等的珠状装饰连接而成，两头也有开口，常作长方形或龙首型，其上装饰精细，也是较为多见的手镯。浙江安吉县灵芝塔天宫出土的宋代龙首联珠纹银手镯，直径 6.5 厘米，厚 0.9 厘米，由 21 颗连珠形成，镯两端刻龙首纹（图 7-3-1-14）[②]。安徽省安县相官出土的连珠纹金镯，直径 7 厘米，以联珠打制而成，接合处錾刻有花纹。此类手镯可能是仿珠串而设计。

图 7-3-1-15　**金缠钏**
湖北黄石凤凰山南宋吕氏墓
出土。

（三）缠钏

苏东坡有词"夜来春睡浓于酒，压褊佳人缠臂金"，宋代女词人朱淑真也有"调硃弄粉总无心，瘦觉寒馀缠臂金。别后大拼憔悴损，思情未抵此情深"之句。所谓"缠臂金"即宋本《碎金》所列的"缠钏"，是一种在手臂缠绕多圈的开口钏，又称作"条脱""跳脱"。本为异域传入，是"西国之俗风"，唐宋以来在汉地妇女间盛行。

缠钏用金银带条盘绕而成，呈螺旋圈状，两端则编成环套，用金银丝紧缠在钏体上，整个外形略似弹簧，且可以前后滑动来调节松紧。所盘圈数不等，少则两三圈，如河南邙山宋代壁画墓出土的一对鎏金缠钏，分别套在墓主人左右手腕，仅作双圈，端头用双股丝扭作活扣；湖北黄石凤凰山南宋吕氏墓出土的一双金缠钏，为十圈式（图 7-3-1-15）。更多者至十五六圈，如福建邵武故县窖藏出土的银缠钏，直径 6.5 厘米，即做成十五圈缠绕（图 7-3-1-16）。河南偃师酒流沟宋墓画像砖上的厨娘，左手正在挽右手袖子，正好露出两手腕所戴的缠钏，细数大概有十圈（图 7-3-1-17）。

图 7-3-1-16　**银缠钏**
福建邵武故县窖藏出土。

图 7-3-1-17
河南偃师酒流沟宋墓画像砖上厨娘手戴缠钏

缠钏多为素面，少数也饰有纹饰，湖南临湘陆城宋墓出土的四件银缠钏，通体扁薄细长，做十圈，表面锤鍱牡丹、葵花、菊花、梅花四季花卉，是比较精致的一款。

二 戒指

宋代戒指多称"指环""指环子"，宋李如篪《东园丛说》"今世俗人用金银为指环置于指间"；或"指锃""指锃儿"或，如南宋本《碎金》所列。和同时代的手镯一样，也有闭口环形指环、开口钳式指锃，以及多圈缠绕式缠指几种，为了方便描述，我们统称其为戒指。

几种类型的戒指常常同时出土，南海一号南宋沉船同时出了一枚素指环、嵌小珠宝指环和嵌大宝石指环；大洋镇下王村宋墓也同出宽面指镯和缠指。而且，宋代戒指似可以同时套在多个手指上，江苏金坛南宋周瑀墓出土的十枚开口式锡指锃，便戴在墓主人十指上，贵州平坝马场宋墓所出的四枚指环，则套在墓主除拇指外的四指上。

（一）指环

一种是环形戒指，最简单的是金属环圈，如安徽潜山法山宋墓出土的铜指环，浙江三天门宋墓出土的指环还饰有萱草纹。

另有在环侧做出一个指环面装饰。比如贵州平坝马场宋墓出土的铜指环，指环面为圆形，上有弧形、远点纹；又如浙江省博物馆所藏温州慧光塔出土北宋银刻花戒指，指环面用银打造了一块荔枝形装饰（图7-3-2-1）[①]。

指环面常常镶嵌各种名贵宝石。《百宝总珍集》里罗列的若干宝石，好几种便提及可以作为"嵌指锃"用，比如猫睛"小者亦有米来大者，只中嵌指锃儿"，蜡子"小

图 7-3-2-1
北宋荔枝形戒指
温州慧光塔出土。

① 金柏东主编. 白象·慧光 温州白象塔、慧光塔典藏大全 [M]. 文物出版社，2010.

图 7-3-2-2　**金戒指**
浙江湖州三天门宋墓出土。

图 7-3-2-3　**银镶猫眼石戒指**
江苏南京江宁建中南宋墓出土。

者多嵌指锃间"。戴嵌宝戒指的风俗应来自异域，北宋《萍洲可谈》中记载了当时广州人蕃坊中的海外人士喜爱戴指环的情形："手指皆带宝石，嵌以金锡，视其贫富，谓之指环子，交阯人尤重之，一环直百金，最上者号猫儿眼睛，及玉石也，光焰动灼，正如活者，究之无他异，不知佩袭之意如何。有摩娑石者，辟药虫毒，以为指环，遇毒则呕之立俞，此固可以卫生"。可见对于当时的北宋人来说，嵌宝戒指还属于较为新奇的样式。

到了南宋，出土的嵌宝戒指就比较多了。所嵌宝石有大有小，有单个也有多个。小者如南宋沉船"南海一号"所出的一枚金镶宝戒指，环嵌了八颗宝石；大者则在环身做出一个戒面托嵌宝石，如湖州三天门宋墓出土的一件金戒指，环身做炸珠饰，戒面嵌着一颗不规则绿松石（图 7-3-2-2）[①]，南京江宁南宋绍兴二十五年（1155）墓出土银镶猫眼石戒指，连珠纹周饰椭圆形戒面，四爪伸出抓住椭圆形猫眼石（图 7-3-2-3）。此外还有大小三颗一排、四颗一组几种嵌法。

（二）指锃

另一种戒指和手腕戴的钳锃一样，也有开口的钏式，就如小尺寸的钏镯一样。此类指锃是宋代戒指里最多见的样式，有单圈的，也有两三层甚至四五层的，有素面的，也有锤镁錾花的，纹饰基本均为花叶纹样。浙江温州人民路水仓组团基建工地出土的南宋银

① 陈兴吾.浙江湖州三天门宋墓[J].东南文化,2000,（09）；蔡玫芬主编.文艺绍兴 南宋艺术与文化 器物卷［M］,台北：台北故宫博物院,2010.

图 7-3-2-4　**银鎏金指锭**
浙江温州出土。

图 7-3-2-5　**四圈宽面指锭**
浙江三天门宋墓出土。

图 7-3-2-6　**三圈指锭**
浙江余杭径山宋墓出土。

图 7-3-2-7　**三圈花卉纹指锭**
浙江建德大洋出土。

鎏金指锭，为单圈开口式，可调节大小，锤錾花卉纹（图 7-3-2-4），在浙江建德、湖州、青田等地也有类似出土。

多层的宽面指锭也有不少实例，浙江三天门宋墓出土了一件金指锭，由四个面断底连的开口扁弧形金圈组成，中段略宽，两端渐削，中段内圈押印有四个宋体"相"字，属于素面无纹的类型（图 7-3-2-5）[①]；浙江余杭径山宋墓出土的一件为三层，上下层锤鍱花卉纹，中层光素（图 7-3-2-6）；浙江建德大洋镇下王村宋墓出土的花卉纹金指锭，三层均饰以花卉，中层牡丹，上下两层山茶花，开口处錾刻棋格纹（图 7-3-2-7）。

（三）缠指

缠钏式的指锭也有，可称为"缠指""缠子"，也有不少出土实例，基本均为素面无纹，由于尺寸较小，又需要有一定延展性，所以基本以金制为主。

浙江金华郑刚中墓出土的金缠指，用细长金丝弯制成螺旋状，共盘 8 圈，两端用金丝缠作活

---

① 陈兴吾. 浙江湖州三天门宋墓[J]. 东南文化, 2000, （09）.

图 7-3-2-8　**金缠指**
浙江金华郑刚中墓出土。

图 7-3-2-9　**金缠指**
浙江建德大洋镇宋墓出土。

环以调节松紧（图 7-3-2-8）[①]。此外在浙江建德大洋镇下王村宋墓（图 7-3-2-9）、江苏武进村前宋墓、浙江绍兴桐梧村南宋墓等处都出土了几乎一样的金缠指。

第四节 ｜ 宋代的耳饰

隋唐时戴耳环是胡人之俗，汉族妇女多不戴。宋代文献中提及的耳环，也常作为少数民族风俗描述，如"碧睛蛮婢头蒙布，黑面胡儿耳带环""兀兀头垂髻，团团耳带环""妇人加耳环，耳坠垂肩"等等。

但随着宋辽金时期各民族交流接触的频繁化，穿耳带环之风也在汉族地区得以传播，宋代的耳饰也成为妇女首饰中的重要一种，就连皇后、嫔妃也不例外。宋代壁画、绘画中常见戴有耳饰的女性形象，有的女俑耳部还特别做出穿孔，墓葬中出土的耳饰数量、种类也大大增加。这与隋唐时期大为不同。

两宋耳环大致可以分为耳环、耳坠和排环几种。北宋景祐三年令所列宋代命妇首饰中就提到"珥环、耳坠"两项，大约挂以坠饰类可称为耳坠，另有"珠翠排环"的称呼，当指垂挂成排珠坠的耳环。

宋代出土的耳环，以金、银鎏金为多，大概与耳环体积小有关，不需要太大的财力便可以戴金耳环。也有银、铜耳环，此外还有一些珍珠、宝石吊坠。

两宋时期的耳饰一方面受辽金地区影响，一方面也有不少新的样式和题材，比如荔枝、茄子一类的瓜果，四季花卉和化生童子，其设计灵感大约来源于五代两宋以来绘画中的花鸟虫草与蔬果的写生小品。

[①] 石超主编. 错彩镂金浙江出土金银器 [M]. 杭州：浙江人民美术出版社，2016.

一 弯环

由于耳环为传入的风俗，所以宋代的基本耳环类型和辽式关系很大。其主体部分多为弯钩、弯月状，连带细弯的环脚，便近似S型。简单而典型的一例，为江西永新北宋刘沆墓所出土的金耳环，用一根细金条打造而成，一段为稍粗的一弯弧形，为装饰部分，一头接出细细的环脚（图7-4-1-1）[1]。江苏镇江宝盖山（图7-4-1-2）、河南白沙宋墓、湖北徐家坟宋墓也均有出土相近的素面金银耳环，都是简单的弯钩，环脚长短不一，是宋墓里很常见的一类。

这种弯月状的耳环，当源自辽式。辽代多摩羯鱼形弯月式耳环，此式也波及北宋，景祐三年令中就提及"毋得为牙鱼、飞鱼、奇巧飞动若龙形者"，可见当时宋人也曾以此为饰。湖北荆沙村宋墓出土的铜耳环，即做成一弧鱼形装饰。

宋代弯月式耳环也可打造出更具宋人趣味的花样纹饰，比如缠丝、竹节、花卉、瓜果，和宋钗的装饰技法相通。浙江庆元会溪南宋胡纮夫妇合葬墓所出的一对耳环，为缠

① 彭适凡，程应麟，秦光杰. 江西永新北宋刘沆墓发掘报告［J］. 考古,1964，（11）.

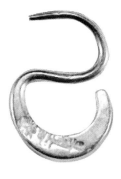

图7-4-1-1　**金耳环**
江西永新县北宋刘沆夫妇墓出土。

图7-4-1-2　**金耳环**
江苏镇江宝盖山出土。

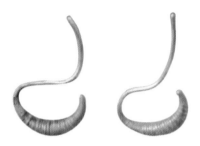

图 7-4-1-3　**缠丝耳环**
浙江庆元会溪南宋胡纮夫妇合葬墓出土。

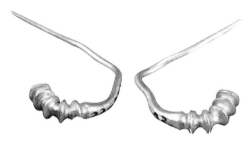

图 7-4-1-4　**金竹节纹耳环**
湖北蕲春罗州城遗址窖藏。

丝纹（图 7-4-1-3）[1]；湖北蕲春罗州城遗址窖一批金耳环中有一对为竹节纹（图
7-4-1-4）；江西彭泽北宋易氏夫人墓出土的一对金耳环，弯月部锤鍱出细密
的花叶装饰（图 7-4-1-5）[2]；四川绵阳宋代窖藏中出土的银耳环，则做成竹节状。

更复杂立体的做法，则是用金银片打造、锤鍱成空心立体的花形，再连
接耳环脚。浙江建德大洋镇宋墓出土的一对金耳环，由两片金片打造一朵菊
花及叶合抱而成，大体还呈弯弧型（图 7-4-1-6）[3]；济南卫巷窖藏出土的
一对耳环，锤鍱出空心的牡丹花（图 7-4-1-7），萧山黄家河出土的一对南
宋金耳环与之相似（图 7-4-1-8）；江苏无锡市郊北宋墓出土的金耳环，也
是用两片金片合成，中间两瓜对称，前后有蔓藤枝叶盘绕，用来穿耳的金丝，
也设计成枝蔓状。

图 7-4-1-5　**金耳环**
江西彭泽北宋易氏夫人墓出土。

图 7-4-1-6　**金耳环**
浙江省建德大洋镇下王村宋墓出土。

① 郑建明等.浙江庆元会溪南宋胡纮夫妇合葬墓发掘简报［J］.文物,2015,（07）.
② 彭适凡,唐昌朴.江西发现几座北宋纪年墓［J］.文物,1980（05）.江西省博物馆.江西宋代纪年墓与
纪年青白瓷［M］.北京:文物出版社,2016.
③ 倪亚清等.浙江省建德市大洋镇下王村宋墓发掘简报［J］.考古与文物,2008,（04）.

图 7-4-1-7　**金耳环**
济南卫巷窖藏出土。

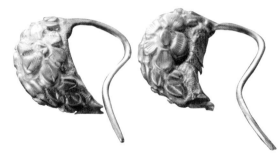

图 7-4-1-8　**金耳环**
浙江萧山黄家河出土。

三 耳坠

　　另有一种吊坠型耳环，在细长的环脚下缀挂精致的吊坠装饰，暂统称其为耳坠、坠环。有的可缀挂宝石，陕西郭杜镇李唐王朝后裔家族墓出土的耳环，金质枝杆及托，托内镶水晶，水晶长 1.5 厘米，整体长 3.3 厘米[1]。又如浙江湖州三天门南宋墓出土的金穿水晶瓜实耳环（图 7-4-2-1）[2]。宋顾文荐《负暄杂录》："予旧见有妇女耳环，色紫而光艳照映，若紫玻璃，其质甚薄，不识为何物也。"应当就是挂坠宝石类的耳环。宋人杂剧图中的女子，紧贴耳朵的地方也戴着蓝色水滴式的耳饰，中间还有红色的镶嵌物（图 7-4-2-2）。

图 7-4-2-1　**金穿水晶瓜实耳坠**
浙江湖州三天门南宋墓出土。

图 7-4-2-2
宋人《杂剧图》中的女子耳坠

---

① 王磊，呼安林，王久刚. 西安长安区郭杜镇清理的三座宋代李唐王朝后裔家族墓［J］. 文物，2008，（06）.
② 陈兴吾. 浙江湖州三天门宋墓［J］. 东南文化，2000，（09）.

有的以金银打造复杂的挂坠，包括梅花、菊花、蝶恋花，荔枝、茄子之类的瓜果，以及花瓶、凤鸟、动物、方胜等。上海宝山南宋谭氏夫妇墓出土的一对鎏金耳环，其中一件长 3.9 厘米，环脚上挂着鎏金松鼠饰（图 7-4-2-3）[1]；浙江德清武康银子山出土一对同心结龟游叠胜耳坠，主体为两个叠胜，其上倒趴一只衔环龟，下缀一"心"形流苏（图 7-4-2-4）。

花瓶也是常见题材，湖北蕲春罗州城遗址窖藏出土的南宋金累丝瓶莲耳环，把金材剪作若干细窄的长条，攒焊出一个四棱花瓶，瓶身四面分别装饰三卷如意头，花瓶两侧各缀一对双环耳，再以素金片做成花瓶的底足，花瓶里插一束并蒂莲和两枝桃花（图 7-4-2-5）[2]。同出又有一对，做成凤鸟形，口衔一串分别用一个个小环穿起来的瓜果坠，翠叶捧出的石榴、瓜、荔枝和桃子。还有一例做成莲花、慈姑、水鸟的荷塘小景（图 7-4-2-6），镇江博物馆所藏有相似题材的一对。

还有一类题材，是宋人喜爱的化生童子、仙女等人物，形态工艺更加复杂。上海松江窖藏出土的一对耳坠为执荷叶化生童子造型（图 7-4-2-7）；浙江龙游高仙塘宋墓出土的一对莲花化生金耳环，鬟髻仙女站立在三层莲台上，一手持花枝，一手持排箫，身旁还有弯成波浪状的细丝飘带，是很典型的做法（图 7-4-2-8）；济南卫巷所出的一对，也是身侧有波浪飘带的仙童造型（图 7-4-2-9）；江苏丹徒蒋乔宋墓出土有一对水晶坠仕女金耳环，上部为头戴荷叶的仙子，下部还垂挂着用水晶雕刻成的带叶寿桃（图 7-4-2-10）。

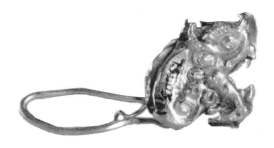

图 7-4-2-3　**鎏金耳坠**
上海宝山南宋谭氏夫妇墓出土。

① 上海市文物局编.文化上海·典藏 上海出土文物精品选［M］.上海：上海古籍出版社，2015.
② 段涛涛，王宏彬，田广生，张辉国，聂爱华.湖北省蕲春县博物馆藏宋代金器［J］.江汉考古，2010，（02）；扬之水.蕲春罗州城遗址南宋金器窖藏观摩记［J］.南方文物，2015，（02）.

图 7-4-2-4

同心结龟游叠胜耳坠

浙江德清武康银子山出土。

图 7-4-2-5

金累丝瓶莲耳坠

湖北蕲春罗州城遗址窖藏出土。

图 7-4-2-6

盆莲小景金耳坠

湖北蕲春罗州城遗址窖藏。

图 7-4-2-7

执荷叶童子耳坠

上海松江窖藏出土。

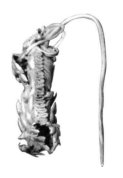

图 7-4-2-8

金仙童耳坠

济南卫巷窖藏出土。

图 7-4-2-9

金仙童耳坠

济南卫巷窖藏出土。

图 7-4-2-10　**金仙童耳坠**

济南卫巷窖藏出土。

图 7-4-3-1
宋高宗后画像中的珠翠排环

图 7-4-3-2　宋仁宗后画像
中宫人的珠翠排环

图 7-4-3-3　明《中东宫冠
服图》中的珠排环

三 排环

耳环下还可以加长串缀饰，做成排环式，是相对隆重的样式，被用在盛装、礼服装扮。南熏殿旧藏历代宋朝皇后画像中，均可以看到盛妆礼服的皇后以及花冠宫人的耳朵上带着挂有一串珍珠的耳环，最下一枚珠最大，并且皇后的珠子数量要比侍女多。贴耳的地方还有水滴或叶状翠饰，上有大小珠若干（图 7-4-3-1、2）。这种带有长坠的耳环在宋代被称为"珠翠排环"，吴自牧《梦粱录》提及宋代仕宦之家所备聘礼中，即有"珠翠排环"一项，也是作为婚礼用品。

在参照宋代后妃礼服制度制定的明代后妃服制里，有"珠排环一对"，《明会典》里的"珠翠面花五事，珠排环一对"，比照《中东宫冠服图》中描绘的样子（图 7-4-3-3），即宋代皇后面上所贴、耳上所缀的样式。

第五节 ｜ 宋代的颈饰

两宋的颈饰不多，从宋代墓葬出土壁画、线刻、雕塑，以及传世仕女画中看，颈部大多无饰，与晚唐五代贵妇盛行各种复杂璎珞、珠串的情况大异其趣。

但文献中也可偶见颈饰描述，包括项珠、璎络（珞）、珞索儿、数珠等。如《宋史·舆服志》中景祐三年诏令"非命妇之家，毋得以真珠装缀首饰、衣服及项珠、璎络……"提及"项珠"和"璎络"

图 7-5-1-1　**水晶串饰，中缀玉鱼**
江西上饶南宋赵仲墓中出土。

两种颈饰；《宋史·礼志十八》记录诸王纳妃聘礼，"宋朝之制，诸王聘礼……黄金钗钏四双，条脱一副，珍珠琥珀璎珞、珍珠翠毛玉钗朵各二副"，也出现珍珠琥珀璎珞，都是北宋时期命妇、后妃使用的首饰。又有各种关于数珠、念珠、珞索的记载。

宋代颈饰的出土实物也很少，我们大体分为珠串和项圈两类介绍。

▊ 珠串

由若干穿孔珠穿连而成的珠串颈饰在宋代依然存在。《宋史·舆服志》中景祐三年诏令所提及的"项珠"即为此类珠串。项珠可以是同一质地的珠串，也可以几种珠子穿插，或中间加穿其他垂饰品。

另外还有数珠，即佛珠、念珠，原为佛教徒念佛的工具，也由穿孔珠穿连而成，也是珠串类颈饰的一种。南宋《百宝总珍集》中列有大量珠宝名目，并说明多为"打嵌使用"，但又列即水晶数珠、玛瑙数珠、象牙数珠以及菩提珠等，则作数珠用。欧阳詹《智达上人水精念珠歌》中还把水精念珠比拟为冰、水、露珠，甚至月光，"良工磨试成贯珠，泓澄洞澈看如无，星辉月耀莫之逾，骇鸡照乘徒称殊"。

赵匡胤之母杜太后像中，可以看到其颈部戴有四串珠饰，内两串为红珠（似为珊瑚），外两串为珍珠，尚有晚唐五代贵妇人喜戴璎珞珠串之遗风；江西上饶南宋赵仲墓中出土一副水晶串饰，中缀玉鱼（图 7-5-1-1）[1]；浙江新昌南宋

① 江西省博物馆. 江西宋代纪年墓与纪年青白瓷[M]. 北京：文物出版社，2016.

图 7-5-1-2 **水晶项链**
江西鄱阳东湖施氏墓出土。

墓出土的玉石珠串一副，玉石珠子 70 余粒，杂串四件玉饰细件，其中有一件是龟蹲荷叶玉饰；江西鄱阳东湖政和元年施氏墓出土的水晶项链，有 66 枚水晶珠，中有水晶牌（图 7-5-1-2）；江西省博物馆藏河北省定州市静志寺塔地宫出土的一件水晶珠串，由 90 粒水晶珠组成，长 55 厘米，则是信徒施舍之物。

木数珠也有若干出土实例，江苏江阴夏港宋墓出土的一串木数珠，木质坚硬，髤黑漆，包括佛珠 78 粒，穿孔柱形饰 1 件、牌形饰 2 块，其中一块小牌的两面均刻有"佛"字；福建南宋黄昇墓，在墓主颈部出土 2 串木数珠，一串共 111 颗、另一串共 93 颗。珠有圆形、椭圆形、瓶形、橄榄形等，两颗之间夹以小铜片，均用一根褐色丝线串连，两端各饰丝穗。

二 项圈

图 7-5-2-1 **银鎏金项圈**
浙江宁波天封塔南宋地宫出土。

晚唐五代时出现的项圈，在宋代也有若干出土，但实物很少。洪武本《碎金》中有"项钳"，永乐本《碎金》中有"项牌"，指的应该就是这类颈饰。一般整体呈半弧月牙形，下缘有时做出花型、挂以垂饰。

贵州清镇宋墓出土的几件项圈形制很简单，由金属条直接弯制而成，其中一件铜项圈由一段粗铜丝直接弯成一个环形；浙江宁波天封塔南宋地宫出土的一件银鎏金项圈则是较典型美观的一例，几乎首尾相接成环，外缘呈波浪形，两尖有勾状头，中间饰一童子，两边饰牡丹折枝花（图 7-5-2-1）；有的下缘

图 7-5-2-2 **银弯凤穿花纹项圈**
江西星子县陆家山宋代窖藏出土。

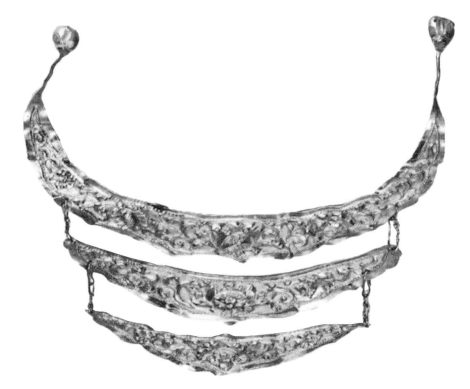

图 7-5-2-3　**金项圈**
四川省阆中市双龙镇宋墓出土。

挂有垂饰，如江西星子县陆家山宋代窖藏出土的
银鸾凤穿花纹项圈，表面锤鍱出一鸾一凤对舞，
以及各种花卉，下缘做出五个如意云头，还有三
孔可挂饰件（图 7-5-2-2）[①]；有的还多层相连，
如四川省阆中市双龙镇宋墓出土的金项圈，大项
圈下又垂挂了两层较小的项圈（图 7-5-2-3）[②]。

宋代人物形象中戴项圈者比较罕见，宗教壁
画中偶可看到。河南焦作新李封村出土陶俑，颈
部多戴项圈，此墓虽定为金代，也可作为项圈使
用方式的参照。

① 杨伯达主编；中国金银玻璃珐琅器
全集编辑委员会编. 中国金银玻璃珐
琅器全集 金银器［M］. 石家庄：河
北美术出版社，2004.

② 同①。

附 | 宋代代表性墓葬出土首饰插戴

■ 宋代首饰搭配模式流行变化

两宋首饰组合一般以冠子作为头部首饰的视觉重点，其余头饰则多围绕冠子插戴。首饰整体风格呈现从晚唐五代、北宋前期的夸张大尺寸、装饰较简，往南宋尺寸缩小、装饰精致化、样式繁多发展的趋向；从满头簪钗大片花枝招展，演变为精巧细工、收敛含蓄的整体形象。

宋代一套完整的头面首饰，根据时代、发式和繁简不同，大约有几种组合模式。

最简单为头顶一横钗绾髻后，或髻前、后插梳，或左、右插梳压鬓，或髻前另插一长簪，是北宋最日常的基础插戴。

若有戴冠，则先左右横插一折股钗绾髻，再戴冠子于髻上，用一长脚圆头簪自冠前圆孔插入从后出固冠。另可在两侧插若干花钗、步摇钗、花朵为饰。除冠子前后，两鬓上下前后均可插梳压鬓。冠后侧还可另插博鬓形钗。

若为不戴冠的盛装首饰，则可在髻正中插多股桥梁钗或桥梁簪为主头饰。髻两侧还可另插连二连三并头钗及各种折股钗，并插梳压鬓为饰。此类组合南宋出土较多，应是南宋至元南方汉人女性常用的首饰搭配。

■ 江西德安南宋周氏安人墓出土首饰

德安周氏墓位于江西省九江市德安县宝塔乡杨桥村向阳山，墓主周氏，为南宋宁国府通判国史溪园先生周应合之女，南宋新太平州通判吴畴之妻，入葬年代为南宋咸淳十年（1274）。墓葬出土时保存完好，墓主装殓穿戴整齐，首饰均插戴在原位，是了解南宋首饰插戴方式的难得实例[①]。

---

① 详细文物信息参照，周迪人等．德安南宋周氏墓［M］．南昌：江西人民出版社，1999.

图 7- 附 -2-1 德安周氏墓金丝彩冠、额顶网

墓主头顶盘髻，戴金丝彩冠（图 7- 附 -2-1），两侧插金钗 4 支，鎏金银钗 3 支，缀珠符金钗 1 支。额中部饰有半圆形铜饰。两鬓各插 2 把木梳。

其中有连二式竹叶金钗 3 件，钗体呈 Y 形，双股，长 10 厘米，为连二式钗，弯出两支并头竹叶钗。缀珠符金钗 1 件，钗体为折股竹叶金钗，长 10 厘米，在金钗上挂一褐色罗制成的方形香粉包，外有小珍珠制作的网罩，香粉包长宽 3 厘米。缠丝折股金钗 1 支。鎏金银簪 3 件，1 件簪头骨朵形，长 13 厘米；1 件饰 8 朵梅花，长 12.5 厘米；1 件前半部饰 4 朵菊花，簪体扁平，长 14.5 厘米。

木梳 4 件，长 9 厘米，宽 4 厘米，厚 0.3~0.4 厘米，髹灰漆和红漆，插在两鬓侧。

复原服饰参考德安周氏墓所出土的窄袖褙子、抹胸、片裙组合。

图 7- 附 -2-2 德安周氏墓红、灰绿梳

图 7- 附 -2-3 德安周氏墓金钗

图 7- 附 -2-4 德安周氏墓挂珠符金钗

图 7- 附 -2-5 德安周氏墓鎏金银钗

图 7- 附 -2-6　德安周氏墓首饰插戴还原参考
（张晓妍绘）

第八章

中国辽代契丹族的首饰

李　芽

辽代是契丹族所建立的朝代。契丹是古代生活于我国北方草原地区的游牧民族，属东胡族系，源出鲜卑。其发迹地位于今日辽宁省西部及吉林省。自公元907年建立契丹国（后改称辽）至1125年为女真所灭，政权前后共传续二百余载。虽然辽代统治了中国北方超过两百年，但对契丹历史文化的研究却一度是比较薄弱的，《辽史》也是我国史书中最为疏漏的一部，其未能全面地、系统地、详实地反映当时契丹人的风采，直到20世纪80年代以来，随着内蒙古、辽宁等省、自治区辽代墓葬的发掘，大批辽代文物得以重见天日，才极大地丰富了人们对契丹文化和艺术的认识。

契丹是游牧民族，因此，不会像定居民族那样营造宅院、经营土地。除了马匹、毡帐是契丹人必须具备的物资以外，首饰也是他们追求美好的心爱之物，同时也是财富和地位的象征。《辽史》记载，在皇帝纳后时，皇后在祖先祠堂举行祭祖跪拜仪式、并接受"神赐袭衣、珠玉、佩饰，拜受服之。"[1]象征她已名正言顺归属皇氏家族。公主下嫁，其仪式"大略如纳后仪"。辽王朝实行"以国制治契丹，以汉制待汉人"的"一国两制"，以往传统学术研究一致认为辽代的文化深受汉族文化影响，但事实上契丹人却致力于避免受汉族同化，他们积极自成一族文化。这一点在首饰的佩戴和设计上便可见一斑，契丹人在首饰款式与纹样的选择上尽管一定程度受到汉族影响，但依然与中原汉族有很大的不同。

辽朝开国统治者的治国思想是以儒为主，释道并重。但在辽代中后期，由于统治者崇佛日盛，"欲使玄风，兼扶盛世"，名刹伽蓝遍布境内，佛教超越了其他的宗教，盛极一时，对辽代的政治、经济、文化、

① （元）脱脱等.辽史[M].卷五十二·志第二十一·礼志五·嘉仪上，北京：中华书局，1974.

艺术等都产生了深远的影响，首饰也不例外，契丹贵族墓中出土的琥珀璎珞等首饰，饰于冠上的飞天、化生童子、火珠、莲花、宝相花等饰件都和佛教文化有着千丝万缕的联系。

辽朝契丹人拥有大量的骑兵，控制了丝绸之路，与中亚交往极为频繁，不仅对外传播了中华文明，也从草原丝绸之路引进了西方的文化艺术，像首饰中的蜻蜓眼、玻璃珠等均是来自中亚的物品[1]。

① 郎成刚.谈朝阳北塔出土的古代玻璃［C］.李兵.辽金史研究.长春：吉林大学出版社，2005.

第一节 | 辽代的首饰制度

《辽史·仪卫志一·舆服》载："辽国自太宗入晋之后，皇帝与南班汉官用汉服；太后与北班契丹臣僚用国服。"[2]

② （元）脱脱.辽史［M］.北京：中华书局，1974：899-900.

这里的"国服"即为契丹人的服饰或契丹民族服饰。由此可见，从太宗开始，辽国开始执行二元服饰制度：以"汉服"和"国服"并行。《契丹官仪》载："胡人之官，领番中职事者，皆胡服，谓之契丹官。……领燕中职事者，虽胡人亦汉服，谓之汉官。"[3]这是说，"国服"和"汉服"使用人群的区分依据并非是族属，而是其官职管辖地域，用以代表两个生活方式不同的群体。即尽管是契丹人，如其在汉地当职，也必须着汉服，反之亦然。

③ 余婧撰，黄志辉校笺.武溪集校笺［M］.天津：天津古籍出版社，2000.

《辽史》中对于服制介绍极其简单，几乎没有太多细节可供参考，其中"汉服即五代晋人之遗制也"[4]其首饰可参考前文了解一二。"国服"中则提到了一些契丹族特有的冠戴与首饰，下文分别介绍之。

④ （元）脱脱.辽史［M］.北京：中华书局，1974：900.

一 金冠

中国古代北方少数民族喜戴金冠，由东及西，多有此俗，契丹也不例外，金冠可以说是契丹服饰制度中最重要的头饰，君臣共用，男女皆有，在多种礼仪场合佩戴。例如，"大祀（祭山），皇帝服金文金冠，白绫袍，红带，悬鱼，三山红垂，饰犀玉刀错"[1]。"贺生皇子仪：其日……北南臣僚金冠盛服，合班入。""贺祥瑞仪：声警，北南臣僚金冠盛服，合班立。"[2] 此外，金冠也是契丹民族重要的身份表征，契丹赴宋的使者也佩戴。宋孟元老《东京梦华录》载："正旦大朝会。……诸国使人入贺殿庭。……大辽大使顶金冠。后檐尖长如大莲叶。"

金冠并不一定用纯金制作，在古代，金属统称为"金"，辽地金冠所见实物大多用银或铜制，表面鎏金。辽代的金冠以高体冠和高翅冠最为常见，为契丹民族典型礼冠，适用范围仅限于皇室勋臣。金冠与人物的身份等级息息相关，等级的差异可以表现在冠帽制式、材质和饰件等方面。

（一）高体冠（表8-1）

此类冠其通体高度位于金冠之首，一般在30厘米上下，冠由镂雕的金属片重叠组合而成。金属片造型多呈如意云头形，錾镂纹样有两种：一为镂空鳞纹，一为镂空古钱纹。每片金属片上缀有步摇状饰件。

目前保存最好且装饰最为华丽者出自陈国公主驸马墓，发掘时冠位于驸马头部右上方，当为驸马之冠（表8-1：1）[3]。冠由16片鎏金银片重叠组合而成，银片共五种造型，其中四种为云朵状，还有一种似莲瓣形。冠前面正中两片呈正视如意云头形，上下叠压用银丝缀合。两侧由下至上左右前后对称

① （元）脱脱等.辽史[M].北京：中华书局，1974：906.

② （元）脱脱.辽史[M].北京：中华书局，1974：872-873.

③ 高延青.内蒙古珍宝：金银器[M].呼和浩特：内蒙古大学出版社，2007：174.内蒙古自治区文物考古研究所，哲里木盟（通辽市）博物馆.辽陈国公主墓[M].北京：文物出版社，1993.

叠压三重，每重为一个侧云头造型，共 12 片。冠背面两片较大，上片呈莲瓣形，下片也是一正视如意云银片。冠箍口由一长条薄银片对折而成，用银丝和冠体相缀。银片均錾镂纹样，镂空鳞纹和古钱纹均有。冠正面最下一片，錾刻一道教人物形象，其上一片用银丝坠对凤。冠体正面饰有鎏金银地圆形冠饰 22 件，根据纹样之异同，可分为火珠、鸿雁、云凤、莲花、对鸟、鹦鹉、折枝菊花和宝相花 8 种纹样。冠内残留红褐色纱衬。

凌源小喇嘛沟辽一号墓出土 1 件银鎏金冠（图 8-1-1-1），为男墓主所有，由多片形状、大小不同的镂雕鎏金银薄片制成，镂孔呈鱼鳞状。中间为镂空银片围成的圆拱形帽圈，周围用 10 余片独立的镂空银片作装饰，装饰片上用银丝缀有 27 件镂雕卷云状步摇片，分别位于冠的正面和两侧，每一面各 9 件，分为上、下 3 排。冠顶正中装饰 1 件立雕莲花座，莲花正中立 1 只鎏金凤凰，灵芝状肉冠，花叶状长尾上翘，展翅欲飞。冠的正面中间有 2 大片装饰银片，前低后高，如意形，曲状花边，其上錾刻对称飞鹤纹。两者之间正中镶嵌一人像，似为道士。正面两侧各伸出 1 片卷云状镂空银片，似双角，左右对称。其上錾刻对称的飞鹤纹，相背而飞。冠中部左、右两侧，各有 2 组卷云状银片，相互扣合，似牛角。帽圈背面也立置 2 大片装饰银片，尖拱形，曲状花边，前高后低，明显高于正面的银片。后片中间上部錾刻飞凤纹，下部为云纹承托火焰珠纹，两侧为左右对称的凤纹。此墓的年代应与陈国公主墓相当，为辽代中期，辽圣宗时期。其身份和地位应略低于公主一级，但高于一般节度使或契丹贵族，应相当于重要节度使一级或高级贵族家族的重要成员[1]。十一号墓还出土有一类似 8

图 8-1-1-1　**银鎏金高体冠**
凌源小喇嘛沟辽 M1 出土。
高 30 厘米、宽 35 厘米、箍口径 19 厘米。

① 辽宁省文物考古研究所.凌源小喇嘛沟辽墓[M].北京：文物出版社，2015:16，126-133、彩版一九.

片银冠，也为男性墓主所有（表 8-1:2）[①]。

内蒙古赤峰温多尔敖瑞山契丹贵族墓出土的一项 8 片鎏金铜冠，为男墓主所有。正背面各 2 片，上下连缀，左右两侧各 2 片，上端缝合，均以镂空鳞纹为地纹。正面下片錾刻一龙，两边有云朵。后面下片錾刻 2 龙，上片錾刻 2 凤。镂雕冠饰已脱落，散落棺中的 2 件单朵如意云、2 件凤饰、1 件火焰宝珠饰应属此冠（表 8-1:3）[②]。

这 4 件金冠造型、尺寸及装饰非常相似，均属于男性墓主，说明该冠当是契丹男性贵族金冠的固定样式，是纳入制度中的头饰，其材料、纹饰的安排都有严格规定，用以区别不同身份，驸马所戴 16 片鎏金银冠规格便要明显高于契丹一般男性贵族的 8 片鎏金铜冠。也有研究认为，该类冠上佛教火珠与道教人物并存，应同时适用于佛教及道教仪式[③]。

表 8-1：辽代墓葬出土高体冠

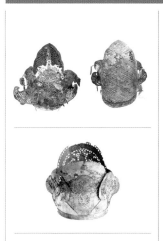

1. 鎏金银高体冠
陈国公主驸马墓出土。
高 31.5 厘米、宽 31.4 厘米、箍口径 19.5 厘米、重 587 克。

2. 银高体冠
凌源小喇嘛沟辽 M11 出土。
高 27.2 厘米、宽 30.3 厘米、箍口径 21.3 厘米。

3. 铜鎏金高体冠
温多尔敖瑞山墓出土。

① 辽宁省文物考古研究所 . 凌源小喇嘛沟辽墓［M］. 北京：文物出版社，2015:110、彩版一一二 .
② 赤峰市博物馆考古队等 . 赤峰市阿鲁科尔沁旗温多尔敖瑞山辽墓清理简报［C］. 文物 .1993，（3）：61.
③ 苏芳淑 . 松漠风华：契丹艺术与文化［M］. 香港：香港中文大学文物馆，2004：70.

图 8-1-2-1　**高翅鎏金银冠**
凌源小喇嘛沟辽墓出土。
（李芽摄）

（二）高翅冠 （表 8-2）

　　此类冠饰为高筒、圆顶，两侧有对称的立翅，略呈倒梯形，冠高一般在 23 厘米，立翅明显高于冠体，大概 30 厘米。

　　陈国公主墓公主头部上方左侧出土一高翅鎏金银冠。用四块类似圭形的薄银片合成圆筒形，相接处用银丝缀合，冠箍口制作方式同驸马之冠，口径宽 19.5 厘米。冠体正面镂空并錾刻花纹，高筒冠体正中錾刻一火焰宝珠，左右各有一飞凤。立翅主体为凤鸟纹，四周为卷草纹。冠顶正中有两个小孔，原缀鎏金元始天尊银造像（表 8-2：1）[1]。温多尔敖瑞山墓出过一顶类似鎏金铜冠，通体镂空牡丹纹，底缘口径錾刻卷草纹，冠顶花饰脱落（表 8-2：2）。通辽市博物馆藏有一件征集的高翅鎏金银冠，立翅和冠上饰镂刻云凤纹，品相很好[2]。凌源小喇嘛沟辽一号墓还出土一件类似银鎏金女冠，但残损严重（图 8-1-2-1）。

　　此类高翅冠除金属质地外，还有丝帛制成的。两者在形制上无太大差别，只是金属冠顶一般会有立饰，而丝帛冠后有时会附装饰带结。形制较完整者藏于瑞士 ABEGG-

① 高延青.内蒙古珍宝：金银器［M］.呼和浩特：内蒙古大学出版社，2007：173.

② 高延青.内蒙古珍宝：金银器［M］.呼和浩特：内蒙古大学出版社，2007：178.

STIFTUNG 基金会，冠体以红罗作地，通体用平金线刺绣对凤及卷云纹，冠沿对称钉有两条红色罗带，用于冠在头部的固定。冠体后面钉有三个装饰结（表8-2：3）。出使辽国的宋人路振曾记录契丹命妇之冠："二十八日，复宴武功殿，即虏主生辰也。……国母当阳，冠翠凤大冠，冠有缨，垂覆于领，凤皆浮。"其描述与 ABEGG-STIFTUNG 基金会藏红罗蹙金绣凤纹冠很像。故此类高翅冠应是契丹女性贵族礼仪场合所专用。

表 8-2：辽代墓葬出土高翅冠	
	1. 鎏金银高翅冠 陈国公主驸马墓出土。 冠体高 26 厘米，翅高 30 厘米，箍口径 19.5 厘米。
	2. 鎏金铜高翅冠 温多尔敖瑞山墓出土。 冠体高 23 厘米，翅高 29 厘米。
	3. 红罗蹙金绣凤纹冠 ABEGG-STIFTUNG 基金会藏。 立翅高 29 厘米。

实里薛衮冠

除了以上介绍的男女两种金冠，《辽史》还记载了契丹皇帝在大朝时所服之"国服衮冕"为："实里薛衮冠，络缝红袍，垂饰犀玉带错，络缝靴。"这里的"实里薛衮冠"应是契丹冠名的音译，但其制式目前尚无定论。有学者认为，大祀之"金文金冠"即"实里薛衮冠"[1]。

① 王青煜.辽代服饰[M].
沈阳：辽宁画报出版社，
2001：10.

① 贾玺增.辽代金冠[J].紫禁城,2011,(11):102.

② 李甍.历代《舆服志》图释:辽金卷[M].上海:东华大学出版社,2016,(3):71.

辽墓出土金冠还有一种"莲叶金冠"[1],冠体由镂雕鳞纹铜片重叠而成,前后之叠片状似莲叶,故名,有的在冠筒前后还各置有2~3片向外展开的耳饰。其实物遗存在甘肃省博物馆、内蒙古博物馆均有收藏[2]。

三 幅巾、头帕与玉逍遥

《辽史》"国服"篇中,皇帝和大臣的公服和田猎服头部皆着"幅巾"。《辽史·仪卫志》:"公服:皇帝紫皂幅巾,紫窄袍,玉束带,或衣红袄;臣僚亦幅巾,紫衣。……田猎服:皇帝幅巾,擐甲戎装。" 可见"幅巾"是契丹男性贵族日常使用的头衣,被列入辽代的服饰制度。其基本特征为黑色纱质,圆顶,垂两带于脑后。辽早期契丹人以髡发或戴帽为主,从文献记载看,契丹贵族广戴头巾始于辽中后期,"兴宗重熙二十二年,诏八房族巾帻。"并且,"道宗清宁元年,诏非勋戚之后及夷离堇副使并承应有职事人,不带巾。"而百姓若要使用,则必须缴纳政府规定的牲畜。如《契丹国志》"岁时杂记"记载:"契丹富豪民要裹巾者,纳牛、驼十头,马百匹,并给契丹名目,谓'舍利'。"可见契丹幅巾的使用者非富即贵,绝非一般百姓(图8-1-3-1)[3]。

契丹贵族男子着"幅巾",女子则"戴帕"。《辽史·仪卫志》有"小祀:皇后戴红帕,服络缝红袍,悬玉佩,双同心帕……"按照契丹女性婚后蓄发的习俗,头帕应用于已婚女性。宣化辽墓中便有很多戴头帕的女性形象,其中也不乏戴红帕者(图8-1-3-2)[4]。

《金史》载,女真人"年老者以皂纱笼髻如巾状,散缀玉钿于上,谓之玉逍遥。此皆辽服也,金亦袭之"。说明女性巾帕之上有的缀有玉饰,名曰"玉逍遥"。其形制可参考金齐国王墓出土的齐王妃巾帽上的对练鹊形白玉逍

③ 河北省文物研究所.宣化辽墓壁画[M].北京:文物出版社,2001:图版95.

④ 河北省文物研究所.宣化辽墓壁画[M].北京:文物出版社,2001:图版78.

图 8-1-3-1 **契丹着"幅巾"男子和戴"头帕"贵妇**
宣化辽墓壁画宴乐图。

图 8-1-3-2 **戴"头帕"女性形象**
宣化辽墓壁画备宴图。

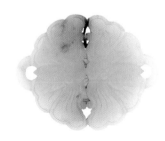

图 8-1-3-3 **玉对蝶**
朝阳北塔出土，宽5.5厘米。

遥（表 9-4：1）。朝阳北塔出土一玉对蝶（图 8-1-3-3）[①]，两侧各有一环，可穿系，或许便是缀于巾帽上之玉逍遥。

四 金花冠饰

依《辽志》记载："国母与番官胡服……番官戴毡冠，上以金华为饰，或以珠玉翠毛。盖汉、魏时辽人步摇冠之遗像也。额后重金花织成夹带，中贮发一总。服紫窄冠，带以黄红色条裹革为之，用金、玉、水晶、碧石缀饰。又有冠如纱帽无檐，不彻双马，额前缀金花，上结紫带，末缀朱或紫皂幅巾，紫窄袍，束带。"[②]不论是"毡冠"还是"纱冠"，上都有金花为饰。

辽宁朝阳耿延毅夫妇墓曾出土一些冠帽残

① 北京辽金城垣博物馆.大辽遗珍：辽代文物展［M］.北京：学苑出版社，2012：55.

② （宋）叶隆礼.辽志［M］.北京：商务印书馆，1936：7.

图 8-1-4-1　**鎏金银花饰**
辽宁朝阳耿延毅夫妇墓出土。

图 8-1-4-2　**银鎏金对凤纹冠饰**
凌源小喇嘛沟辽墓 M1 出土，凌源市博物馆藏。
（李芽摄）

① 李甍.中国北方古代少数民族服饰研究：契丹卷[M].上海：东华大学出版社，2013：94.

② 朝阳地区博物馆.辽宁朝阳姑营子辽耿氏墓发掘报告[C].考古学集刊（第3辑），191.

③ 辽宁省文物考古研究所.凌源小喇嘛沟辽墓[M].北京：文物出版社，2015：22，图版二九.

件，帽子为黑色纱地，有帽翅，有学者推测其可能为史载"纱冠"①。残件上有 8 件鎏金银花饰，为薄银片压制而成，每个长不及 2 厘米，图案分别为手持莲花的飞天、鸿雁、侧卧荷叶之上的化生童子以及昂首振翅之凤鸟等（图8-1-4-1）②。题材、尺寸和寓意均与前述金冠上的饰片相近，带有明显的佛教色彩。凌源小喇嘛沟辽墓 M1 也出土过 1 件银鎏金对凤纹冠饰，双凤迎面立于一朵如意云纹之上，底部连一连弧状的横梁，双凤之间有四朵叠置的如意云纹，上头承托一颗火焰珠（图 8-1-4-2）③。

第二节 │ 辽代的头饰

契丹按其传统习俗，头饰使用并不多。原因是契丹男性皆髡发，女子未嫁时亦髡发，女子婚后蓄发，有的编辫，有的盘髻，盘髻时则多着巾帕或罗帽，头饰无从插戴。但是自唐朝有公主嫁契丹酋长以后，唐公主带来了大量的中原服装和首饰，中原的服饰文化逐渐影响了契丹妇女，尤其是契丹上层社会的贵族妇女竞相学习，因此很多的中原首饰在辽地被应用，并和当地首饰款式相结合，产生出独特的样式。

一 簪钗、花钿

簪钗在辽墓中出土的数量远远没有汉墓中多。能够使用簪钗的契丹女子，基本上都是受汉族影响，要么是身份显贵的贵族，要么是定居从事农业或手工业生产的人。对于那些依然以四时游猎的马背生涯为主的契丹妇女而言，并不适于在头上插戴首饰，她们大多只是以布帛包髻，包髻不仅可以拢住头发，也可以遮住漫天风沙，保持清洁。

辽地出土的簪钗，也是从削木磨骨发展到镂金琢玉，并饰以珍珠宝石。在巴林左旗博物馆藏有多枚骨簪，有的圆针状无雕饰，也有簪首雕镂花卉禽鸟的。最有特色的是馆藏的一枚簪首雕有芦草鸿雁纹的骨簪（图 8-2-1-1）[①]。鸿雁纹是辽金元纹样中使用较多的一种，一则因为它是晚唐的主要纹饰之一；二则鸿雁也确与契丹等北方少数民族春秋捕鹅猎雁的"捺钵"制度有关。《辽史·营卫志中》载，辽国皇帝四季出行，"秋冬违寒，春夏避暑，随水草就畋渔，岁以为常。四时各有行在之所,谓之'捺钵'。"其中春秋捺钵即以捕鹅猎雁为主。做成鹘（海东青）捉鹅（天鹅）图案的玉器被称为"春水玉"，是辽金元时期玉雕中最常见的题材之一。巴林左旗博物馆中还有簪首磨成耳挖状或如意头形的，此类簪既可当耳挖，又方便搔头，是游牧民族器物多功

① 王青煜.辽代服饰[M].沈阳：辽宁画报出版社，2002：93.

图 8-2-1-1　**骨簪**
内蒙古巴林左旗辽上京博古馆藏，辽上京汉城出土。（李芽摄）

图 8-2-1-2　**骨簪**
凌源小喇嘛沟辽墓 M1 出土，长 18.1 厘米。

图 8-2-1-3　**金花银簪**
内蒙古阿鲁科尔沁旗扎斯台辽早期墓葬出土。

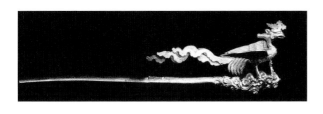

图 8-2-1-4　**银铤金凤钗**
易县大北城出土。易县文物保管所藏。
长 15.2 厘米，高 4.6 厘米，重 29 克。

① 辽宁省文物考古研究所. 凌源小喇嘛沟辽墓[M].北京：文物出版社，2015：47，彩版五三：4.

② 贲鹤龄.科左后旗白音塔拉契丹墓葬[J].内蒙古文物考古，2002，（2）：15.

③ 张景明.中国北方草原古代金银器[M].北京：文物出版社，2005：146.

④ 中国金银玻璃珐琅器全集编辑委员会.中国金银玻璃珐琅器全集：金银器[M].石家庄：河北美术出版社，2004：图三六六.

能设计的典型，在清代满族头饰中，耳挖簪依然是比较常见的款式。凌源小喇嘛沟辽墓 M1 墓主人是该墓群中等级最高，身份和地位略低于公主的一位契丹显贵，其墓中也只出土一枚骨簪，通体打磨光滑，无雕饰（图 8-2-1-2）①。

辽代金银簪钗出土很少，究其原因主要有三：一是传统契丹女子并不热衷于插戴簪钗，而是以包头、戴冠、帽为主，即使是辽陈国公主驸马墓中随葬品如此丰富，也只有金冠出土，未见有簪钗出土；二是辽朝曾经政令禁止葬以金银；三是辽灭亡后，金兵大举报复，盗掘契丹贵族坟墓，有十墓九空之说。内蒙古科左后旗白音塔拉辽代早期契丹贵族墓葬曾出土 8 件银折股钗，钗首均为略膨大的圆弧形，其中两件鎏金的钗首上饰有一排小金珠，长 28 厘米②。内蒙古阿鲁科尔沁旗扎斯台辽早期墓葬出土一金花银簪，簪首金制，作盛开的牡丹花形，下连扁平簪身（图 8-2-1-3）③。易县大北城出土一只银铤金凤簪（图 8-2-1-4）④，金凤脚踩卷云纹，做工精湛。在内蒙古赤峰市博物馆藏有一只

图 8-2-1-5　金凤鎏金银簪
20世纪50年代赤峰地区征集，赤峰市博物馆藏。通长16厘米，重42厘米。簪首纯金打制，簪铤银质鎏金。（李芽摄）

图 8-2-1-6　琥珀珍珠头饰
辽陈国公主驸马墓出土。

图 8-2-1-7
梳双环望仙髻的女子
内蒙古赤峰市宝山2号辽墓壁画。

类似金凤簪，簪首为一只昂首、翘尾、展翅的金凤立于团云之上（图 8-2-1-5）[①]。

辽代契丹族的头饰，出土不多，以辽陈国公主驸马墓公主头畔出土的琥珀珍珠头饰最为精致，因其下坠有摇叶，故也可归为步摇一类。其由2件琥珀龙形饰件、122颗小珍珠和42件金摇叶以细金丝连缀组成（图 8-2-1-6）[②]。此类步摇和汉族步摇形制有着明显的差异，其佩戴时应是将珍珠串戴于头顶，琥珀与金摇叶垂于脸颊两畔，与蒙古皇后顾姑冠两侧的垂饰有异曲同工之妙。这应是游牧民族所特有的款式，因头部要戴冠或帽，故不适宜做成步摇簪或步摇钗。

壁画中见到的头插金银簪钗花钿的女性形象多为汉装。唐公主下嫁契丹后，契丹人也渐渐承袭了唐钗的遗制，在内蒙古赤峰市宝山2号辽墓中，我们可以看到很多头插金簪的辽代贵妇，有的梳双环望仙髻（图 8-2-1-7），有的两鬓抱面（图 8-2-1-8），头顶和两鬓均插有成双成对的金银簪钗若干，并饰有金银花钿。其中一两鬓抱面的贵妇，身穿诃子，

① 高延青.内蒙古珍宝：金银器［M］.呼和浩特：内蒙古大学出版社，2007：108.

② 内蒙古自治区文物考古研究所，哲里木盟（通辽市）博物馆.辽陈国公主墓［M］.北京：文物出版社，1993：86-87，彩版二四：1.

图 8-2-1-8　**两鬟抱面的女子**
内蒙古赤峰市宝山 2 号辽墓壁画。

图 8-2-1-9　**插簪钗的女子**
内蒙古库伦旗六号辽墓壁画。

图 8-2-2-1　**龟纹银鎏金巾环**
内蒙古赤峰市克什克腾旗二八地 1 号辽墓
出土，直径 2.5 厘米。

---

① 扬之水.江西省博物馆藏宋元金银器丛考 [J].收藏家.2007,（8）：41.

② 项春松.克什克腾旗二八地一、二号辽墓 [J].内蒙古文物考古,1994,（3）.

发髻上下对插两把发梳，和唐代敦煌壁画中的女性形象如出一辙。内蒙古自治区库伦旗六号辽墓门额上的乐舞壁画中（图 8-2-1-9），女子头上所插簪钗则恰如唐五代歌舞伎乐头上常见的"挑鬟"。

二 巾环

在辽金时期，巾环多为女性罗帽上的配件。罗帽是契丹、女真妇女日常佩戴的一种圆顶小帽，帽缘后部缀带，于脑后作结下垂。其在穿戴时，要和额带、巾环配套使用。"巾环的流行大约是由北及南，由辽金而至宋元明。"① 辽代巾环出土物不是很多，赤峰市克什克腾旗二八地 1 号辽墓曾出土 1 枚龟纹银鎏金巾环为其代表（图 8-2-2-1），时间为辽中期偏早，环表面锤鲽 6 只环游的小龟②。

第三节 | 辽代的耳饰

从目前出土资料看，辽代耳饰无论造型还是数量，远胜唐、宋，亦为金、西夏、元所不及。唐代妇女基本上没有穿耳戴环的习俗，而宋代耳饰的流行，则可能曾受契丹人戴环传统的影响和促进。金代耳饰上还可以明显看到宋、辽耳饰影响的痕迹。

辽代的耳饰分耳环和耳坠两种，耳环以金属为主体材料制作而成，耳坠则指于耳环下再悬挂若干坠饰而形成的耳饰，以耳环最为多见。辽代的男子和妇女均流行佩戴耳环。这可以从内蒙古的诸多辽墓壁画和石俑中反映出来（表8-3：1、3）。巴林左旗滴水壶辽墓壁画中，有些男子耳环较大，除了饰耳功能外，还有收拢鬓前两绺长发之功能（表8-3：2）。这种情况在宣化下八里Ⅱ区辽壁画墓 M1 出土的男童木俑上也有体现，男童前额两侧头发顺耳后垂下，发尖与耳环缠绕，两侧完全相同[①]。

表 8-3：辽代戴耳饰的人物形象

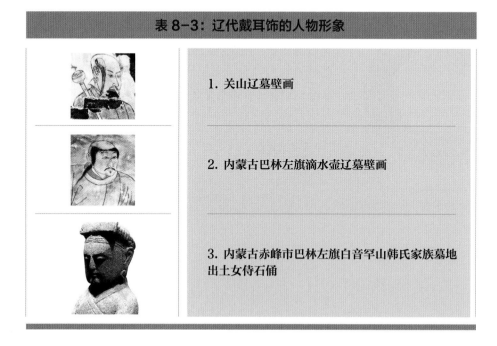

1. 关山辽墓壁画

2. 内蒙古巴林左旗滴水壶辽墓壁画

3. 内蒙古赤峰市巴林左旗白音罕山韩氏家族墓地出土女侍石俑

① 刘海文.宣化下八里Ⅱ区辽壁画墓考古发掘报告［M］.北京：文物出版社，2008：51.

一 摩羯形耳饰

在辽代耳环中，摩羯形耳环是最有特色的，主要出土于 10—11 世纪的辽墓。摩羯，来源于印度神话传说，是印度神话中一种长鼻利齿，鱼身鱼尾的动物，梵文称 makara，汉译作摩羯、摩竭、摩伽罗等。它被认为是河水之精，有着翻江倒海的神力。摩羯形象的缘起有很多种说法，有认为源于鲸鱼；有认为源于鳄鱼；也有人认为是鱼、象、鳄鱼三种不同动物形象的复合体。摩羯纹于 4 世纪通过佛经的翻译传入中国，到了唐代成为金银器上的常见纹饰。一些学者曾经对此做过研究[①]，综合起来主要有两种观点：一种观点如上文所述认为源于印度的摩羯鱼，是中西方文化交流的印证；一种观点则认为与中原地区"鱼龙变化"的传说有关，中国民间传说中的"鳌鱼"，装饰于屋脊的"鸱吻"，都可见到摩羯形象的影子。当然，不论是印度的摩羯，还是中国的鳌鱼和鸱吻，尽管形象看起来有些狰狞，但这些人们创造出来的神兽都是一种能保佑百姓生活的祥瑞之兽。契丹民族一直保持着游牧渔猎的风俗，"秋冬违寒，春夏避暑，随水草就畋渔，岁以为常。"[②]除了捕猎和畜牧业外，捕鱼业是契丹经济的重要补充形式，这和其他游牧民族单纯以畜牧业为主的生活方式不同。春天时，契丹人为庆祝天鹅季节开始而举行特别仪式，名为"春水"。根据《辽史》记载，捕鹅雁时"救鹘人例赏银绢"。渔业也在初春开始进行，当时"卓帐冰上，凿冰取鱼。冰泮，乃纵鹰鹘捕鹅燕。晨出暮归，从事弋猎。……弋猎网钓，春尽乃还……"随着渔业的发展，创造或者选择一种水中神兽为图腾进行崇拜，祈求护佑的习俗便自然而然会诞生，契丹人对摩羯纹、鱼龙纹，乃至摩羯舟形饰的喜爱或许便从此而来。

① 岑蕊.摩羯纹考略[M].文物.1983,(10): 78-80；莫家良.辽代陶瓷中的鱼龙形注[J].辽海文物学刊.1987,(2)；曾育.鱼龙变[J].故宫文物月刊.1984,(2)；徐英.摩羯造像的原型与流变[J].内蒙古大学艺术学院学报.2006,(6): 45-51.

② (元)脱脱等.辽史[M].卷三十二.营卫志中.北京：中华书局,1974.

契丹人对摩羯纹有着浓厚的兴趣，从辽代建立早期一直沿用到中期，不仅用它做纹饰，还喜欢用它做器物造型，辽墓中出土的大量摩羯形耳饰便是其中的代表。辽代的摩羯纹，龙首鱼身，带翅带鳍，印度摩羯造像中那个标志性的类似象鼻的长鼻子慢慢消失了，而代之以一个圆形的莲花花蕾，很有时代特色。辽代也一度接受中原的儒释道三教，919年时，辽太祖及皇后和皇太子曾分谒孔庙、佛寺和道观[1]。而莲花在儒释道三教中，都有极美好的象征意义。莲被认为是花中君子，象征着中国传统文化中的一种理想人格："出淤泥而不染，濯清涟而不妖"；莲花也是清廉的象征：盖"青莲"者，谐音"清廉"也；莲花也象征爱情：盖莲花别名芙蓉花，或云水芙蓉；而在佛教中，莲花则象征纯净和断灭。摩羯纹与莲花的结合或许正是契丹人对中原文化的一种特殊演绎。

表 8-4：辽代摩羯形耳饰

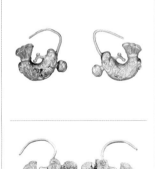

1. 金摩羯形耳环
辽宁省建平县硃碌科乡王府沟村出土。辽宁省博物馆藏。[2]
两件一副。宽 3.7 厘米，下部为摩羯形坠，上端焊接金丝弯钩。摩羯由两片合成，体中空，鱼尾高翘，口衔莲花。摩羯身上尾、鳍、鳞纹俱备，锤鎌精细。

2. 金摩羯形耳环
内蒙古哲盟库伦旗奈林镐出土。内蒙古博物馆藏。[3]

3. 金摩羯形耳环
内蒙古科尔沁旗左翼后旗吐尔基山辽墓出土。内蒙古文物考古研究所藏。（李芽摄）

① （元）脱脱等.辽史［M］.卷二.太宗本纪下.北京：中华书局，1974.
② 中国金银玻璃珐琅器全集编辑委员会.中国金银玻璃珐琅器全集：金银器［M］.石家庄：河北美术出版社，2004.
③ 天津人民美术出版社.中国织绣服饰全集［M］.天津：天津人民美术出版社，2004.

4. 金摩羯形耳环

内蒙古阿鲁科尔沁旗辽耶律羽之墓出土。[①] 内蒙古文物考古研究所藏。

辽会同四年 (941)，通长 4.4 厘米，宽 4.4 厘米。耳饰采用锤鍱、焊接、錾刻、打磨等技法加工而成。摩羯造型为龙首鱼身，头部有鹿形双脚，鱼身蜷曲，头、腹、尾部镶嵌绿松石。耳环的环钩从龙首的鼻前伸出，笔者认为原应穿有花蕾形饰，但已遗失。[②] (李芽摄)

5. 金摩羯衔"荷叶"耳环

辽宁法库叶茂台 9 号墓出土。[③]

长 3.7 厘米，宽 1.8 厘米，高约 3 厘米。

在龙鱼的嘴部两侧、腹部、近尾那还各焊一个小金环，应是系挂悬垂饰物之用。

▣ "U"形和"C"形耳饰

另一种辽代流行的耳环在造型上则是比较抽象的，上为细钩，环体呈"U"形，前有圆形突出物，底部凸起桃形节，有一些在"U"形环体的起棱部还饰有连珠纹装饰。这种耳环在 10 世纪内蒙古东南面大横沟、敖汉旗（表 8-5: 1）、阿鲁科尔沁旗（表 8-5: 3、4）、阜新南皂力营一号辽墓[④]、辽宁朝阳前窗户村辽墓[⑤]、内蒙古二八地一号墓（图 8-2-2-1）[⑥] 及天津等地均曾出土，有玉制的和金银质的。从现有资料看，这种形式的耳环主要见于辽代早期，是辽早

① 该墓出土两件摩羯形金耳环，一件为无角龙首，口大张，露尖齿，圆眼外凸，鱼身蜷曲，胸尾有鳍，有环钩从龙首的鼻前伸出。

② 上海博物馆编.草原瑰宝——内蒙古文物考古精品 [M].上海：上海博物馆，2000.

③ 王秋华.惊世叶茂台 [M].天津：百花文艺出版社，2002.

④ 李霖.河北承德县道北沟村辽墓 [J].考古，1990，（12）：1141-1142.该墓出土"U"形银耳环 2 件。完好，鎏金。略似新月形，中起脊，边缘呈圆柱状，在连接边缘的银片上饰鱼鳞纹。前端接出一半椭圆的圆帽，上有一环钩，直径约 2.3 厘米。

⑤ 朱天舒.辽代金银器 [M].北京：文物出版社，1998.

⑥ 项春松.克什克腾旗二八地一、二号辽墓 [J].内蒙古文物考古.1984.据此文作者分析，二八地辽墓是目前国内已经发现的契丹（辽）墓中时代较早的墓葬，比叶茂台辽墓在时间上还要早。此墓出土金耳环 6 件，分三式：Ⅰ式 2 件，半圆用细金丝作穿耳，附一蘑菇状装饰，通高 3.7 厘米；Ⅱ式 2 件，作兽形，中空，通高 3.5 厘米；Ⅲ式 2 件，作鱼形，中空，鱼首向上，尾部弯曲呈半圆形，通高 3.2 厘米。

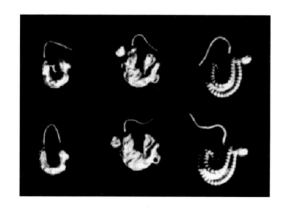

图 8-2-2-1　**金耳饰（辽早期）**
内蒙古二八地一号墓出土。

期最常见的耳环样式。其可能是摩羯莲花耳饰的早期雏形。摩羯及"U"形耳环的使用贯穿辽代之始终，且占辽代出土耳环的大多数，是当时十分盛行的样式。还有一种类似的耳环，其细钩体和环身融为一体，没有明显的粗细之分，故整体造型呈"C"形，内蒙古敖汉旗辽墓便出土有此类耳环（表 8-5：2），梦蝶轩还藏有类似玉耳环。

表8-5：辽代"U"形和"C"形耳饰

1. "U"形金耳环（辽早期）
内蒙古敖汉旗沙子沟一号辽墓出土。[1]
通高 3 厘米、横长 2.1 厘米、宽 0.5 厘米。中空，环体呈 U 形，前有圆形凸出物，底部凸起桃形节。接 U 形钩。从现有资料看，这种形式多见于辽早期。同样形制的还有辽宁锦州张扛村辽墓出土的鎏金银耳环[2]，天津市蓟县营房村辽墓出土的铜鎏金耳环[3]。

---

[1] 敖汉旗文物管理所.内蒙古敖汉旗沙子沟、大横沟辽墓 [J].考古.1987,（10）：889-904.据该文作者推断，从出土的器物和墓葬形制观察，应属于辽代早期。

[2] 刘谦.辽宁锦州市张扛村辽墓发掘报告 [J].考古.1984,（11）：992.墓中出土银耳饰 1 副。银质鎏金，但鎏金已退去，平面作钩状，钩上有圆形突，钩侧有一扁圆突饰。据该文作者推断，该墓年代属于辽代早期，相当中原五代时期。

[3] 赵文刚.天津市蓟县营房村辽墓 [J].北方文物.1992,（3）：36-41.墓中出土铜鎏金耳环 2 件。出于耳部。为半圆三棱体，实心，上端用细铜丝作穿耳，侧附一蘑菇状装饰，下部似鱼状。通长 4.3 厘米、直径 0.7 厘米。据该文作者推断，该墓较多地具有北方草原地区辽代早期墓葬的特征。

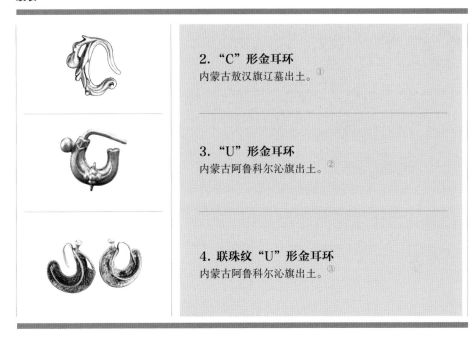

2. "C" 形金耳环
内蒙古敖汉旗辽墓出土。[①]

3. "U" 形金耳环
内蒙古阿鲁科尔沁旗出土。[②]

4. 联珠纹 "U" 形金耳环
内蒙古阿鲁科尔沁旗出土。[③]

三 其他造型耳饰

　　除了摩羯形、"U" 形和 "C" 形耳饰外，辽代还出土了少数其他造型的耳饰。其中最有特色的当属摩羯舟形耳饰，既有耳环，也有耳坠。华丽者当属内蒙古奈曼旗辽陈国公主驸马墓出土的琥珀珍珠摩羯舟形耳坠，每件耳坠有 4 件琥珀饰件，橘红色，整体均雕刻成龙鱼形小船，龙首，鱼身，船上刻有舱、桅杆、鱼篓，并有划船、捕鱼之人，另附有 6 颗大珍珠和 10 颗小珍珠及金钩，全长 13 厘米，应是契丹贵族盛装时所佩之饰物（表 8-6：4）。类似的摩羯舟形耳饰在辽宁省新民巴图营子也有出土（表 8-6：5），香港承训堂也藏有一件相似的耳坠，但都没有陈国公主墓出土的那般繁复。摩羯舟形耳饰的设计立意应是摩羯形耳饰的华丽版，为契丹贵族所享用。

---

① 内蒙古敖汉旗博物馆编著 . 敖汉文物精华［M］. 呼伦贝尔：内蒙古文化出版社，2004.
②③同①。

图 8-3-3-1　凤衔灵芝蔓草金耳环（辽中期）

辽宁省建平县张家营子乡勿沁园鲁村出土。辽宁省博物馆藏。

高 5.6 厘米、宽 4.7 厘米。两件一副，金质，凤形坠，上端焊接用以穿耳眼的金丝弯钩。凤体由两片合成，中空，凤扬翅翘尾，口衔瑞草，腹下亦有云草托浮。

① 朱天舒.辽代金银器[M].北京：文物出版社，1998：29.

② 高延青.内蒙古珍宝：金银器[M].呼和浩特：内蒙古大学出版社，2007：113.

再如凤形耳饰。辽宁省建平县张家营子乡勿沁园鲁村出土的金凤形耳饰，扬翅翘尾，口衔瑞草，腹下亦有云草托浮，毛羽清晰，精巧工致（图 8-3-3-1）；辽宁法库叶茂台 7 号墓也出土有穿金丝琥珀凤形金耳环（表 8-6：1）。凤纹是辽人最喜爱的纹饰[①]，它在辽代各种器物上和壁画石刻上的使用比摩羯纹还要广泛，且其风格受唐代凤纹和宋代凤纹的影响比较明显。

在赤峰市巴林右旗出土过一件迦陵频迦形金耳坠，"迦陵频伽"是佛教中的一种神鸟。据传其声音美妙动听，婉转如歌，胜于常鸟，佛经中又名美音鸟或妙音鸟。此件耳饰做工极细，下坠流苏，华丽异常（表 8-6：6）[②]。辽宁喀左北岭白塔子还出土过一对白玉飞天饰物（表 8-6：2），飞天带冠、侧脸、双手合十于胸前。一腿前伸，一腿逆向弯曲。露足。身披飘带，带端作三瓣花形，下托简化云纹。头顶向后伸出一弯曲细长形物，似为穿耳所用，故

表 8-6：辽代其他造型耳饰

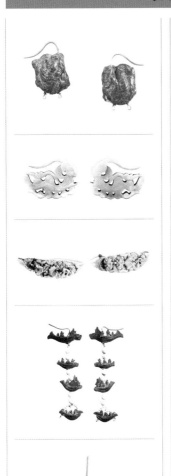

1. 穿金丝琥珀凤形金耳环
辽宁法库叶茂台 7 号墓出土。辽宁省博物馆藏 ①
长 5 厘米，琥珀呈方形扁体，两面雕凤纹。体内钻"人"字孔，孔内穿金丝，上端金丝弯成坠钩，形似凤首，下端两孔所出金丝似凤足，其造型设计极为巧妙。

2. 玉制飞天耳环（疑似）
辽宁喀左北岭白塔子出土。②
长 4.6 厘米，宽 3.5 厘米。

3. 金牡丹蝴蝶纹耳环
辽宁朝阳北塔天宫出土。③
宽 1.2 厘米、长 4 厘米。时代约为辽重熙十二年。

4. 琥珀珍珠摩羯舟形耳坠（一副，42 件）
内蒙古奈曼旗辽陈国公主驸马墓出土。④
全长 13 厘米，金钩直径 0.15 厘米；6 颗大珍珠直径 0.8 厘米；10 颗小珍珠直径 0.3 厘米 (根据组合应有 11 颗)。4 件琥珀饰件，整体均雕刻成龙鱼形小船并有划船、捕鱼之人。置于尸床东部。大小相同。

5. 金摩羯舟形耳环
辽宁省新民巴图营子出土。⑤
通长 7.3 厘米，摩羯舟高 2.2 厘米。耳环主体作三维的摩羯舟形，中有四角亭一，亭两侧各有 3 人嬉戏。亭顶焊接金丝，弯曲为环脚。

① 王秋华.惊世叶茂台［M］.天津：百花文艺出版社，2002.东北三省博物馆联盟.松辽风华：走进契丹、女真人［M］.北京：文物出版社，2012.
② 许晓东.辽代玉器研究［M］.北京：紫金城出版社，2003.
③ 据扬之水.奢华之色——宋元明金银器研究［M］.北京：中华书局，2010.书中注载：摘自《朝阳北塔——考古发掘与维修工程报告》。
④ 内蒙古自治区文物考古研究所，哲里木盟 (通辽市) 博物馆.辽陈国公主墓［M］.北京：文物出版社，1993.
⑤ 中国金银玻璃珐琅器全集编辑委员会.中国金银玻璃珐琅器全集：金银器 (二)［M］.石家庄：河北美术出版社，2004.图录称之为"簪"，笔者认为应是耳环，只是其环脚已被拉直。

6. 迦陵频迦形金耳坠
赤峰市巴林右旗巴彦尔灯苏木和布特哈达出土。赤峰市巴林右旗博物馆藏。
通长 8.8 厘米。

推断为耳饰。以飞天为耳饰题材，此为孤例。另外，在辽宁朝阳北塔天宫还出土过一对金牡丹蝴蝶纹耳环（表8-6：3），这种花蝶形耳饰明显受到宋代耳饰的影响。

辽代耳饰款式自成一格。与辽同时代的宋，虽然是中国汉族女性开始普遍佩戴耳饰的时期，但摩羯形耳饰在宋耳饰中几乎没有出现。尽管辽代耳饰的摩羯纹受唐代摩羯纹的影响很深[1]，宋代耳饰流行的花果蜂蝶图案在辽代耳饰上也有少量体现，但辽代耳饰设计中所体现的文化独立性还是显而易见的。

第四节 │ 辽代的颈饰

颈饰是辽代墓葬中比较常见的饰物，目前所见均出于契丹人的墓葬中，主要以璎珞和项链为主。颈饰在辽代早、中、晚期墓葬中皆有出土。其佩戴使用不仅限于女性，男性也有使用，这与游牧民族的

① 朱天舒.辽代金银器[M].北京：文物出版社，1998：32.

盛装风习相符。辽代的颈饰，有些书中称为璎珞，有些书中称为项链，实际上，璎珞就是项链中比较复杂的一类，均为贯穿珠玉而成，多挂于颈部，长者可悬垂至胸腹部。

璎珞通常被认为是来自佛像的一种装饰物，实际上是古代南亚次大陆在家人，特别是贵族（不分男女）的随身装饰品，早在佛教兴起以前就已开始使用了。《大唐西域记·印度总述》载："王族、大人、士庶、豪右，庄饰有殊，规矩无异。……男则绕腰络腋，横巾右袒。女乃襜衣下垂，通肩总覆。……首冠花鬘，身佩璎珞。……外道服饰，纷杂异制，或衣孔雀羽尾，或饰骷髅璎珞……国王大臣，服玩良异，花鬘宝冠，以为首饰，环钏璎珞，而作身佩。其有富商大贾，唯钏而已。[①]"可见，璎珞在佛教发源地印度是王公贵族身份地位的象征，富商大贾哪怕富可敌国，也是不可佩戴的。而佛教艺术形象的创作大量素材来自生活，尤其菩萨装扮，大多是以王公贵族为造型来源，正规的菩萨形象几乎都佩戴各种各样的璎珞与华鬘（多指花环）。甚至"菩萨鬘"，亦作"菩萨蛮"，成了著名的词牌名。《蜀中广记》云："西域诸国妇女编发垂髻，饰以杂华，曰鬘。中国佛像璎珞之饰，是其制也。彼土称菩萨鬘。调名菩萨蛮取此。"[②]宗教和世俗生活的相互影响由此可见一斑。中国云贵地区居民古代也有佩戴璎珞的传统，只是制作璎珞的原料或因地制宜，有所不同。

辽代璎珞饰物的盛行，既与西域民族繁饰传统有关，也与佛教在辽初的兴起有关。契丹族本无佛教信仰，佛教最初是由汉人和渤海人传入的。辽圣宗以后，辽朝佛教进入全盛阶段，五京之内，佛寺林立。帝王、皇后饭僧的记载屡见史书。以至后代有"辽以释废，金以儒亡"之说[③]。故此，佛教服饰对辽代贵族产生影响也是自然之事。不仅璎珞，还有观之如金佛之面的"佛妆"，饰于冠上的飞天、化生童子、火珠、莲花、宝相花等饰件都和佛教文化有着千丝万缕的联系。

① （唐）玄奘述，辩机撰.大唐西域记·卷二[M].桂林：广西师范大学出版社,2007.

② 曹学佺.蜀中广记·卷一百四·诗话记第四，文渊阁四库全书·册592[M].上海：上海古籍出版社,1987：663.

③ 苏天爵.元朝名臣事略·卷十·宣慰张公[M].北京：商务印书馆,1937：169.

① 徐一夔.明集礼·卷二十七·礼物,文渊阁四库全书·册649[M].上海:上海古籍出版社,1987:557-558.

② 贲鹤龄.科左后旗白音塔拉契丹墓葬[J].内蒙古文物考古,2002,(2):15.图片摘自高延青.内蒙古珍宝:金银器[M].呼和浩特:内蒙古大学出版社,2007:111.

③ 田广金、郭素新.内蒙古阿鲁柴登发现的匈奴遗物[J].考古,1980,(4).

④ 陆思贤、陈棠栋.达茂旗出土的古代北方民族金饰件[J].文物,1984,(1).

辽代颈饰通常由琥珀、水晶珠、珍珠或玛瑙管、鎏金或纯金镂空球、心形坠、T形坠以及其他坠饰穿连而成,艳丽夺目,晶莹剔透,珠光宝气,极富装饰性。其中琥珀、水晶、玛瑙、珍珠、金银均为佛七宝之一,佛教认为水晶代表佛骨,而琥珀代表佛血,也可见其与佛教之间千丝万缕的联系。其中琥珀所占比例尤其显著,此类质料的璎珞,从文献记载上来看,北魏时已出现。《明集礼》记载:"魏制公主嫁礼,赐珍珠翠毛玉钗六头,珍珠琥珀玉水精璎珞五项。"①北魏是游牧民族拓跋鲜卑在中国北方建立的政权,而佛教在中国的真正兴起也始于北魏,因此其服饰特色和辽之间有共性也属情理之中。琥珀之所以流行于辽境,一来因为地利,辽控制了北方广大地区,草原丝绸之路因之可以畅通无阻,出产于波罗的海的琥珀,经活跃于中西亚的商人之手,运抵辽境,是非常有可能的。二则琥珀本身硬度低,雕刻的技术含量也相对较低,对游牧民族来说易于制作。三则琥珀密度低,但色泽艳丽,大量佩戴并不过分沉重,又极富装饰效果。当然,琥珀的使用在契丹与印度一样,也仅仅局限于贵族,一般平民是无缘涉及的。

除了琥珀珠宝类颈饰,辽代也出土了少量金属颈饰。内蒙古科左后旗白音塔拉辽代早期契丹贵族墓葬便曾出土金龙颈饰1条。重78.8克,长114厘米,通体用金丝编缀而成,两端为龙头,龙须、龙眼、龙嘴清晰可辨。构思巧妙,技法别致,造型生动逼真(图8-4-1)②。此金龙项饰与内蒙古鄂尔多斯地区出土的兽头金项圈③和内蒙古达茂旗出土的金龙颈饰④应具有一定传承关系。同墓也出土有由24颗玛瑙珠组成的玛瑙项链。

从辽代颈饰的出土情况来看,其传入契丹被贵族

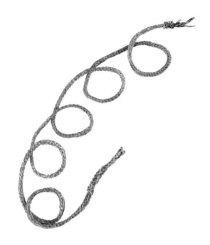

图 8-4-1　金龙颈饰
内蒙古科左后旗白音塔拉辽代契丹贵族墓出土。通
辽市博物馆藏。

① 项春松.克什克腾旗二八地一、二号
辽墓［J］.内蒙古文物考古，1984，
（3）：80-90.

② 兴安盟文物工作站.科左中旗代钦他
拉辽墓清理简报.内蒙古文物考古文集
（第二辑）［M］.魏坚主编，中国大百
科全书出版社，1997：651-667.

③ 内蒙古自治区文物考古研究所，哲里
木盟（通辽市）博物馆.辽陈国公主墓
［M］.北京：文物出版社，1993.

④ 辽宁省文物考古研究所.凌源小喇
嘛沟辽墓［M］.北京：文物出版社，
2015：122-123.

阶层习用当在辽建立之后。辽代早期颈饰主要
见于内蒙古吐尔基山墓（表 8-7:2）、耶律羽墓
（表 8-7:3、4）及辽宁法库叶茂台墓（表 8-7:1）。
此外，内蒙古克什克腾旗二八地 1 号墓在尸骨
附近见有水晶八棱体 T 形饰、水晶心形饰、琥
珀饰件若干，其一呈椭圆牡丹花形，并有管形、
圆形玛瑙、绿松石串珠共计 56 枚。此为保存完
整的契丹贵族墓，出土的上述饰件原来应该是
串联成项链或璎珞使用的[1]。科左右旗代钦塔拉
女墓主颈部佩戴有用丝线连缀的珍珠项链一条
和用丝线连缀的金花球、琥珀、蓝色多面体水
晶球项链一条[2]。中期的颈饰最精彩的出于陈国
驸马公主墓中，这也是目前所见最为精美的、
完整的琥珀璎珞，每人各戴两组。公主的琥珀
雕饰有行龙、蟠龙、蟠龙戏珠、行龙戏珠、莲
花等花纹；驸马的琥珀饰件则浮雕行龙。蟠龙、
行龙戏珠、云纹对鸟、荷叶双鱼等纹饰（表 8-7:5、
8-7:7）[3]。刀工精美，极富皇家气派。公主还
另戴有一琥珀珍珠项链（表 8-7:6）。中期另一
座辽代代表性墓葬为凌源小喇嘛沟辽墓，其中
M1 的墓主身份和地位略低于公主一级，但高于
一般节度使或契丹贵族，应相当于重要节度使
一级或高级贵族家族的重要成员，其墓中出土
玛瑙、水晶串饰一套，包括水晶串珠、红玛瑙
串珠、红玛瑙短柱和绿玛瑙心形珠[4]。康平县张
家窑辽墓群，也出土一套玛瑙颈饰（表 8-7:8）。
晚期墓葬或多或少也都见有各式琥珀珠或其他
材质的珠饰。如巴图营子出土的荷叶形琥珀饰，
正面浅浮雕作荷叶状，侧面贯穿一孔。同墓还
见有复叶形琥珀饰 1 件。叶形，一面凸起，上

雕—叶形花纹，下复重叶，两端有穿孔。背面凸雕"心"形纹。另见有 T 形、心形琥珀坠，笋状饰、条状饰各 2 件，玛瑙、白石珠若干，推测可以组成两挂颈饰[1]。辽宁阜新程沟辽墓也出土了水晶饰珠 4 枚、琥珀饰珠 9 枚、琥珀管 5 件、T 形琥珀饰 1 件、鎏金铜饰 3 件，或也可组成颈饰[2]。从颈饰的出土情况看，辽代早、中期较多，晚期明显骤减。

表 8-7：辽代颈饰的形制（辽代代表性颈饰）

1. 水晶珠琥珀颈饰（辽初）
辽宁法库县叶茂台 7 号老年女性墓出土。
由五股 258 粒水晶珠和 7 件描金狮形琥珀佩相间穿成。水晶珠多作椭圆形，间以瓜棱形。悬垂长约 40 厘米。

2. 水晶玛瑙璎珞
吐尔基山辽墓出土。
由小颗粒红玛瑙珠、墨晶和金丝球相间穿缀而成。墨晶珠和镂空金丝球将缨路分为五段，每段由四股玛瑙珠组成。（陈诗宇摄）

3. 水晶琥珀金坠颈饰
耶律羽墓出土。
由金心形、T 形坠饰、圆形水晶珠、11 件琥珀饰相间组成。金心形、T 形坠饰由两片对合而成，中空。表面饰三叶纹。琥珀饰件呈红褐色，形状不规整。（李芽摄）

4. 水晶琥珀金坠颈饰
耶律羽墓出土。
由白色水晶珠、红色玛瑙管、金质心形、T 形坠饰穿连而成。（李芽摄）

① 冯永谦.辽宁省建平、新民的三座辽墓 [J].考古,1960,（2）:17-23.
② 阜新市文物工作队等.阜新程沟辽墓清理简报 [J].北方文物,1998,（2）: 27.

5. 琥珀璎珞

陈国公主驸马墓出土。

散落于公主颈下和胸部周围，由内外两组组合而成。外圈一组264件，出土时穿系银丝已断，参照驸马璎珞复原成形。由5串257颗琥珀珠和5件琥珀浮雕饰件，2件素面琥珀料以细银丝相间穿缀而成，周长159厘米。内圈一组69件，由60颗琥珀珠和9件圆雕、浮雕琥珀饰件以细银丝相间穿缀组成。周长113厘米。（陈诗宇摄）

6. 琥珀珍珠项链

陈国公主驸马墓出土。

置于公主颈部，由8股金丝穿连700颗珍珠和1件琥珀坠饰、3颗琥珀珠串连而成。琥珀坠饰长7.8厘米、宽3.6厘米、高5.6厘米，3颗琥珀珠直径0.8~2.3厘米。珍珠每颗直径0.3厘米。

7. 琥珀璎珞

陈国公主驸马墓出土。

散落于驸马颈部周围，由内外两组组合而成。外圈一组421件，垂于胸腹部，由416颗琥珀珠和5件琥珀浮雕饰件组成。用7根细银丝穿缀而成。周长173厘米。内圈一组73件，由64颗圆球形琥珀珠和9件琥珀饰件以细银丝相间穿缀而成。周长107厘米。

8. 玛瑙颈饰

康平县张家窑辽墓群出土。

颈饰由心形坠、T形坠、玛瑙管状饰和不规则石头组成。（李芽摄）

图 8-4-2　T 形坠饰（左）和水晶包金心形坠饰
苏木花根塔拉出土。

① 图片摘自许晓东.辽代玉器研究［M］.北京：故宫出版社，2003：84.

② 仅见心形坠，玉质，上部鼓形部分已经退化。见黑龙江省文物考古工作队.绥滨永生的金代平民墓［J］.文物，1977，（4）:50-55，图25.

③ 许晓东.辽代璎珞及其盛行原因的探讨［C］.辽金历史与考古(第1辑).沈阳：辽宁教育出版社，2009.

在辽代颈饰上经常会发现心形坠和 T 形坠饰（图 8-4-2）①，他们通常成对出现，一左一右，似有阴阳呼应之美，质地有琥珀、玉、玛瑙、水晶、金、绿松石、鎏金铜、鎏金银等。这种坠饰的形制大致相同，上部均呈鼓形，中横穿一孔，T 形坠饰大部分作圆柱体，亦有呈六面体、八面体的；且使用无性别、年龄的差异，均见于契丹贵族墓中。其出现几与有辽一代相始终，不见于辽文化圈之外的中国历史上的任何时代和地区，在与其同时的西夏、北宋亦不见，而只在其后的金朝初期黑龙江地区见有一例②。研究者认为，心形坠和 T 形坠可能来源于遥远而古老的希腊或北欧地区，而不见于中国历史上辽文化圈之外的其他时代、地区和民族，只是其代表的含义如今很难知晓。因此，这种项饰是契丹文化特征鲜明的一种遗物。其与蹀躞七事中的"契苾真"与"啰厥"也应无③。

璎珞这种颈饰一般是又长又大，自颈部垂至胸腹部，从实际情况来看，并不适合马上民族的游牧生活。在诸多出土的辽墓壁画中也从未见有佩戴者。其多出自契丹族大中型贵族墓，可能并非简单意义上的装饰品，或是一种身份地位的象征。

第五节 │ 辽代的臂饰

图 8-5-1
龙首婴孩飞鸟牡丹纹金镯
凌源小喇嘛沟辽墓 M1 出土。
1 副 2 件。大小形制完全相同。
长径 6.7 厘米、短径 5.5 厘米，
展开后通长 19.5 厘米，宽 2 厘米。

辽代手镯多为金、银、铜等金属质地，因玉、琥珀、玛瑙等易碎，故游牧民族一般不戴于手上。手镯造型多为开口腕镯，模铸成型，中间宽扁，两端渐次收窄。镯面多于鱼子纹地上装饰缠枝花卉、蔓草、雀绕花枝、梅花、童子攀花等图案；镯口以装饰兽首（以龙首居多）或禽首（以鹅、雁为主）为多，与游牧民族游猎生活和契丹的"捺钵"制度相呼应，也有少数装饰竹节纹等。手镯的活扣设计辽代尚未见到，跳脱也未见契丹使用。

契丹手镯形制大致分为四个类型。

A 型：开口腕镯，中间宽扁，向两端渐次收窄，镯口呈圆弧形或装饰兽首或禽首，此类型手镯贯穿辽代始终，是最常见的一类形制，出土墓葬等级比较高，材质以纯金为主。

如陈国公主驸马墓中，公主左右手银丝网络外，每手戴 2 只镯子，左手戴 2 只鹅首缠枝花纹金镯（表 8-8:2），右手戴 2 只龙首龙纹金镯（表 8-8:1）[1]，均属于此类型。凌源小喇嘛沟辽墓 M1 出土 1 副 2 件龙首婴孩飞鸟牡丹纹金镯，大小形制完全相同，边缘起棱，中间主纹为两个奔跑的婴孩和两只飞鸟，两两之间以一朵缠枝牡丹相间隔，空白处以鱼子纹为地（图 8-5-1）[2]。另外如吐尔基山辽

① 内蒙古自治区文物考古研究所，哲里木盟（通辽市）博物馆 . 辽陈国公主墓 [M]. 北京：文物出版社，1993：29-30. 高延青 . 内蒙古珍宝：金银器 [M]. 呼和浩特：内蒙古大学出版社，2007：114.

② 辽宁省文物考古研究所 . 凌源小喇嘛沟辽墓 [M]. 北京：文物出版社，2015：彩版一七 .

墓出土有龙首素面金镯1副、辽宁前窗户村辽墓出土有龙首鸾鸟衔瑞草纹鎏金银镯1副、内蒙古耶律羽墓出土龙首牡丹鸾鸟纹錾花金镯1副、代钦塔拉辽墓出土龙首錾梅花纹金镯1副、叶茂台二号辽墓出土龙首鸳鸯鱼植物纹錾花金镯1副、平泉县小吉沟辽墓出土錾花铜镯、小努日木辽墓出土錾梅花金镯和錾梅花铜镯均属此类型腕镯。

B型：开口腕镯，中间宽扁，两端细窄并呈竹节状，镯身多錾刻各种纹样。此类型手镯多出土于辽代前期。

如辽宁建平硃碌科乡王府沟村出土此类竹节首錾梅花纹金镯（表8-8:3）[①]。张扛村辽墓出土竹节形鎏金银镯1副，镯中部宽扁，鱼子地纹并在边缘錾刻小花，镯首也做成竹节形。

C型：素面开口腕镯，由金属片或金属条弯制而成，出土墓葬等级较低，以银、铜材质为主，极少量为金质。

如阜新南皂力营子一号墓出土鎏金银手镯1副，素面，边缘起棱。巴林右旗敖包恩格尔辽墓女性墓主左手戴银镯1件，素面。新巴尔虎旗甘珠儿花一号墓墓主是一契丹平民女性，该墓出土素面铜镯1件。张家营子辽墓出土银镯2件，素面，中起脊，边缘起棱。辽中期喀喇沁旗吉旺营子墓出土素面金镯1副均属此种类型。

D型：镯面中间扁宽，两端缠绕金丝，并由一圆环衔接。

目前仅见于科左后旗白音塔拉辽代早期契丹贵族墓葬，有银鎏金手镯2件，錾花银手镯10件，形制相同（表8-8:4）[②]。

除了金属腕镯之外，在一些墓葬墓主人手臂附近

① 中国金银玻璃珐琅器全集编辑委员会.中国金银玻璃珐琅器全集：金银器[M].石家庄：河北美术出版社，2004：图版三五〇.

② 贲鹤龄.科左后旗白音塔拉契丹墓葬[J].内蒙古文物考古，2002，（2）：15.图片摘自高延青.内蒙古珍宝：金银器[M].呼和浩特：内蒙古大学出版社，2007：114.

图 8-5-2 **双手戴镯子的马夫**
河北省张家口宣化辽墓壁画。

散落着一些玛瑙、水晶、绿松石珠饰，应为臂串的组件。如巴林右旗敖包恩格尔辽墓出土玛瑙珠 10 粒，或为臂串。宋代彭汝砺曾写过一首描写契丹妇女生活的诗，其中"有女夭夭称细娘，珍珠络臂面涂黄"说明契丹女性也有用珠宝做臂串的。

契丹腕镯多出于女性墓葬，即使在极高等级的男性墓葬中也未发现腕镯，说明契丹贵族男性似无戴镯习俗。但在河北宣化辽墓壁画中的许多低等级男性人物，如马夫、门卫等，可看到左右手臂均戴手镯（图 8-5-2），其中缘由有待考证。

在契丹贵族墓葬中，还时常出土一种特殊的臂饰，一般由若干件玛瑙管和 2 件镂孔球用丝线相间穿组而成。同一组饰件中玛瑙管的长度并不完全相同。镂孔球的材质，可分金质及鎏金铜两种。整体作球状，表面大都作镂孔 8 字连续图案。这种饰物也可缀于胸部，以女性佩带较多。如在叶茂台 7 号辽墓墓主人的右胸部便发现一组，玛瑙管为红色圆柱状；金丝球为联珠纹与花叶纹相称。耶律羽墓出土了类似臂饰，镂孔金球制作极其精致（图 8-5-3）。

图 8-5-3 **臂饰**
耶律羽墓出土。

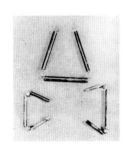

图 8-5-4　**胸饰及臂饰**
陈国公主驸马墓出土。

在陈国公主驸马墓公主尸体胸部发现 3 件长 12 厘米的红色圆柱形玛瑙长管的同时，在它们的旁边也发现了 4 枚镂孔小金球，与左右手臂外侧由玛瑙管和琥珀珠组成的臂饰相呼应（图 8-5-4）[1]。

此种饰物在辽代早期最为盛行，中期仅见陈国公主墓所出者，晚期墓葬中尚无发现类似的饰物。目前所知，这种胸饰只在辽代契丹墓葬中才有发现。

表 8-8：辽代臂饰的形制（辽代腕镯的形制）

A型	**1. 龙首龙纹金镯** 陈国公主驸马墓出土。 戴于公主右腕上，一对，形制大小相同。打制，镯体扁宽，镯面錾刻相互缠绕的双龙。镯面展开长 18.2 厘米，面宽 1.1~0.4 厘米，厚 0.25~0.5 厘米。一重 71 克，一重 66.5 克。（李芽摄）
A型	**2. 鹅首缠枝花纹金镯** 陈国公主驸马墓出土。 戴于公主左腕上，一对，形制大小相同。打制，镯体扁宽厚重，正面錾刻浅浮雕式的缠枝莲花纹，细线方格纹衬底。两端刻鹅首，圆眼，长扁嘴。镯面展开长 21.2 厘米，面宽 1.6~0.6 厘米，厚 0.3~0.5 厘米。一重 106.7 克，一重 105.2 克。
B型	**3. 竹节首錾梅花纹金镯** 辽宁建平硃碌科乡王府沟村出土，辽宁省博物馆藏。 两件一对，镯口打制成竹节状，镯面锤鍱成高高凸起的小朵梅花，鱼子地纹。
C型	**4. 水仙纹银鎏金镯** 白音塔拉辽代早期契丹贵族墓葬，通辽市博物馆藏。 一对。直径 6.6 厘米，宽 1.4 厘米，单件重 40 克。

---

[1] 图片摘自内蒙古自治区文物考古研究所，哲里木盟（通辽市）博物馆. 辽陈国公主墓，[M]. 北京：文物出版社，1993：图版二四.

第六节 | 辽代的手饰

辽代契丹男女皆戴指环，且喜爱一手戴多环。耶律羽之夫妇合葬墓共出土指环9枚，而陈国公主及驸马墓出土戒指17枚，公主和驸马分别佩戴11枚及6枚金指环，公主有一指戴两环。当然这种极端者属于个案，或为呼应显贵葬俗。公主与驸马的戒指十分轻薄，似专为死者随葬而制，并非日常实用品。但即使是葬俗，在中国历史上也极为罕见，可见契丹人对指环的重视与喜爱。

契丹指环主要以金、银、铜类金属指环为主，其中盾形指环是最富契丹特色的一类，从现有资料来看似乎此前未曾有过。同时期的宋、金指环，后世的元、明、清指环风貌，与此亦有不同。此外，环面嵌宝或装饰立体圆雕动物亦是辽代指环特色，这与北方民族的整体首饰风格相吻合。

契丹指环代表形制大致分下两类。

A型：盾面指环。即指环环面呈盾牌形，环面上多錾刻缠枝纹、团花纹、宝相花纹等，华丽者还镶嵌宝石或立体圆雕。

如耶律羽之夫妇合葬墓共出土指环9枚，其中盾面开口环5枚，3枚盾面锤鍱缠枝蔓草或宝相花图案（表8-9:1）[1]；2枚盾面装饰团花，花心嵌玉，花瓣应当也曾随形嵌玉石，惜已尽失（表8-9:2）[2]。阜新南皂力营子辽墓出土錾金莲花纹银指环4枚，环面呈盾形，装饰团花及缠枝莲花纹内。凌源小喇嘛沟辽墓M1出土6枚盾面银鎏金戒指，用薄银片制成，环面饰花叶纹，中间为八瓣形团花，两侧衬对称的三叶纹（表8-9:6）[3]。环面装饰立体圆雕动物以及镶嵌绿松石的形式多见于北方民族的出土物之中，辽代此类指环与之明显有传承关系，如内蒙古吐尔基山辽

① 图片摘自中国金银玻璃珐琅器全集编辑委员会.中国金银玻璃珐琅器全集：金银器［M］.石家庄：河北美术出版社，2004：图版三四一.

② 盖之庸.探寻逝去的王朝 辽耶律羽之墓［M］.呼和浩特内蒙古大学出版社，2004：57.

③ 辽宁省文物考古研究所.凌源小喇嘛沟辽墓［M］.北京：文物出版社，2015：20.

① 高延青.内蒙古珍宝:金银器[M].呼和浩特:内蒙古大学出版社,2007:112.

② 同①。

③ 项春松.克什克腾旗二八地一、二号辽墓[J].内蒙古文物考古,1984,(3):85.

④ 盖之庸.探寻逝去的王朝 辽耶律羽之墓[M].呼和浩特内蒙古大学出版社,2004:57.

⑤ 内蒙古自治区文物考古研究所,哲里木盟(通辽市)博物馆.辽陈国公主墓[M].北京:文物出版社,1993:30.

墓出土的 4 枚盾面指环,其中 3 枚于盾形戒面上镶嵌随形水晶片,中心装饰金蟾蜍,蟾蜍背部驮嵌绿松石,指环上錾刻有月牙状纹饰,接近戒面部分各嵌一块绿松石,戒面錾刻缠枝花纹,指环上有丝织品打成的结(表 8-9:3)。另一枚盾面装饰宝相花,花心、花瓣随形镶嵌琥珀以及绿松石(表 8-9:4)①。巴林右旗洪格尔苏木哈鲁墓出土的凤形金指环,环面呈盾形,中央卧一只凤凰(表 8-9:5)②,制作极其精致。内蒙古克什克腾旗二八地 1 号墓中发现鎏金铜指环 5 件,环形套,戒面呈盾形,周沿刻有水珠纹③。

B 型:圆面指环。即指环环面呈圆形,环面多錾刻有花形纹样,有的花心位置还镶嵌宝石。

如耶律羽之夫妇合葬墓共出土指环 9 枚,其中盾面开口环 5 枚,另 4 枚是圆面闭口环,其中两枚环面边沿装饰联珠一周。这 4 枚指环中心原应皆有嵌石,现仅存 1 枚嵌有绿松石,其他 3 枚镶嵌物已失(表 8-9:7、8)④。代钦塔拉辽墓出土嵌松石梅花金指环 7 枚,形制基本一致,环面正中作一朵梅花,花心镶嵌绿松石。阜新南皂力营子一号辽墓出土鎏金莲花纹银指环 4 枚,环面作一盛开花朵状。阜新梯子庙二号墓 4 件金指环,陈国公主和驸马共戴 17 枚錾花金指环,均属于此类型指环,但是质地十分轻薄,似不是生前所戴⑤。

辽代指环环面的立体动物造型、镶松石工艺,与魏晋南北朝时期内蒙古、辽宁等地出土的指环有相通之处。环面的宝相花、团花、蔓草、水鸟等设计,又有唐宋装饰风格。盾形环面则是辽代的首创。总之,辽代的指环吸取了北方草原以及中原的艺术因素,并结合自身的创新,形成别具一格的独特风格。

表 8-9：契丹指环的代表形制

A 型：盾面指环

1. 盾面金指环
内蒙古耶律羽夫妇合葬墓出土。（李芽摄）

2. 盾面嵌玉金指环
内蒙古耶律羽夫妇合葬墓出土。
戒面最长 3.6 厘米，最宽 1.6 厘米。（李芽摄）

3. 镶蟾蜍嵌宝盾面金指环
内蒙古通辽市吐尔基山辽墓出土。
内蒙古考古研究所藏。戒面最长 4 厘米，最宽 2.1
厘米，厚 0.15 厘米，指环径约 2.1 厘米，重 14 克。
（李芽摄）

4. 盾面花形嵌松石金指环
内蒙古通辽市吐尔基山辽墓出土。
面长 3.7 厘米，宽 1.9 厘米，厚 0.1 厘米，环径约 2.3
厘米，重 17.1 克。

5. 镶凤盾面金指环
内蒙古赤峰市巴林右旗洪格尔哈鲁辽墓出土，
赤峰市巴林右旗博物馆藏。
戒面长 3.8 厘米，宽 2.1 厘米，通高 4.1 厘米。

6. 盾面银鎏金戒指
凌源小喇嘛沟辽墓 M1 出土。
共 6 枚，大小、形制基本相同。环身为开口，
展开后通长 8.5 厘米。

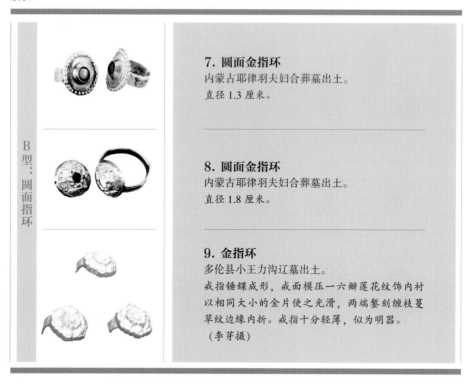

B型：圆面指环

7. 圆面金指环
内蒙古耶律羽夫妇合葬墓出土。
直径 1.3 厘米。

8. 圆面金指环
内蒙古耶律羽夫妇合葬墓出土。
直径 1.8 厘米。

9. 金指环
多伦县小王力沟辽墓出土。
戒指锤鍱成形，戒面模压一六瓣莲花纹饰内衬以相同大小的金片使之光滑，两端錾刻缠枝蔓草纹边缘内折。戒指十分轻薄，似为明器。

（李芽摄）

附 | 辽代代表性墓葬出土装饰品综述

陈国公主驸马合葬墓[①]位于内蒙古自治区通辽市奈曼旗青龙山镇。据墓志分析，驸马名萧绍矩，是仁德皇后之兄，其入葬时间约为开泰五年（1016）九月到开泰七年（1018）3 月之间，年 30 岁左右；陈国公主乃景宗第二子秦晋国王耶律隆庆之女，正妃萧氏所生，为"六叶帝王之族"，尊贵无比，其入葬的时间在开泰七年，年 18 岁。

墓内尸床上放置着公主和驸马的尸体，所穿丝质衣物已腐朽，但身上穿戴的金银制品及佩戴的各

① 内蒙古自治区文物考古研究所，哲里木盟（通辽市）博物馆.辽陈国公主墓［M］.北京：文物出版社，1993.

图 8- 附 -1 **镂花金荷包**
陈国公主驸马合葬墓出土。

种饰件还留存于原位，是研究辽代贵族首饰的较好案例。

公主脚穿錾花银靴 1 双，腰系金铸丝带 1 条，丝带已残，只余金铸带 8 件。头戴琥珀珍珠头饰 1 组（图 8-2-1-6），项戴琥珀珍珠项链 1 组（表 8-7:6），胸佩琥珀璎珞 2 组（表 8-7:5），胸部还有镂孔小金球 4 件，管形玛瑙饰 3 件，胡人驯狮琥珀佩饰 1 件。腰部左侧有镂花金荷包 1 件（图 8- 附 -1），錾花金针筒 1 件，提链水晶杯 2 件，双鱼玉佩 1 组，交颈鸳鸯玉佩 1 件，交颈鸿雁玉佩 1 件等。腰部右侧有八曲连弧形金盒 1 件，鱼形盒玉佩 1 件，提链水晶杯 1 件，琥珀柄铁刀 1 件。腹部置有螺形玉佩 1 组，鱼形盒玉佩 1 件（图 8- 附 -2），双鱼玉佩 1 组，玉佩 2 组，鱼形玉佩 1 组。右腿上部有蚕蛹形琥珀佩饰 8 件，下部有琥珀配饰 1 组。左腿下部有琥珀配饰 1 组。左手腕戴鹅首缠枝花纹金镯 1 对（表 8-8:2），管形玛瑙臂饰 1 组，五个手指各戴錾花金戒指 1 个（表 8-9:9）；右手腕戴龙首龙纹金镯 1 对（表 8-8:1），管形玛瑙臂饰 1 组，五个手指戴錾花金戒指 6 个，其中有一手指上套叠着

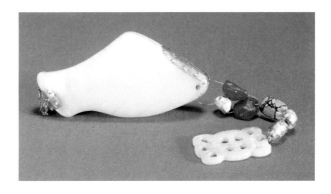

图 8- 附 -2 **鱼形盒玉佩**
陈国公主驸马合葬墓出土。

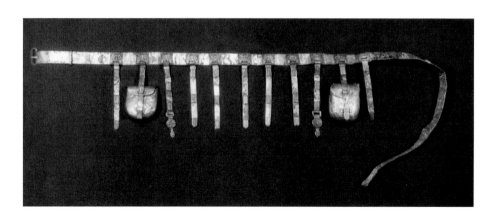

图 8- 附 -4 **金銙银鞓蹀躞带**
陈国公主驸马合葬墓出土。

图 8- 附 -5 **玉臂鞲**
陈国公主驸马合葬墓出土。

2个。公主银枕上方有高翅银冠1件（表8-2：1）。尸床东侧中部还有琥珀珍珠耳坠1副（表8-6：4）及若干琥珀佩和玉佩饰（图8- 附 -3）。

驸马脚穿錾花银靴1双，腰系金銙银鞓蹀躞带1条（图8- 附 -4），带的右侧挂有錾花银囊1件、玉柄银锥1件、玉柄银刀1件，带的左侧挂有錾花银囊1件、琥珀柄银刀1件，左腿下部有双鸟形琥珀佩饰1件，双鱼形琥珀配饰1件，椭圆形琥珀配饰2件，瓶形琥珀佩饰1件，琥珀佩饰1组。胸佩琥珀璎珞2组（8-7：7），腹部有龙纹琥珀佩饰1件。左手臂戴玉臂鞲1件（图8- 附 -5）。左右手指各戴錾花金戒指3个。驸马头上方北侧有鎏金银冠1件（图8-1-1、图8- 附 -6）。

图 8- 附 -3 陈国公主复原图

公主头戴高翘银冠和琥珀珍珠头饰，耳戴琥珀珍珠耳坠，颈戴琥珀珍珠项链和两组璎珞，左手腕戴鹅首缠枝花纹金镯 1 对，右手腕戴龙首龙纹金镯 1 对，每只手各戴 3 个金指环。腰系金铸丝带，带上系佩有镂花金荷包、琥珀柄铁刀、錾花金针筒及多件玉佩。右手提一件八曲连弧形金盒。服装形制参考宣化辽墓壁画。因墓葬中随葬的首饰与配饰数量过于庞大，有一部分应属于葬仪所用，故此复原图只选择性地插戴了其中一部分首饰与腰佩。

（张晓妍绘）

图 8-附 -6　陈国驸马复原图

驸马头戴鎏金银冠，颈戴琥珀璎珞 2 组，左手臂戴玉臂韝，两手各戴三个金指环。腰系金铸银鞓鞢䕃带，带上系挂有錾花银囊、
琥珀柄银刀、玉柄银锥、玉柄银刀及多件琥珀佩饰。驸马穿的服装参照墓中壁画形象复原，身穿圆领窄袖白锦袍，脚穿黑皮长勒靴。
因墓葬中随葬的配饰数量过于庞大，有一部分应属于葬仪所用，故此复原图只选择性地佩戴了其中一部分腰佩。（张晓妍绘）

第九章

中国金代女真族的首饰

李 芽

金，或称大金、金朝，是中国历史上由女真族建立的一个政权。女真是一个通古斯语系的民族，长期以来生活在现今吉林和黑龙江省、松花江流域和长白山麓的"白山黑水"地区，是满族的祖先。隋唐时期，女真族被称为靺鞨，其中粟末靺鞨和黑水靺鞨是比较强盛的两个部落；前者活动于粟末水（松花江）以南地区；后者活动于长白山一带，八、九世纪渤海国强盛时，役属于渤海国。契丹建朝以后，灭掉渤海，黑水靺鞨便从属于辽代，并以女真的名称见称于世。女真族由于深受契丹贵族的种种奴役和压迫，在1115年反辽战役取胜后，完颜部的阿骨打称帝建国，改国号为金。

早期女真的葬俗为"死者埋之而无棺椁。贵者生焚所宠奴婢、所乘鞍马以殉之。其祀祭饮食之物尽焚之。"故此，墓葬实物遗存很少，考察金代首饰更加困难。金人原本比较朴素，"自灭辽侵宋后"才"渐有纹饰"，但从挖掘的为数不多的金人墓葬来看，首饰总体出土量依旧很少，远不及辽。金墓中出土的玉饰主要为贵族巾帽上的缀饰和身上的玉佩饰，耳部、颈项、手、臂部位的饰物基本以金属质地和珠宝质地为主，玉制比较少见，这也符合"富人以珠金为饰"[①]的游牧传统。

女真长期受制于契丹，灭辽后又与宋朝南北并立，因此，在文化艺术上是受辽、宋两朝文化影响颇深的一个民族。

① 本段所有引文皆摘自（宋）宇文懋昭. 大金国志[M]. 北京：中华书局，1986：552.

第一节 | 金代后妃命妇的礼服首饰

一 文献制度

金代帝后的礼服皆承袭"前代之遗制","章宗时，礼官请参酌汉、唐，更制祭服"[1]，金代礼服制度实际基本是照搬北宋末的礼服冠制的，其游牧民族的服饰特色主要保留在日常常服中。

《金史·舆服志》载皇后冠昭：

> 花株冠，用盛子一，青罗表、青绢衬金红罗托里，用九龙、四凤，前面大龙衔穗球一朵，前后有花株各十有二，及鸂鶒、孔雀、云鹤、王母仙人队、浮动插瓣等，后有纳言，上有金蝉鑻金两博鬓，以上并用铺翠滴粉镂金装珍珠结制，下有金圈口，上用七宝钿窠，后有金钿窠二，穿红罗铺金款慢带一。

> 宗室及外戚并一品命妇……又五品以上官母、妻……首饰……许用明金、笼金、间金之类。[2]

此处"花株"指的应是装饰于冠上的"花树"，前后各十二树，基本同宋制。金代皇后礼服像并无传世者，但参考清宫南薰殿旧藏宋人所绘宋代皇后像，其冠顶有珠翠龙凤，正面往往有跨凤的西王母，其下高低错落立着一排仙人，后有博鬓（图7-1-2-1），与金代皇后礼冠所载基本大同小异。只是金代礼冠中提到"盛子""纳言"二物，其他朝代的皇后礼冠中并未涉及，似为金代独有称谓。

① (元)脱脱等.金史[M].北京：中华书局，1975：975.

② (元)脱脱等.金史[M].北京：中华书局，1975：978-979.

二 构件分析

（一）盛子

金代皇后的花株冠，"用盛子一，青罗表、青绢衬金红罗托里"。"盛子"为何物，史籍中并未有明确记载。从金代出土文物来看，有一类巾帽内的金属胎网，起到固定巾帽形状的作用，可能就是"盛子"。

北京房山区的金代帝王陵寝 M6-3 墓石椁内墓主人头骨处出土了一件此类金丝帽盛子，用金丝编结而成，呈半球形，顶部编成海棠花饰，四周呈网络形（表 9-1：1）。编结工艺自帽顶开始，先自帽顶心编一圆环，第二圈编结水滴形八瓣花状连接，从第三圈开始用金丝编出一个个相连的如意花瓣形，一圈一圈向下扩编，直至盛子下口沿，最后均固定在底圈粗金丝圈上。其外附有丝织物，内也衬有丝织物[1]。此盛子周围还堆积有 20 粒金花饰，应为巾帽上的饰物，其中 14 粒用极细的金丝编结成海棠花形制，另外 6 粒，用薄金箔錾刻，顶部作梅花饰，内有竖鼻系，这些金花饰便应是所谓"金钿窠"（图 9-1-2-1）。

在吉林长春的金代完颜娄室墓中还发现一件银盛子，以银丝编成，呈扁圆形网状，顶部为一小圆环，银丝较粗，以此圆环为中心，用细银丝编织，每一网扣均旋扭两道，底部边缘以两道较粗银丝环绕一周，起到支撑和加固的作用，口部以银片包裹一周（表 9-1：2）[2]。

金代齐国王完颜晏与王妃墓中，王妃的巾帽内则有一铁丝编织的蜂窝状六角形铁盛子，用 0.5 毫米铁丝编制而成，龙骨以 3 根铁丝并排为股，前后、左右共两股隆起在内顶十字交叉，又以两根铁丝并排

① 北京市文物研究所 . 北京金代皇陵 [M] . 北京：文物出版社，2006：79，245.

② 孙传波 . 旅顺博物馆藏金代完颜娄室墓出土的部分文物 [J] . 北方文物，2001，（2）：52.

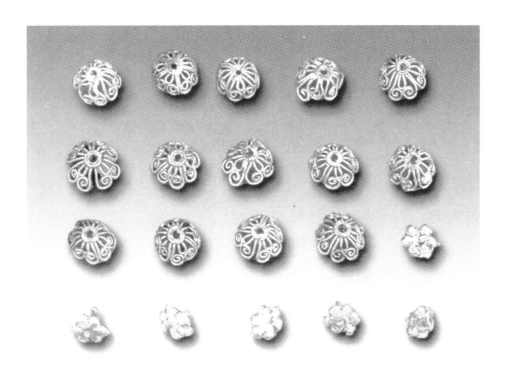

图 9-1-2-1　**金钿窠**
北京房山金代帝王陵寝 M6-3 出土。大的直径 0.6 厘米，高 0.4 厘米；小的直径 0.4 厘米。

为股，共 4 股相间于顶内等分交叉，共为 12 瓣。龙骨上罩单根铁丝编结蜂窝网或近似方格网，网孔径为 0.7~0.9 厘米。盛子底缘沿用皂罗里包边，盘绦巾帽表与盛子间衬单层皂罗里（表 9-1：3）[①]。

　　房山出土的金盛子和齐国王妃的铁盛子出土时内外均附有织物，与史籍记载"青罗表、青绢衬金红罗托里"相合。宋金礼冠装饰烦琐，为了固定外部附着的装饰，内部需要一个强有力的支撑，因此盛子作为金属胎网有其实用意义。与盛子同出土的巾帽尽管远远没有礼冠装饰烦琐，但也附着有许多金钿窠和玉屏花，玉逍遥等饰物，同样需要坚固的胎网支撑以定形。其前身或为魏晋时的"蔽髻"，到明代则演化为金、银丝"鬏髻"，起到首饰底座的作用。

[①] 赵评春等.金代服饰：金齐国王墓出土服饰研究［M］.北京：文物出版社.1998：26，图版一一〇.

表 9-1：金墓出土盛子

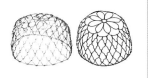

1. 金盛子
北京房山金代帝王陵寝 M6-3 出土。
高 10 厘米，直径 14 厘米。

2. 银盛子
吉林长春金代完颜娄室墓出土。
直径 16.9 厘米，高 7.6 厘米，重 120 克。

3. 铁盛子
金代齐国王完颜晏与王妃墓出土。

（二）纳言

皇后花株冠"后有纳言"。"纳言"之饰，始于汉代，唐宋因之。《后汉书·舆服志》载："尚书赜，收方三寸，名曰纳言，示以忠正，显近职也。"有学者认为，此处的"赜"指承进贤冠之展筩的帻，"纳言"便是缀于帻后部合缝处的一个饰物[1]。至宋代，进贤冠成为隆重的朝服，《宋史·舆服志》载"进贤冠以漆布为之，上镂纸为额花，金涂银铜饰，后有纳言。以梁数为差，凡七等。"宋仁宗时，"造冠冕，减珍华"，故"纳言元（原）用玉制，今用青罗画出龙鳞锦"。所以纳言实际上是缀于男女礼冠后的一种饰物，有用玉制的，也或有其他材质。

有学者认为纳言和巾帽上的玉逍遥是指同一物，只是置于不同首服之上的不同名称[2]。也有学者认为纳言和玉逍遥并无任何关联[3]。

① 孙机.玉屏花与玉逍遥 [J].文物，2006，（10）：90.

② 贾玺增.巾环、玉屏花、玉逍遥与玉结子：宋元明时期巾帽类首服的固定和装饰用具[J].紫禁城，2011，（1）：98.

③ 同①。

第二节 | 金代的头饰

　　游牧民族的发式受生活环境的限制，一般比较简单，男性多髡去一部分头发，余发披散或梳辫，契丹、女真、蒙古皆是如此。女真族的发式，《大金国志》中记载："辫发垂肩……留颅后发，系以色丝。富人用珠金饰。妇人辫发盘髻，亦无冠。自灭辽侵宋，渐有文饰。妇人或裹'逍遥巾'，或裹头巾，随其所好。"可见，女真并不流行戴冠，比之于辽更要朴素一些。男子额发髡去，颅后打辫，辫梢普通百姓用彩色丝线系束，富贵之人还会缀以珠玉金银为装饰。女真先民还一度保有原始巫风，以兽牙鸟羽为头饰[①]。女子则辫发盘髻，外裹各式头巾。《金史·舆服下》载，"巾"乃金人常服之一，其制"以皂罗若纱为之，上结方顶，垂折于后。顶之下际两角各缀方罗径两寸许，方罗之下各附带长六七寸。当横额之上，或为一缩襞积。贵显者于方顶，循十字缝饰以珠，其中必贯以大者，谓之顶珠。带旁各络珠结绶，长半带，垂之，海陵赐大兴国者是也。"金代齐国王妃墓中便出土有类似男女巾帽各一：其中齐国王墓出土"皂罗垂角幞头"，上为平顶，折叠钉边，中穿窄带，巾后两侧缀玉屏花两枚，巾后垂带从中穿过，系结后垂脚，垂脚长 27 厘米（图 9-2-2-3）；齐王妃墓则出土花珠巾帽，皂罗衬里，巾表以皂罗盘绦小菊花为地，构成上中下三层覆莲瓣纹，每层五瓣，用金线钉穿珍珠饰边，共计用珠 500 余颗，下有金巾环，巾帽后正中缀有玉逍遥（图 9-2-1-2）[②]。戴巾帽并不便于插戴头部首饰，故女真头饰主要以缝缀于巾帽之上的装饰物和系于巾帽内外的抹额为主。数量款式都比较有限。

① 《新唐书·北狄传》对黑水靺鞨的记载是："俗编发，缀野豕牙，插雉尾为冠饰，自别于诸部。"

② 赵评春等.金代服饰：金齐国王墓出土服饰研究［M］.北京：文物出版社.1998.

图 9-2-1-1　山西侯马董海墓室砖雕

一　巾环

如上所述，金代女真人，不论男女，皆喜着巾。在宋人的记录中，称金人的"巾"为"蹋鸥"。宋人周辉《北辕录》记载女真人："无贵贱，皆着尖头靴；所顶巾谓之蹋鸥。"范成大在《揽辔录》中也有记载："男子髡顶，月辄三、四髡，不然亦闷痒。余发作锥髻于顶上，包以罗巾，号曰蹋鸥，可支数月或几年。"这种"巾"和宋人的幞头、乌纱帽等硬体头巾不一样，其没有经过涂漆处理，而是用绢、缎等纺织品裁制成的一种软体首服。为了将其固定在头部，要在这种巾帽外面缝缀一对用来穿拉绳带的环形物，时称"巾环"。此物拴在巾帽后部，两枚为一副，束巾之带穿过它们互相系结。

巾环在宋辽金时期，一直到明代，都普遍配合巾帽使用。其分为内用巾环和外用巾环两种，内用巾环形多小巧，朴素而无饰，宋代还一度将之称为"二圣环"或"二胜环"，"环"谐音"还"，寓意盼望靖康之难后，被金人掳走的徽、钦二帝。材质有金质、玉质，讲究者还以金嵌宝石。外用巾环则是缝缀在巾帽两侧的外用器物，故装饰和工艺都讲究许多，形体也更大一些。叶子奇《草木子》卷 3 下"杂制篇"称："巾环襻领，金服也。"将巾环说成是金人特有的一种服饰，虽不确切，但至少说明其在女真人中使用的普遍性。这在图像资料中也可以找到证明，如山西平阳金墓砖雕中就有许多裹巾束环的人物形象，山西侯马董海墓室墙壁的砖雕金人形象就比较典型（图9-2-1-1），宋代《杂剧打花鼓》中的女子巾

图 9-2-1-2　**王妃巾帽**
金代齐国王墓出土。

图 9-2-1-3
宋代《杂剧打花鼓》中的女子

① 赵评春等.金代服饰：
金齐国王墓出土服饰研究
［M］.北京：文物出版
社，1998：图版一〇六、
一〇七、一一三.

② 吉林省博物馆.吉林省
扶余县的一座辽金墓［J］.
考古，1963，（11）.

③ 北京市文物研究所.北
京金代皇陵［M］.北京：
文物出版社.2006：77.

④ 杨伯达.中国玉器全集
［M］.石家庄：河北美术
出版社，2005：473.

⑤ 贾玺增.巾环、玉屏花、
玉逍遥与玉结子：宋元明
时期巾帽类首服的固定和
装饰用具［J］.紫禁城，
2011，（1）.

帽两侧也可清晰见到巾环的形象（图 9-2-1-3）。

从出土实物上看，竹节形巾环是金代女真墓葬出土巾环中比较典型的形制。如黑龙江阿城巨源乡出土的金代齐国王完颜晏与王妃墓出土的王妃巾帽后侧部的一对竹节形金巾环（图 9-2-1-2、表 9-2：1）①、吉林扶余辽金墓出土的一对竹节形金巾环②和北京房山长沟峪金墓出土的竹节形金巾环（表 9-2：2）③。这三个巾环外形几乎完全一样，外侧为圆面，内侧为底平的竹节形，竹节上还錾刻有芽结。区别只是北京房山出土巾环的竹节为 7 节，比哈尔滨和扶余出土者少了 1 节。以上三例竹节形金巾环，应即《金史·舆服志》记载"花株冠"后侧的"金钿窠二"。《说文》："窠，空也。"可知其质地都应为金箔錾刻打造成竹节形的中空巾环。1980 年和 1981 年在北京丰台区王佐乡米粮屯村发现 4 座女真墓葬，棺内出土白玉巾环 1 件，由 6 个竹节拼成 6 瓣花形，似是竹节形巾环的一种变形（表 9-2：3）④。

辽宋元出土的巾环，造型远比金墓丰富，除了竹节纹外，还有龟背纹、连珠纹、花卉纹、龙纹等，造型不拘一格⑤。

表9-2：金墓出土巾环

1. 竹节形金巾环

黑龙江阿城金代齐国王完颜晏与王妃墓出土。

2. 竹节形金巾环

北京房山长沟峪金墓出土。

直径4厘米。

3. 白玉巾环

北京丰台区王佐乡米粮屯村金代乌古伦墓出土。首都博物馆藏。

外径4.9厘米，内径3厘米，厚0.4厘米。

三 玉屏花

　　玉屏花实际上是玉巾环的一种升级版。从出土实物看，巾环主要以金属质地为多，因金银不易碎，而玉器易碎，于游牧生活并不适合，故游牧民族在传统上并不偏爱玉首饰。但辽金与中原长期接触，自然会受到中原崇玉文化的影响。而且，在中原地区，巾帽只是一种非正式的日常燕居首服，但对于金人来说，却是燕居礼仪两相宜，像金太宗完颜晟在金上京乾元殿也是"头裹皂头巾，带后垂"[1]。因此金代贵族对巾帽，尤其是礼仪场合的巾帽，自然会格外用心进行装饰。故此，金属巾环便逐渐演化为一种琢磨讲究的玉巾环，其构图已经完全突破了圆环形的轮廓，兼具实用和装饰的功能，时称"玉屏花"[2]。

① 徐梦莘.三朝北盟会编·甲集·宣政上帙二〇引.

② 明·范濂《云间据目抄》卷二："丙戌以来（万历十四年），皆用不唐不晋之巾，两边玉屏花一对。"

图 9-2-2-1
南宋陈居中《文姬归汉图》局部

图 9-2-2-2
宋人绘《文姬归汉图》局部

① 赵评春等.金代服饰：金齐
国王墓出土服饰研究［M］.北
京：文物出版社.1998：图版
一八.

② 黑龙江省博物馆.哈尔滨新
香坊墓地出土的金代文物［J］.
北方文物，2007，（3）：图
版三：2.

③ 北京市文物研究所.北京金
代皇陵［M］.北京：文物出版
社.2006：彩版一四，3.

④ 张先得、黄秀纯.北京市房
山县发现石椁墓［J］.文物，
1977，（6）.

故宫博物院藏南宋陈居中《文姬归汉图》（图
9-2-2-1）和宋人所绘《文姬归汉图》（图9-2-2-2）中
蔡文姬所戴巾帽与阿城金墓中的王妃帽饰（图9-2-
1-2）颇为相似，蔡文姬巾帽后侧部饰有玉屏花，
这两幅图像也是研究金人首服上佩戴玉屏花的重要
依据。

从现有玉屏花的出土实物上来看，主要有禽鸟和
花卉两种题材。禽鸟以天鹅和练鹊为主。黑龙江阿城
齐国王墓出土皂罗垂角幞头两侧耳后底缘的左右即缝
缀一对镂雕白玉天鹅衔莲花玉屏花（图9-2-2-3）①，
天鹅曲颈昂首，口衔莲梗，莲花反伸于颈后。胸前之
小孔用以将玉屏花系在头巾上，尾下之大孔则用以贯
穿巾带。哈尔滨新香坊金墓也出土过一对鹅衔花朵玉
屏花（表9-3：1），天鹅细长颈，在波浪、荷叶与
含苞待放的花蕾间俯卧，造型与齐国王墓出土者极为
相似，只是工艺略显粗糙，尺寸也略小些②。

练鹊纹样的实物有北京房山金太祖完颜阿骨打陵
寝地宫内汉白玉雕凤纹石椁内头骨附近发现附在金
丝网巾上的练鹊玉屏花，以镂雕、阴刻技法制成两件
对称呼应的练鹊，造型生动，抛光极好（表9-3：2）③。
练鹊又名"绶带鸟""拖白练"等，肉可入药，为捕
食害虫的益鸟，以玉做其造型有平安祥瑞之意。

金人玉屏花也有做成折枝竹纹的。如北京房山长
沟峪金墓出土的镂雕折枝竹节形巾环即是此中的代表
（表9-3：3）。其由盘卷的竹枝和三片竹叶组成，竹
梢朝外，通体镂空。其盘卷竹枝所形成的孔洞可穿入
巾带，竹叶、竹枝和竹梢间的小孔用于向头巾上缚结④。
竹节纹装饰在宋元汉族首饰，如耳环、簪钗上都比较
常见。竹子是四君子之一，也是岁寒三友之一，对竹
纹的喜爱是文人情怀对工艺美术的一种影响。

图 9-2-2-3
黑龙江阿城齐国王墓出土皂罗垂角幞头

表 9-3：金墓出土玉屏花

1. 鹅衔花朵玉屏花
哈尔滨新香坊金墓出土。
长 3.7 厘米，高 2.6 厘米。（李芽摄）

2. 练鹊玉屏花
北京房山金太祖完颜阿骨打陵寝地宫出土。
高 4.5 厘米，宽 7 厘米。

3. 折枝竹节形巾环
北京房山长沟峪金墓出土。

📑 玉逍遥

　　玉逍遥也是缀于巾帽之上的一种饰物。玉屏花一般是一对，一左一右位于巾帽后侧部，兼具装饰与系束巾带的功能。而玉逍遥一般只有一件，单体左右对称，位于巾帽的正后方，纯粹用于装饰，并不具有使用功能。

　　《金史》载，女真人"年老者以皂纱笼髻如巾状，散缀玉钿于上，谓之玉逍遥。此皆辽服也，金亦袭之"。齐国王妃巾帽后部便缀有这样一件透雕对练

鹊形玉钿（图 9-2-1-2、表 9-4：1）^①，应可定名为"玉逍遥"。这件玉逍遥
上两练鹊弓身相向，口衔花蕾，两尾相接，左右对称，是金代玉器中的精品。
北京房山长沟峪金墓出土的对鹤衔灵芝玉逍遥（表 9-4：2）^②，构图与金国王
墓出土者非常相似，仙鹤长颈，交脚展翅，显得更为大气。玉逍遥也有不以禽
鸟为题材的，北京房山长沟峪金墓还出土有一折枝八瓣花玉饰件（表 9-4：3）^③，
通体镂空，两丛折枝八瓣花构成的花头并列在玉逍遥上部，花型饱满，生动写
实，两个折枝向下交缠，形成中部一个虚空的空间，其造型特征和前两者异曲
同工。

据学者研究，目前所知的这类玉逍遥只在金人的女式头巾上见过，似是金
代特有的一种首饰。房山金墓与阿城金墓相距遥远，但所出玉逍遥却如此接近，
更使人加深了这种印象^④。

表 9-4：金墓出土玉逍遥

1. 对练鹊形玉逍遥
黑龙江阿城齐国王墓王妃头部出土。
横长 6.54 厘米，纵长 5.71 厘米，厚 0.47 厘米。

2. 对鹤衔灵芝玉逍遥
北京房山长沟峪金墓出土。
长 6 厘米，宽 8.2 厘米。

3. 折枝八瓣花玉逍遥
北京房山长沟峪金墓出土。
长 9 厘米，宽 7.2 厘米。

① 赵评春等.金代服饰：金齐国王墓出土服饰研究［M］.文物出版社，1998：图版一〇九.
② 张先得、黄秀纯.北京市房山县发现石椁墓［J］.文物，1977，（6）：图七.
③ 张先得、黄秀纯.北京市房山县发现石椁墓［J］.文物，1977，（6）：图八.
④ 孙机.玉屏花与玉逍遥［J］.文物，2006，（10）.

四 簪钗、花环冠子

金人因以着巾帽为主，又有髡发传统，故簪戴比较稀少。只有零星出土。金代的簪以耳挖簪为主，其似为女真人特色，后来在清朝也大为流行。

在金齐国王墓男墓主脑后右下侧便发现一玳瑁耳挖簪，当时墓主所戴垂角幞头尚紧箍在头骨上，故此簪可能用于脑后外露发辫部分（图9-2-4-1）[①]。按金代服饰制度，金代男女均使用簪、钗。《金史·舆服志》载天子冕制，其中"玉簪一，顶方二寸，导长一尺二寸，簪顶刻镂尘云龙"。此玳瑁簪合宋制长约半尺，宽约一寸[②]，盖为皇帝冕制一半。金皇后着"犀冠，减拨花样，镂金装造，上有玉簪一，下有玳瑁盘一"。在金代，玉簪亦为簪内品级最高者。金太子以下诸品官冕服则为犀簪。按宋代诸臣服制，惟一品所服九旒冕、五梁冠有"犀、玳瑁簪导"；七旒冕、三梁冠等三品以下者仅为"犀角簪导"，可知玳瑁簪品级之贵重。

除了金齐国王墓，黑龙江新香坊墓地也出土了一些金代女真族的簪钗，其中有：耳挖银簪1件，截面半圆形，长16厘米，径0.7厘米；折股铜钗两件，其中一件钗梁弯折处雕有菱格纹和花草纹，长11.3厘米，另一件素面，长14.7厘米（图9-2-4-2）[③]。类似耳挖银簪在黑龙江绥滨中兴墓群也出土过一件，通长12.3厘米[④]。在哈尔滨阿城区金上京会宁府遗址出土过一只掐丝金钗钗首原嵌有宝石，现已遗失，是金代钗中较为华丽的一枝（图9-2-4-3）。

金代的钗则多为折股钗，钗梁以素面居多，钗首均无装饰，以实用为主。除了新香坊墓地，黑龙江绥滨奥里米古城金墓出土过折股银钗1件[⑤]，黑龙江绥滨

① 赵评春等.金代服饰：金齐国王墓出土服饰研究[M].北京：文物出版社，1998：8，彩版二二.

② 参见《中国大百科全书·考古学》，中国古代度量衡器条，宋一尺约合今31厘米.中国大百科全书出版社，1986.

③ 黑龙江省博物馆.哈尔滨新香坊墓地出土的金代文物[J].北方文物，2007，（3）.

④ 胡秀杰，田华.黑龙江省绥滨中兴墓群出土的文物[J].北方文物，1991，（4）：76.

⑤ 胡秀杰.黑龙江省绥滨奥里米古城及其周围墓群出土文物[J].北方文物，1995，（2）.

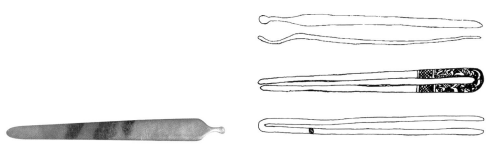

图 9-2-4-1　**玳瑁耳挖簪**
金齐国王墓出土。导长约16.4厘米,厚约0.3厘米,顶肩宽约1.5
厘米,顶端为一耳挖。

图 9-2-4-2　**耳挖银簪(上)折股铜钗两件(中下)**
黑龙江新香坊墓地出土。

图 9-2-4-3　**掐丝嵌宝金钗**
哈尔滨阿城区金上京会宁府遗址出土,黑龙江博物馆藏。(李芽摄)

① 胡秀杰,田华.黑龙江省绥滨中兴墓群出土的文物[J].北方文物,1991,(4):76.

② 孙传波.旅顺博物馆藏金代完颜娄室墓出土的部分文物[J].北方文物,2001,(2):52.

③ 庞志国.1979—1980年间完颜希尹家族墓地的调查与发掘[J].东北史地,2010,(4):65.

④ (元)脱脱等.金史[M].北京:中华书局,1975:986.

中兴墓群也出土折股银钗1件[①],这类折股钗应该是受汉文化影响的一类首饰。

据岛田贞彦的《关于满洲吉林省石碑岭发现的金代遗物》一文及旅顺博物馆旧账考证,在吉林长春的金代完颜娄室墓中发现有鎏金笄1件,金钏2件,可惜均已遗失[②]。完颜希尹家族墓地3号墓A墓石函内发现有金钗1个,白玉雕圆形头饰1个,天鹅展翅飞翔图案2个,梅花头饰1个,绿松石头饰1个[③]。这些都是金代的大型贵族墓地。

《金史·舆服志》中还提到了一种花环冠子:"庶人……妇人首饰,不许用珠翠钿子等物,翠毛除许装饰花环冠子,余外并禁。"[④]这里的"珠翠钿子"应该指的是用珠宝翠羽制作的"钿窠","花环冠子"缺乏金代图像佐证,推测应该近于宋人的花冠。

五 抹额

抹额是沿前额绕至脑后，并在脑后系结的一种头饰，一般用罗、绫等制成，夏则用纱制，讲究者多饰以刺绣或珠玉。金代则多用于仪卫。《金史·仪卫志》中记载有黄、绯、银褐等几种颜色，但从出土文物来看，金代贵族男女皆可着抹额，系于巾帽内的一般为素色，系于巾帽外的则有装花等装饰。

金代齐国王墓中出土三条完整的抹额。齐国王的抹额为素色皂罗缝制，原套戴在其无角幞头内，环额部直接结束系发，条带上下宽约6厘米，底缘长约40厘米，两端上下各缝一条宽约1.5厘米的系带，上下间距约2.5厘米，带头平齐（图9-2-5-1）。齐王妃则系有两条抹额，巾帽内束有一条黄菱纹暗花罗抹额，绕额头两周，系结于脑后，通长120厘米，等分为三段拼接，额中段宽，两翼窄，底边平齐，正中宽约5.5厘米，两端宽4.2~4.5厘米（图9-2-5-2）；巾帽外则束有一条蓝地黄彩蝶装花罗额带，上印四只神态各异黄彩蝴蝶纹，遗有绘金痕迹，带纽系于巾帽后，既起到装饰作用，又可以固定巾帽（图9-2-5-3）[1]。

① 赵评春等.金代服饰：金齐国王墓出土服饰研究［M］.北京：文物出版社.1998：7、27，彩版二〇、一一四、一一五.

第三节 | 金代的耳饰

一 金代男性耳饰风俗

金代和辽代一样，男女均佩戴耳饰。《大金国志·男女冠服》载："金俗好衣白。……（耳）垂金环，

图 9-2-5-1　**皂罗抹额**
金齐国王墓出土。

图 9-2-5-2　**黄菱纹暗花罗抹额**
金齐国王墓出土。

图 9-2-5-3　**蓝地黄彩蝶装花罗额带**
金齐国王墓出土。
宽 5.3 厘米，长 35 厘米。

留颅后发，系以色丝。"山西高平二仙庙露台石刻上即可看到佩戴耳环的金代男子形象，金代的墓葬中出土的男用耳饰也可证明这一点。

金代的男用耳饰，一般形制小巧，造型极似明清时期的丁香，是同时期的其他民族所罕见的。1988年在黑龙江省阿城巨源乡发掘的齐国王完颜晏夫妻合葬墓，保存情况较好，出土服饰完整，是我们研究金代服饰的重要标尺和依据。棺内的齐国王和王妃头部两耳旁，便各有一副金耳饰出土。齐国王的耳饰原落于两耳部下方的枕面上（表9-5：1），左右各一，金质圆形镶珠座，背面焊接反曲耳钩，圆座内原镶珍珠，现已干枯脱落。环圆座上缘滴金珠纹饰，其里圈滴金珠相沿环列，外圈滴珠每隔两珠滴一珠，平面为三珠外圆相切，在此三珠所切之中心再堆加一滴金珠，形成三角体滴珠为一组花。其中一只环边为28组滴珠，另一只为29组。圆座外面为绳纹金丝折正反三角形纹。虽然小巧，但做工非常精致。

相似的金耳饰在黑龙江绥缤中兴古城金墓也有出土（表9-5：2）。其正面为一圆形小联珠环组成，内镶褐色圆石，由曲形金柄连接，每个金托立面均为凸点连以水波纹，底托面为菱形网纹。

哈尔滨新香坊金墓出土的葵花形金耳饰造型与此也几近一致（表9-5：3）[①]。其为一对，葵花径1.6厘米，花心径0.9厘米，葵花有12个花瓣，中间花蕊呈圆环状，环边饰斜螺旋纹，由一曲形金柄连接。根据以上两款耳饰造型推断，葵花花心中原也应有珠宝镶嵌，只是出土时已经脱落。与这对耳饰一同出土的还有一对金镶鸟形玉饰耳饰，当年的发掘者把这两对耳饰作为一件套文物来入库，但客观来讲，

① 黑龙江省博物馆.哈尔滨新香坊墓地出土的金代文物［J］.北方文物，2007，（3）.

镶饰鸟形玉饰的耳饰，"鸟尾下部接连一曲形金柄"，葵花状耳饰也有"一曲形金柄"，似乎这件金镶玉耳饰应该能分成两套，它们的"曲形金柄"可以使每对耳饰单独佩戴。如果这四件成套佩戴，那么佩戴人的每个耳朵上至少要有两个耳洞，这虽然也符合女真族的风俗规范，但根据齐国王完颜晏夫妻合葬墓中耳饰的出土情形来看，笔者认为把它们当作两副耳饰来看更为合理，镶饰鸟形玉饰的耳饰由于造型华贵，装饰性较强，当为女用耳饰，葵花形耳饰当为男用耳饰。

当然，金代男子耳饰的造型不可能只有金嵌宝丁香式这一种类型，此类耳饰或许金代贵族男子佩戴得多一些。

表 9-5：金代男性耳饰

1. 金嵌宝耳饰
黑龙江省阿城巨源乡齐国王完颜晏夫妇合葬墓出土[1]。黑龙江省博物馆藏。出土时位于齐国王两耳部下方的枕面上，圆座中所嵌珍珠已干瘪脱落。圆座外径 1.3 厘米，内径 1.05 厘米，厚 0.43 厘米，耳钩长 1.5 厘米，扁宽 0.18 厘米，反曲之间距约 0.4 厘米。

2. 金嵌宝耳饰
黑龙江绥缤中兴古城金墓出土[2]。黑龙江省博物馆藏。1 件。正面为一圆形小联珠环组成。内镶褚色圆石，由一曲形金柄连接。直径 1.6 厘米，厚 0.5~0.8 厘米。（李芽摄）

3. 葵花形金耳饰
哈尔滨新香坊金墓出土，黑龙江省博物馆藏。1 对。葵花径 1.6 厘米，花心径 0.9 厘米，金光闪闪的葵花有 12 个花瓣，中间花蕊呈圆环状，环边饰斜螺旋纹，由一曲形金柄连接。

① 赵评春等.金代服饰：金齐国王墓出土服饰研究［M］.北京：文物出版社.1998：8.
② 胡秀杰，田华.黑龙江省绥滨中兴墓群出土的文物［J］.北方文物，1991，（4）；彩图摘自周汛，高春明.中国历代妇女妆饰［M］.香港：三联书店（香港）有限公司，上海：上海学林出版社，1988.

二 金代女性耳饰

金代耳饰确定为女性墓葬中出土的笔者目前搜集有两例。一例是前述阿城金齐国王完颜晏夫妇合葬墓的王后头部两耳下方，左右各一，出土有形制相同的一对金嵌宝慈姑叶式耳饰[1]（表9-6：1）。出土时左耳饰圆芯座内所嵌珍珠尚在，右耳饰内珍珠已分层残脱。金耳饰座采用掐丝滴珠工艺，造型为慈姑叶形，内嵌绿松石，中部圆芯内嵌珍珠，三瓣间为卷蔓纹，背部焊接金挂钩。慈姑叶是满池娇纹样的基本要素之一，《本草纲目》果部卷三三"慈姑"条特别阐释了它得名的缘由，曰"慈姑，一根岁生十二子"，可见其也

表 9-6：金代女性耳饰

1. 金嵌宝慈姑叶耳环

黑龙江省阿城巨源乡齐国王完颜晏夫妇合葬墓出土[2]。现藏黑龙江省博物馆。

通高3.85厘米，通宽2.45厘米。出土时位于齐国王后两耳下方，左右各一，形制相同。出土时左耳饰圆芯座内所嵌珍珠尚在，右耳饰内珍珠已分层残脱。金耳饰座采用掐丝滴珠工艺，造型为三片桃形瓣，内嵌绿松石，中部圆芯内嵌珍珠，三瓣间为卷蔓纹，背部焊接金挂钩。

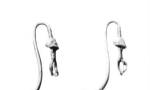

2. 金穿绿松石耳饰

沈阳市小北街金墓出土[3]。

一对。出土于M2墓主的耳部两侧，墓主为女性。弯钩呈S状，尾部略尖，横断面为扁圆形。前端中间部分绛为双丝，从菱形绿松石内穿过，在下端绕成灯笼形，以其中一条金丝缠绕固定。高4.5厘米，重12.2克。

---

① 参考扬之水先生在《奢华之色——宋元明金银器研究》一书中的定名。
② 赵评春等.金代服饰：金齐国王墓出土服饰研究［M］.北京：文物出版社.1998：38；黑龙江省文物考古研究所陈奇，赵评春.黑龙江古代玉器［M］.北京：文物出版社，2008.
③ 沈阳市文物考古研究所.沈阳市小北街金代墓葬发掘简报［J］.考古，2006，（11）.彩图摘自杨海鹏.别样风情的女真金耳饰［J］.收藏家，2009，（4）：42-44.

因象征多子而成为女子所喜爱的纹样。类似的饰物如巴林左旗哈达英格乡石房子村辽祖州遗址出土的一枚玉慈姑叶[1]，湖南沅陵元黄氏夫妇墓还出土有一对金穿玉慈姑叶耳环。以象征多子的花果枝叶纹作为首饰的纹饰自宋代起就一直在汉族女子中非常流行，因此这副金齐国王后的耳饰明显是受到宋代汉族文化的影响。

　　另一例是沈阳市小北街金墓出土的一对金穿绿松石耳饰（表9-6：2）。出土于M2墓主的耳部两侧，墓主为女性。弯钩呈S状，尾部略尖，横断面为扁圆形，前端中间部分绎为双丝，从菱形绿松石内穿过，在下端绕成灯笼形，以其中一条金丝缠绕固定。金穿绿松石耳饰在北方游牧民族中非常常见，但此种造型在金代以前还比较少见，其大流行在元代，应是元代金穿绿松石"天茄"耳饰的雏形，明代流行一时的金镶宝琵琶耳环也与其有异曲同工之感，可见女真文化对后世的影响。

三　金代耳饰的纹饰及造型特点及其与周边民族的互相影响

　　金代女真族的耳饰造型总体上来讲比较简洁，符合游牧民族的实际生活方式，尤其是贵族男性的丁香式耳饰，简洁又不失装饰性，是同时代其他民族所罕见的。金代耳饰的纹样设计受辽宋文化影响深远，并对后世的元代蒙古族甚至清代满族的耳饰造型产生深远影响。

（一）花果纹耳饰

　　花果纹是宋代汉族女子耳饰最常见的纹饰，金代与南宋南北并立，受汉族文化影响颇深，其耳饰纹样也同样广泛采用花果纹饰和造型，且同样钟爱象征多子的植物花果。前文提到的哈尔滨新香坊金墓出土的葵花形金耳饰（表9-5：3），完颜晏夫妇合葬墓出土的金嵌宝慈姑叶耳饰（表9-6：1）等，皆属此类。另外，在黑龙江绥缤奥里米古城征集有一款橡果形金耳饰（表

1　唐彩兰. 辽上京文物撷英［M］. 呼和浩特：远方出版社，2005：133. 玉叶长3.2厘米，最宽处2厘米，背有穿孔.

9-7：1），由三片和四片金叶簇聚，叶片交接处分别装饰一枚金橡实，做工精致，是女真匠人的优秀作品。黑龙江绥缤中兴古城金墓出土一件金嵌玛瑙耳饰（表9-7：2），椭圆形金丝底托，金珠形周边，内镶掐丝团花，花芯内嵌紫红玛瑙圆珠，花瓣残剩三瓣，下垂一八瓣形垂珠，金红相映，显得妖娆而华贵，应是金代贵族女性的饰物。

在黑龙江绥缤奥里米古城周围的金代墓群，还出土过一系列金嵌宝耳饰，造型相似，似为这一地区流行的款式。耳饰主体均为以细金丝精编而成的一长方形篮筐状饰物，内里原应镶嵌有珠宝，上部饰有一花形或圆形花托，后连一S形金耳钩，金耳钩通过一根粗金丝与篮筐状饰物相连，并穿过篮筐下部向内弯成一个涡卷（表9-7：3、4）。在黑龙江绥滨县永生大队附近发现的金代平民墓中，也出土过一件造型类似的金耳饰[①]。这种造型的耳饰设计后来被元代的蒙古族继承，内蒙古锡盟镶黄旗乌兰沟元墓出土过一款金嵌宝耳饰，和此类耳饰极其相似。将耳钩的一端制成金丝的形式穿过耳饰主体，在其下部打成一个涡卷形进行连接并兼具装饰的功能，这种做法在元代各式耳环中也很常见。

（二）"C"形耳饰

女真在隋唐时期被称为靺鞨，八、九世纪渤海国强盛时，役属于渤海国。后被契丹所灭，便从属于辽代，长期受制于契丹。一直以来，大多数学者都认为女真受辽文化影响颇深。实际上，从耳饰的出土情况来看。辽代也曾广泛地受到女真的影响。

① 黑龙江省文物考古工作队.绥滨永生的金代平民墓[J].文物，1977，（4）：50-53.

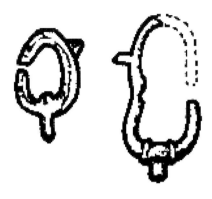

图 9-3-3-1 "C"形耳环
俄罗斯特罗伊茨基黑水靺鞨墓地出土。

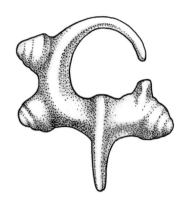

图 9-3-3-2 "C"形金耳环
内蒙古东北近黑龙江的海拉尔谢尔塔拉一号墓出土。

① 冯恩学．黑水靺鞨的装饰品及渊源[J]．华夏考古，2011，（1）；图片摘自此文 P117 图二：9-10.

② 国家文物局主编．1998年中国重要考古发现[M]．北京：文物出版社，2000.

辽代时广为流行的一种"C"形耳饰，其最早是在黑水靺鞨墓葬中发现的。俄罗斯特罗伊茨基黑水靺鞨墓地曾出土过这种"C"形耳环（图 9-3-3-1）①，有金、银和青铜三种质地，环体呈"C"形，其底部和上部有突起，犹如"C"形耳环上缀挂饰件，突起与环体是一次铸造而成。内蒙古东北近黑龙江的海拉尔谢尔塔拉一号墓也出土有此类耳饰（图 9-3-3-2），出土该金耳饰的 M1 墓地，其年代经放射性碳素测定为公元 667—797 年②，从年代和出土地点来看，应为唐代渤海国时期遗物，即黑水靺鞨族遗物。据冯恩学先生在《黑水靺鞨的装饰品及渊源》一文中分析，此类耳饰应是突厥文化东传的结果。"C"形耳饰在金代的墓葬中也有发现。如哈尔滨新香坊辽金墓共出土有 4 件此类耳饰，分二式：Ⅰ式，2 件，大小相同，整体由黄金铸造，呈椭圆形，未全封闭，留有一小豁口。花茎上共有 3 个花蕾形突起，下为一个垂直花叶。长 4.1厘米、宽 2.3 厘米（表 9-7：6 左）；Ⅱ式，2 件。外形与Ⅰ式相近，但两个突起的花蕾较Ⅰ式更大、更突出。长 4.4厘米、宽 2.3 厘米（表 9-7：6 右）。

图 9-3-3-3　**金叶饰耳环**
哈尔滨呼兰和双城金墓出土。
一端铸成树叶形。

　　因此，从以上分析来看，"C"形耳饰应是起源于游牧民族突厥，然后东传至内蒙古和黑龙江地区的靺鞨族，并进而被契丹人所接受，其形制一直延续至金代女真族。在女真族墓葬中，还出土过这种"C"形耳饰的装饰性变体，如哈尔滨呼兰和双城金墓出土的一对金叶饰耳环（图 9-3-3-3），每只耳环各饰有 4 片下垂的叶片，似乎是花蕾绽放开了的感觉[①]。

表 9-7：金代其他出土耳饰

1. 橡果形金耳饰
黑龙江绥滨奥里米古城征集。黑龙江省博物馆藏。[②]
由 3 片和 4 片金叶簇聚，叶片交接处分别装饰一枚金橡实，是金代黑龙江流域女真匠人的优秀作品。且隐然可见宋代花叶、果实耳环题材的影响。

2. 金嵌玛瑙耳饰
黑龙江绥滨中兴古城金墓出土。[③]黑龙江省博物馆藏。
1 件。椭圆形金丝底托，金珠形周边，内镶掐丝团花。花心内嵌紫红玛瑙圆珠，花瓣残剩 3 瓣，圆心内直径 0.66厘米，侧连一曲形金柄，挂钩及挂饰已同朵瓣分体，原应为一体，下垂一八瓣形垂珠，直径 0.77 厘米，珠上部为金边 10 瓣，底面花纹为两根细金丝拧为两股似绳纹。通长 5.9 厘米，朵长 1.64 厘米，宽 0.87 厘米。

---

① 黑龙江省文物考古工作队.从出土文物看黑龙江地区的金代社会［J］.文物，1977，（4）：30.
② 黑龙江省文物考古工作队.松花江下游奥里米古城及其周围的金代墓群［J］.文物，1977，（4）：56-62；周汛，高春明.中国历代妇女妆饰［M］.香港：三联书店（香港）有限公司，上海：上海学林出版社，1988.
③ 胡秀杰，田华.黑龙江省绥滨中兴墓群出土的文物［J］.北方文物，1991，（4）；彩图摘自杨海鹏.别样风情的女真金耳饰［J］.收藏家，2009，（4）：42-44.

3. 金嵌宝耳饰

黑龙江绥缤奥里米古城金墓出土。[1]

长3.3厘米，曲柄，一端为盛开的花朵，下面连结着一个金丝精编而成的篮筐式长方形饰物，里面应镶有玛瑙、玉石等，但已脱落。（李芽摄）

4. 金耳饰

绥滨县奥里米辽金墓出土。[2]

1件。用细金丝精编而成，长方形篮筐状，一端有圆形花托，托内应该有红宝石（玛瑙）组成花蕾，出土时已脱落。背后有一曲形柄，做工精美。长3.8厘米，宽2厘米。

5. 金穿玉耳坠

哈尔滨市新香坊金墓出土，黑龙江省博物馆藏。[3]

一对。上为一金钩穿饰一鸟形玉片，颈下穿孔通过腹部至尾部，金丝穿入孔中向下弯，鸟尾下部接连一曲形金钩。下带含苞待放的玉花蕾坠，以金花叶托饰。玉鸟作飞翔状，阴刻线纹勾画尾部及翅膀上的羽毛，眼部呈三角形。玉鸟长4.2厘米，宽1.5厘米，玉叶长2厘米，宽1厘米。其与葵花形金耳饰（表9-5：3）一同出土。

6. 金耳饰

哈尔滨新香坊金墓出土。[4]

共4件，分二式。I式，2件。大小相同，整体由黄金铸造，呈椭圆形，未全封闭，留有一小豁口。花茎上共有3个花蕾形突起，下为一个垂直花叶。长4.1厘米、宽2.3厘米。（图左）II式，2件。外形与I式相近，但两个突起的花蕾较I式更大、更突出。长4.4厘米，宽2.3厘米。（图右）（李芽摄）

① 黑龙江省文物考古工作队. 松花江下游奥里米古城及其周围的金代墓群[J]. 文物，1977，（4）：62. 彩图摘自周汛，高春明. 中国历代妇女妆饰[M]. 香港：三联书店（香港）有限公司，上海：上海学林出版社，1988.

② 方明达，王志国. 绥滨县奥里米辽金墓葬抢救性发掘[J]. 北方文物，1999，（2）. 原报告中称其为金头饰。

③ 黑龙江省博物馆. 哈尔滨新香坊墓地出土的金代文物[J]. 北方文物，2007，（3）；中国金银玻璃珐琅器全集编辑委员会. 中国金银玻璃珐琅器全集：金银器（二）[M]. 石家庄：河北美术出版社，2004.

④ 黑龙江省博物馆. 哈尔滨新香坊墓地出土的金代文物[J]. 北方文物，2007，（3）.

（三）耳坠

　　金代女真墓葬中有一种极具特色的耳坠出土，其款式源于靺鞨族，并在清代满族中广泛流行。

　　此类耳环多由金属环圈和玉质悬坠组成。在唐代黑水靺鞨的墓葬中已多有发现，环圈多为银丝，少数用铜丝。环圈的银（铜）丝端头略宽，并有一个穿孔。多数圈丝端头相对接，少数圈丝端头叠压相接。悬坠以玉石质的圆片形坠最为常见。圆片坠大小不一。小者直径不足1厘米，类似扁珠；大者直径达4厘米（表9-8：4左）。此外还有很少的特殊形态的悬坠，如俄罗斯阿穆尔州特罗伊茨基墓地M37出土的两件耳环是银圈悬挂着棒槌形银坠（表9-8：4右）。M112出土的一件耳环是银圈悬挂着双连璧形玉坠（表9-8：4中）。在滨海边疆区的莫纳斯特卡靺鞨墓地中也发现少量的此类耳坠，其中一件的悬坠竟是唐朝开元通宝铜钱。此类耳坠在特罗伊茨基黑水靺鞨墓地出土最多，但在同时代的松花江、牡丹江流域的粟末靺鞨墓葬、唐墓和突厥墓等周围地区都极少发现，故应是黑水靺鞨专属特色的装饰品[1]。但在黑龙江宁安市莲花乡虹鳟鱼场渤海墓葬墓主人头部耳侧，曾发现有一圆形青玉悬坠，应是此类耳坠的附件，只是原钩挂环圈已无（表9-8：1）[2]。

　　五代以后，契丹人称黑水靺鞨为女真，故金代女真人延续黑水靺鞨对此类耳坠的喜好便是很自然的事情。我们在黑龙江的一系列金代墓葬中都可发现此类耳坠和玉质耳饰附件的出土。如黑龙江依兰县晨光水电站地下便发现有多件白玉银环耳坠（表9-8：5），白玉坠环呈方圆形，大小不一，玉环中部穿孔呈上大下小的葫芦形，以银环贯之；黑龙江绥滨县新城

---

① 冯恩学.黑水靺鞨的装饰品及渊源［J］.华夏考古，2011，（1）.

② 渤海国是大唐帝国册封体制下的一个以粟末靺鞨为主体的地方民族政权，因此，渤海墓葬中出土此类耳饰附件，应说明粟末、黑水靺鞨两部族文化上的相互交流和影响。

乡三号墓出土有类似白玉坠环（表9-8：2），玉环呈圆形，中部有一圆形穿孔，并套有金属环；金上京城西外侧阿骨打陵北侧金代墓群中也出土过此类白玉坠环（表9-8：3），玉环呈圆环状，环壁上部有一穿孔，应是用以连缀金属环圈的。哈尔滨新香坊墓地也出土过此类坠环，为白色玻璃质地，造型为圆环状，环壁无穿孔[1]。

女真族是满族的直系祖先，故清代耳饰中此类耳坠存世量巨大，在传世照片中也常可见到佩戴此类耳饰的各个阶层女子形象，且做工愈加精湛。

表9-8：女真（靺鞨）金属环穿玉坠耳坠

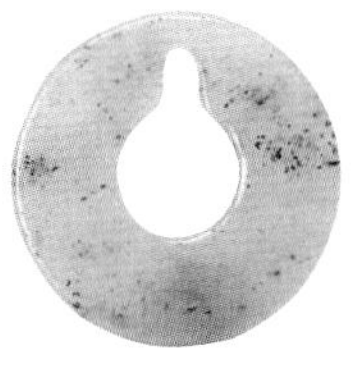	**1. 青玉耳坠（靺鞨）** 黑龙江宁安市莲花乡虹鳟鱼场渤海墓葬出土，现藏黑龙江省文物考古研究所。[2] 出土时位于墓主人头部耳侧，原钩挂饰件已无。外径2.65厘米、内径0.97厘米、厚0.32厘米、内缘豁口横宽约0.28厘米、纵长约0.47厘米。
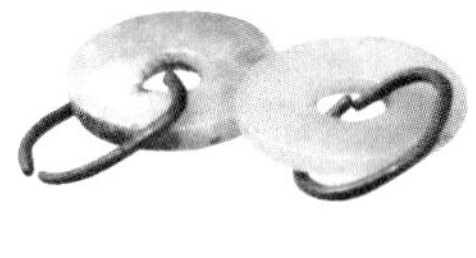	**2. 金属环穿玉耳坠** 黑龙江绥滨县新城乡三号墓出土。 （李芽摄）
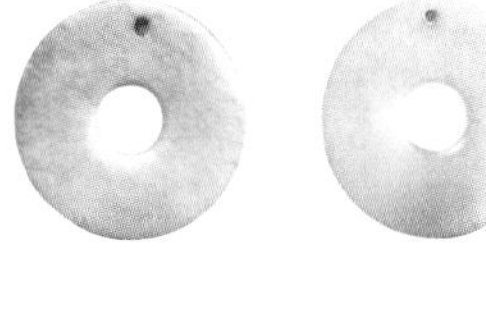	**3. 白玉环形耳坠** 出土于金上京城西外侧、阿骨打陵北侧金代墓群，现藏于阿城文物管理所。[3] 外径2.5~2.55厘米、内径0.7~0.72厘米、厚0.25~0.27厘米、孔径0.1~0.17厘米。

① 黑龙江省博物馆．哈尔滨新香坊墓地出土的金代文物［J］．北方文物，2007，（3）：56.
② 黑龙江省文物考古研究所李陈奇，赵评春．黑龙江古代玉器［M］，北京：文物出版社，2008.
③ 同②。

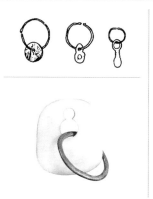

4. 银环耳坠（黑水靺鞨）
特罗伊茨基靺鞨墓地出土。[①]

5. 白玉银环耳坠
黑龙江依兰县晨光水电站出土，依兰县博物馆藏。[②]
长 3.60 厘米、宽 3.28 厘米、厚 0.21 厘米、上孔径 0.52
厘米、下孔径 0.86 厘米。

（四）金代其他款式耳饰

除了上述几种金代耳饰的典型款式之外，各地金墓还出土了其他繁简不一
的耳饰款式。其中最简单的，在各时代墓葬中最普遍出现过的便是圆环形耳环。
如黑龙江省阿城区双城村金墓群四队墓区曾出土铜耳环 1 只，残断，直径 2 厘
米，无纹饰。据报告称其为金代初期墓葬[③]。类似的耳环早在吉林省和龙县河
南屯渤海古墓中便曾出土过，耳环几近圆环状，通体素面，金光闪亮。剖面近
三棱形[④]。

黑龙江省绥滨中兴墓群曾出土 2 只弯曲成 S 形的银耳饰，剖面为圆形，高
2 厘米（图 9-3-3-4）[⑤]。此类耳饰在内蒙古锡林郭勒盟东乌珠穆沁旗哈力雅
尔蒙元时期墓葬（表 10-6：4）、内蒙古四子王旗卜子古城（表 10-6：1）等
地也曾出土过。当为北方游牧民族所喜爱的一种款式。黑龙江绥滨奥里米古城
金墓还出土过一种金耳饰，耳饰中间为挂环，两侧下伸呈叉形，叉身两侧中间
各有 3 个圆凸节，下扁平，长 4 厘米（图 9-3-3-5）[⑥]。

① 冯恩学．黑水靺鞨的装饰品及渊源［J］．华夏考古，2011，（1）；图片摘自此文 P115 图一：7-9.
② 黑龙江省文物考古研究所李陈奇，赵评春．黑龙江古代玉器［M］．北京：文物出版社，2008.
③ 阎景全．黑龙江省阿城市双城村金墓群出土文物整理报告［J］．北方文物，1990，（2）：38.
④ 蒋文光，夏晨．中国古代金银器珍品图鉴［M］．北京：知识出版社，2001.
⑤ 胡秀杰，田华．黑龙江省绥滨中兴墓群出土的文物［J］．北方文物，1991，（4）.
⑥ 胡秀杰．黑龙江省绥滨奥里米古城及其周围墓群出土文物［J］．北方文物，1995，（2）；图片摘自此文图四：1.

图9-3-3-4 **银耳饰**
黑龙江省绥滨中兴墓群出土。

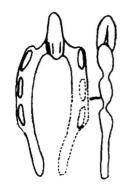

图9-3-3-5 **金耳饰**
黑龙江绥缤奥里米古城金墓出土。

在金墓中出土的最华丽的一款耳饰当属哈尔滨市新香坊金墓出土的一对金穿玉耳坠（表9-7：5）。耳坠上部为一金钩穿饰鸟形玉片，颈下穿孔通过腹部至尾部，金丝穿入孔中向下弯，鸟尾下部接连一曲形金钩。下带含苞待放的玉花蕾坠，以金花叶托饰。玉鸟作飞翔状，阴刻线纹勾画尾部及翅膀上的羽毛，眼部呈三角形。此款耳坠的造型明显有着流行于辽金元之际的"春水玉"的影子。"春水玉"渊源于辽金之际流行的"春猎"习俗，"春水"本意是指春猎之水，后成为春猎活动的代称。金人这一习俗直接从辽代契丹族"春捺钵"之制承袭而来，只是金人因狩猎兼农耕的生活方式与辽人传统的以"四时逐水草而居"游牧为主的生活方式不同，而将辽人四时捺钵改成了春、秋狩猎之制，即文献所谓的"春水"（春猎）和"秋山"（秋猎）活动。春水玉最初的造型多以"海东青啄天鹅"为主题图案，后来逐渐省去了核心物象海东青，使整幅图画中原本应有的海东青捕鹅的紧张血腥气氛荡然无存，进而渐趋衍变成一幅幅清丽灵空、悠然恬静、秀美怡人的"飞鹅（雁）穿莲"水乡景观图画[1]。此款耳饰的题材显然渊源于此。

综上，我们可以看出，金代贵族男女皆有佩戴耳饰的习俗。贵族男子的耳饰流行一种造型简约的金嵌宝丁香式耳饰，为同时代其他民族所罕见。金代耳饰的纹样与造型设计受辽宋文化影响深远，如花果纹明显受宋代汉文化影响；"C"形耳饰应是起源于游牧民族突厥，后经靺鞨、契丹等游牧民族的传承，延续至金代女真；金属环圈和悬坠构成而成的耳坠则是起源于靺鞨族的特色款式，直接被女真所继承，并延续至清代满族。另外，由于游牧民族的特有生活方式和喜好，金代耳饰的很多款式都直接被后世的元代蒙古族所吸收和继承。

① 杨玉斌.春水玉赏析［J］.收藏家，2009，（9）.

第四节 | 金代的颈饰

金人在颈饰的佩戴上远不及辽代华丽，出土颈饰非常有限。金齐国王妃戴有一条赤金红玛瑙项链。项带为棕罗绦对结于颈后，两端丝绳分穿并排3组红玛瑙管兼金丝螺旋管。每组以5个红玛瑙管间饰4个金丝螺旋管，三组共15只玛瑙管、12只金丝管。项带宽约1.5厘米，对结通长约20厘米，玛瑙管长分别为3.3~6厘米，管径约0.7~1厘米，金丝管分别长为2—3.6厘米，管径约0.7厘米，项链总长约62厘米。这里的金丝呈赤金色，纯度较高（表9-9:1）[①]。《金史·舆服志》载："宗室及外戚并一品命妇……又五品以上官母、妻……首饰……许用明金、笼金、间金之类。"因此，此项链与王妃的尊贵身份完全吻合。黑龙江新香坊墓地出土的一件铜鎏金项圈，半圆形，两端卷成小环，应是为系连皮绳所用，正面錾刻卷草纹，虽鎏金大部分脱落，依然可遥想当年的华丽（表9-9:2）[②]。同墓中还出土了玛瑙串珠12件（管状珠6件、带棱圆珠5件，心形坠饰1件），白料珠21件（表9-9:3），这些串饰原或为颈饰或腕饰的一部分。

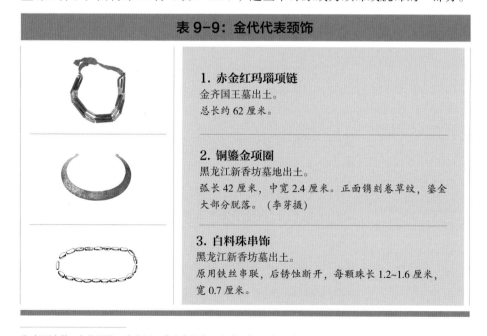

表 9-9：金代代表颈饰

1. 赤金红玛瑙项链
金齐国王墓出土。
总长约 62 厘米。

2. 铜鎏金项圈
黑龙江新香坊墓地出土。
弧长 42 厘米，中宽 2.4 厘米。正面镌刻卷草纹，鎏金大部分脱落。（李芽摄）

3. 白料珠串饰
黑龙江新香坊墓出土。
原用铁丝串联，后锈蚀断开，每颗珠长 1.2~1.6 厘米，宽 0.7 厘米。

① 赵评春等.金代服饰：金齐国王墓出土服饰研究［M］.北京：文物出版社.1998：39，彩版一八四.
② 黑龙江省博物馆.哈尔滨新香坊墓地出土的金代文物［J］.北方文物，2007，（3）：55.图片摘自东北三省博物馆联盟.松辽风华：走进契丹、女真人［M］.北京：文物出版社，2012.

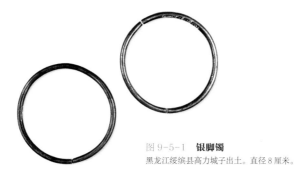

图 9-5-1　**银脚镯**
黑龙江绥缤县高力城子出土。直径 8 厘米。

第五节 ｜ 金代的臂饰

金墓中出土玉镯极少，基本都为金属开口镯，总体数量不多。黑龙江新香坊墓地出土银手镯 5 件，皆为开口镯，两件截面为圆形，至尾部慢慢压扁；1 件泥条状银料卷成；还有 2 件为镀金银镯，镯面表面錾刻忍冬花纹（表 9-10:1）[1]。黑龙江省博物馆藏有哈尔滨市阿城区金上京会宁府遗址出土的 2 件金镯，1 件缠丝金手镯，可调节大小（表 9-10:2）[2]；另一对为"上京香家"款金镯（表 9-10:3），金银器上有明确字款，特别是带有"上京"戳记的，在黑龙江并不多见，这对金镯上刻有"上京香家"款，说明金代上京城内的金银店铺不止香氏一家。黑龙江绥滨中兴古城出土有 2 件可调节银镯，这种可调节形制一直延续到明代，在定陵也有类似形制出土。黑龙江省阿城区双城村金墓群出土过银镯 1 副零 1 件，1 副为一扁银条弯曲为环，开口两端饰四叶纹；另 1 只完好，以直径 0.7 厘米的银条弯曲为椭圆形的环，环外径 7.3 厘米，开口端稍细[3]。黑龙江绥滨奥里米古城金墓出土过开口银镯 1 件，由一根中间凹、两边凸的扁银条弯成圆形[4]。

黑龙江省绥滨县高力城子还出土有一对银脚镯（图 9-5-1）。

① 黑龙江省博物馆.哈尔滨新香坊墓地出土的金代文物 [J].北方文物，2007，（3）：51，图三：2.

② 东北三省博物馆联盟.松辽风华：走进契丹、女真人 [M].北京：文物出版社，2012.

③ 阎景全.黑龙江省阿城市双城村金墓群出土文物整理报告 [J].北方文物，1990，（2）：35.

④ 胡秀杰.黑龙江省绥滨奥里米古城及其周围墓群出土文物 [J].北方文物，1995，（2）；图四：3.

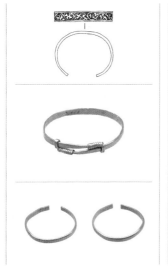

表 9-10	
	1. 镀金银镯 黑龙江新香坊墓地出土。 通长 16.3 厘米、宽 1.4 厘米、厚 0.3 厘米。
	2. 缠丝金手镯 黑龙江省哈尔滨市阿城区金上京会宁府遗址出土。黑龙江省博物馆藏。 直径 6.8 厘米。（李芽摄）
	3. "上京香家"款金镯 黑龙江省哈尔滨市阿城区金上京会宁府遗址出土。黑龙江省博物馆藏。（李芽摄）

图 9-6-1　**银脚镯**
黑龙江绥缤县高力城子出土。
直径 8 厘米。

第六节 ｜ 金代的手饰

　　金人基本不戴手饰，出土的少量指环中以螺旋形指环为特色。如黑龙江新香坊墓地出土金指环 2 件，形制相同，皆为金丝螺旋形环绕 2 圈而成（图 9-6-1）。黑龙江省绥滨中兴墓群出土银指环 1 件，为银丝螺旋 5 圈，两端用银丝缀联而成[1]。

① 胡秀杰，田华. 黑龙江省绥滨中兴墓群出土的文物 [J]. 北方文物，1991，（4）：76，图五：16.

② 赵评春等. 金代服饰：金齐国王墓出土服饰研究 [M]. 北京：文物出版社. 1998.

附 ｜ 金代代表性墓葬出土装饰品综述

　　金齐国王墓[2]位于黑龙江省阿城巨源乡城子村，棺内葬男女二人。经考据，墓葬年代为金大定二年

图 9- 附 -1　**金饰墨玉鹿庐佩饰**
金齐国王墓出土。通高 8.9 厘米。

图 9- 附 -2　**紫罗绦穿绿松石蟾蜍坠香盒**
金齐国王墓出土。　通高 8.9 厘米。

（1162）。男 60 岁左右，为齐国王完颜晏；女约 40 岁，为齐国王所宠姬妾。
二人所着衣裳冠履带，其主体皆为丝织品。丝织种类有金锦、彩纹地金锦、绢、
暗花罗、绫、纱等。衣着种类有幞头、冠、袍、带、短衣、蔽膝、抱肚、裙、
吊敦、袜、靴、鞋等。服饰用料精美，做工考究，款式尚保留女真服饰特点。

　　男子头戴皂罗垂脚幞头，幞头耳后底缘左右对称缝缀镂雕白玉天鹅衔莲花
玉屏花（图 9-2-2-3）。在男墓主脑后右下侧发现一玳瑁簪（图 9-2-4-1），
发簪或用于脑后外露辫发部位。两耳下方各有一金耳饰（表 9-5：1）。外穿
紫地金锦襕锦袍，腰系黄地朵花金锦大带，腰带左后侧吊系玉具剑，右后侧系
金饰墨玉鹿庐佩饰（图 9- 附 -1）。脚穿黄地散搭花金锦绵六合靴。左侧有一
根六棱藤杖。

　　女子头戴花珠冠（图 9-2-1-2），冠表以皂罗盘绦小菊花为地，构成上中
下三层覆莲瓣纹，每瓣莲纹用丝线钉穿珍珠饰边，共计用珠 500 余颗。冠沿系
蓝地黄彩蝶妆花罗额带，冠后有镂雕白玉练鹊玉逍遥（表 9-4：1），冠后左
右两侧各钉缀竹节形金巾环（表 9-2：1），两耳下方各有一金嵌宝慈姑叶式
耳饰（表 9-6：1），颈部戴有赤金红玛瑙项链（表 9-9:1）。身着紫地云鹤金
锦棉袍，腰系黄褐地牡丹卷草印金暗花罗缀珠大带，大带右侧系一紫罗绦穿绿
松石蟾蜍坠香盒（图 9- 附 -2）。脚穿绿罗萱草绣鞋。

图 9- 附 -3 金齐国王夫妇服饰复原图

金齐国王头戴皂罗垂脚幞头，幞头缝缀镂雕白玉天鹅衔连花玉屏花，脑后插戴一玳瑁瑙簪，耳戴葵花形金耳饰，外穿紫地金锦裥锦袍，腰系黄地朵花金锦大带，腰带吊系玉具剑和金饰墨玉鹿庐佩饰，脚穿黄地散搭花金锦绵六合靴。王妃头戴花珠冠，冠沿系蓝地黄彩蝶妆花罗额带，两耳戴金嵌宝慈姑叶式耳饰，颈部戴有赤金红玛瑙项链。身着紫地云鹤金锦棉袍，腰系黄褐地牡丹卷草印金暗花罗缀珠大带，大带右侧系一紫罗绿穿绿松石蟾蜍坠香盒。脚穿绿罗萱草绣鞋。

（张晓妍绘）